水肥调控对设施栽培葡萄生产影响及其管理研究

张芮 著

中国水利水电出版社

www.waterpub.com.cn

·北京·

内 容 提 要

本书在介绍设施栽培葡萄栽植、整形修剪和病虫害防治技术的基础上，着重介绍水分单因素胁迫处理和水肥双因素调控对设施葡萄果实生长发育、叶片叶绿素含量、相关保护酶等生理生化指标的影响机制，分析了水肥调控对葡萄耗水规律、产量、品质及土壤微生物量的影响机理，研究提出了最佳的水肥调控模式。同时，还介绍了设施栽培葡萄从休眠到果实采摘的周年管理技术。本书对实现设施栽培葡萄的精准水肥管理、提升果实品质、协调土壤微生物群落结构、预防和减轻病虫害有一定的参考价值和实践意义。

本书可供设施葡萄种植农户参考使用，也可供农业水利工程及园艺学相关技术人员参考借鉴。

图书在版编目（ＣＩＰ）数据

水肥调控对设施栽培葡萄生产影响及其管理研究 /
张芮著. -- 北京 : 中国水利水电出版社，2016.12
ISBN 978-7-5170-5111-4

Ⅰ．①水… Ⅱ．①张… Ⅲ．①葡萄栽培－研究 Ⅳ.
①S663.1

中国版本图书馆CIP数据核字(2016)第324256号

书　　名	**水肥调控对设施栽培葡萄生产影响及其管理研究** SHUIFEI TIAOKONG DUI SHESHI ZAIPEI PUTAO SHENGCHAN YINGXIANG JIQI GUANLI YANJIU
作　　者	张芮 著
出版发行	中国水利水电出版社 （北京市海淀区玉渊潭南路 1 号 D 座　100038） 网址：www.waterpub.com.cn E - mail：sales@waterpub.com.cn 电话：(010) 68367658（营销中心）
经　　售	北京科水图书销售中心（零售） 电话：(010) 88383994、63202643、68545874 全国各地新华书店和相关出版物销售网点
排　　版	中国水利水电出版社微机排版中心
印　　刷	北京纪元彩艺印刷有限公司
规　　格	184mm×260mm　16 开本　15 印张　328 千字
版　　次	2016 年 12 月第 1 版　2016 年 12 月第 1 次印刷
印　　数	0001—1000 册
定　　价	**58.00 元**

前　言

设施栽培是当前国内外园艺作物栽培发展和节水灌溉研究的一个新方向，许多农业高新技术都在设施栽培中不断得到推广和应用。近年来，随着人们生活水平的提高及果树矮密丰技术、设施环境调控技术的提高，使得果树设施栽培在全国形成一个新的发展高潮，而其中的葡萄设施栽培发展尤为迅速。截至目前，我国葡萄设施栽培（包括促成栽培、延后栽培、避雨栽培）面积已达 2.3 万 hm^2 左右，居世界第一位。

葡萄设施延后栽培是针对冷凉地区气候特点，以延迟葡萄浆果成熟期为目的，实现果品淡季供应、提高葡萄经济效益的一种栽培方式，对于满足葡萄鲜果的周年供应具有重要意义。全国各地的栽培实践表明，葡萄采用设施延后栽培不但成熟采收期能大大延迟，而且能有效地抵御各种不良气候对葡萄生产的影响，使葡萄栽培的范围不断扩大，产量品质显著提高，经济效益大幅度增加，其优越性已越来越被各地群众所认识。

然而，长期以来，由于对设施栽培葡萄水肥调控与品质响应机理方面的研究不足，无法对其实施精准的水分品质调控管理，导致我国葡萄设施延后栽培水肥投入时间和数量与品质形成和积累过程不相匹配，造成水资源的大量浪费，而且引起了设施土壤微生物群落结构失调、病虫害蔓延趋势加重，农药的施用量也随着加大，对当地土壤环境构成潜在威胁。因此，从生理角度系统研究葡萄品质水分调控响应机理及土壤环境的影响机制，形成设施葡萄延后栽培水分的精准管理应用模式，对促进冷凉地区节水、优质、高效的设施葡萄产业具有重要的意义。

为了满足当前我国葡萄设施延后栽培水肥管理和果实品质调控研究发展的需要，我们在国家自然科学基金项目"冷凉地区葡萄设施延后栽培水分品质响应机理研究（51269001）"和"水分调控对延迟栽培葡萄土壤碳源代谢及果实品质的协同作用机理（51569002）"的资助支持下，综合近年来实际工作的体会，并参阅部分省、市在葡萄设施栽培管理上的先进经验，编写了本书，以供各地在发展葡萄设施栽培时学习参考。

本书由甘肃农业大学张芮编著。其中，杨阿利、徐斌、黄英、王忠鹏、张晓霞、高阳等在读研究生期间参与了试验数据的观测和收集工作，研究生陈娜娜、王菲，本科生任海龙、赵倩、张海也参与了部分资料的收集与整理工作。本书的出版得到了成自勇教授主持的国家自然基金项目"河西地区酿造葡萄水分调控品质机理与控水调质制度研究（51369002）"的协助和中国水利水电出版社的大力支持，编者在此一并表示感谢。

由于作者水平有限，加之设施栽培发展十分迅速、技术日新月异，书中难免会有一些疏误和不足之处，敬请广大葡萄生产者和葡萄及节水农业科技工作者予以批评指正。

著　者
2016 年 12 月

目 录

前言

第1章　葡萄生长特性与设施葡萄移栽和修剪 ················· 1

1.1 葡萄生长特性 ···································· 1

1.1.1 形态特征 ································· 1

1.1.2 生长周期 ································· 3

1.1.3 生长习性 ································· 6

1.2 葡萄分布范围 ································· 8

1.2.1 酿酒葡萄全球分布范围 ······················ 8

1.2.2 我国酿酒葡萄分布范围 ······················ 10

1.2.3 世界鲜食葡萄分布范围 ······················ 11

1.2.4 鲜食葡萄栽培品种 ························· 12

1.2.5 我国鲜食葡萄生产概况 ······················ 27

1.2.6 葡萄设施栽培的现状 ······················· 28

1.3 葡萄栽培历史 ································· 28

1.3.1 世界葡萄栽培历史 ························· 28

1.3.2 我国葡萄栽培历史 ························· 29

1.3.3 近现代我国葡萄栽培的演化 ···················· 31

1.4 葡萄设施栽培的意义及栽培模式 ····················· 32

1.4.1 发展葡萄设施栽培的意义 ····················· 32

1.4.2 葡萄设施栽培的模式及栽培特点 ··················· 34

参考文献 ······································ 36

第2章　葡萄栽植、修剪及枝蔓管理 ······················ 38

2.1 设施葡萄栽植 ································· 38

2.1.1 温室内土壤准备 ·························· 38

2.1.2 温室葡萄栽培架式与密度 ····················· 39

2.1.3 温室葡萄定植 ··························· 40

2.1.4 定植当年的幼树管理 ······················· 41

2.2 设施葡萄的整形和修剪 ··························· 43

2.2.1 葡萄整形修剪的重要意义 ····················· 43

2.2.2　葡萄整形修剪的要点 ·· 43

2.2.3　葡萄整形修剪技术的发展趋向 ····································· 44

2.3　葡萄主要架式适宜的树形培养及整形过程 ····················· 45

2.3.1　单臂篱架采用的树形及培养 ·· 45

2.3.2　双十字 V 形架采用的树形及培养 ································ 48

2.3.3　高、宽、垂架采用的树形及培养 ································· 50

2.4　葡萄修剪技术 ·· 51

2.4.1　冬季修剪 ··· 51

2.4.2　夏季修剪 ··· 56

2.5　葡萄花穗、果穗的管理 ·· 58

2.5.1　疏穗 ·· 58

2.5.2　花穗整形 ·· 59

2.5.3　无核处理 ·· 60

2.5.4　果穗整形 ·· 62

参考文献 ··· 64

第3章　设施栽培葡萄病虫害防治 ··· 65

3.1　病虫害主要预防过程 ··· 65

3.1.1　减少病原基数，降低菌势 ··· 65

3.1.2　病虫害爆发后的减少和降低措施 ·································· 65

3.1.3　科学、合理使用药剂 ·· 66

3.2　葡萄常见病虫害 ··· 67

3.2.1　葡萄白粉病 ·· 67

3.2.2　葡萄霜霉病 ·· 68

3.2.3　葡萄灰霉病 ·· 70

3.2.4　葡萄白腐病 ·· 72

3.2.5　葡萄穗轴褐枯病 ·· 75

3.2.6　葡萄黑痘病 ·· 76

3.3　虫害 ·· 79

3.3.1　葡萄红蜘蛛 ·· 79

3.3.2　葡萄短须螨 ·· 80

3.3.3　葡萄毛毡病 ·· 81

3.3.4　葡萄蓟马 ··· 82

3.4　粉蚧类 ··· 83

3.5　生理性病害 ··· 84

3.5.1　日灼 ·· 84

3.5.2　气灼 ·· 85

3.5.3 葡萄裂果病 ·································· 86

3.6 自然灾害预防 ·································· 87

  3.6.1 涝灾 ·································· 87

  3.6.2 冰雹灾害 ·································· 88

3.7 葡萄生产中病虫害各阶段防治工作 ·································· 89

  3.7.1 萌芽前病虫害防治 ·································· 89

  3.7.2 萌芽期病虫害防治 ·································· 89

  3.7.3 新梢生长期病虫害防治 ·································· 90

  3.7.4 葡萄花期及生长过程中的病虫害防治药剂措施 ·································· 90

  3.7.5 果粒膨大期病虫害防治 ·································· 90

  3.7.6 果实着色至成熟期病虫害防治 ·································· 91

  3.7.7 果实成熟期病虫害防治 ·································· 91

  3.7.8 营养积累至落叶期病虫害防治 ·································· 91

  3.7.9 采后清园期病虫害防治 ·································· 91

参考文献 ·································· 92

第4章 水分调控对设施栽培葡萄的生长影响研究 ·································· 93

4.1 研究区概况与水分调控试验设计 ·································· 93

  4.1.1 研究区概况 ·································· 93

  4.1.2 试验材料 ·································· 93

  4.1.3 试验布置方案 ·································· 93

  4.1.4 试验测定项目 ·································· 96

4.2 水分调控对设施栽培葡萄生长发育的影响 ·································· 97

  4.2.1 对葡萄果粒横径生长的影响 ·································· 97

  4.2.2 对葡萄果粒纵径生长的影响 ·································· 100

  4.2.3 果粒横径和纵径膨大速率关系分析 ·································· 102

4.3 水分调控对设施栽培葡萄生理生化指标的影响 ·································· 103

  4.3.1 对叶片叶绿素含量的影响 ·································· 103

  4.3.2 对叶片氮含量的影响 ·································· 105

  4.3.3 对 SOD 活性的影响 ·································· 106

  4.3.4 对 POD 活性的影响 ·································· 108

  4.3.5 对叶片 MDA 含量的影响 ·································· 109

  4.3.6 对叶片 Pro 含量的影响 ·································· 110

  4.3.7 对叶片 ABA 含量的影响 ·································· 111

  4.3.8 对果实蔗糖合成酶活性的影响 ·································· 111

4.4 水分调控对葡萄果实品质积累的影响 ·································· 112

  4.4.1 对葡萄果实可滴定酸含量的影响 ·································· 112

　　　5.1.3　试验设计 ··· 184

　　　5.1.4　主要测定指标与测定方法 ·· 185

　5.2　水肥调控对设施延后栽培葡萄耗水特性的影响 ····················· 188

　　　5.2.1　不同灌水处理对设施栽培葡萄各生育期土壤含水率影响 ······· 188

　　　5.2.2　耗水量的计算 ·· 191

　　　5.2.3　水肥调控对设施延后栽培葡萄各生育期耗水特性的影响 ······· 192

　　　5.2.4　水肥调控对设施延后栽培葡萄全生育期耗水量的影响 ·········· 195

　5.3　水肥调控对设施延后栽培葡萄土壤温度的影响 ····················· 195

　　　5.3.1　全生育期温室内气温和湿度变化 ···································· 195

　　　5.3.2　水肥调控对土壤温度的影响 ·· 197

　5.4　水肥调控对设施延后栽培葡萄生理特性的影响 ····················· 203

　　　5.4.1　水肥调控对设施延后栽培葡萄蔓粗的影响 ······················· 203

　　　5.4.2　水肥调控对设施延后栽培葡萄粒径的影响 ······················· 204

　　　5.4.3　水肥调控对设施延后栽培葡萄抗逆性的影响 ····················· 207

　5.5　水肥调控对设施延后栽培葡萄品质、产量及水肥利用效率的影响 ··· 208

　　　5.5.1　水肥调控对设施延后栽培葡萄品质的影响 ······················· 208

　　　5.5.2　水肥调控对设施延后栽培葡萄产量的影响 ······················· 212

　　　5.5.3　水肥调控对设施延后栽培葡萄水分利用率和肥料偏生产力的影响 ··· 213

　5.6　结论 ··· 214

　参考文献 ··· 215

第6章　温室葡萄周年管理技术 ··· 217

　6.1　休眠前期管理技术 ··· 217

　　　6.1.1　管理目标 ··· 217

　　　6.1.2　主要管理工作 ·· 217

　6.2　休眠期管理技术 ··· 218

　6.3　萌芽期管理技术 ··· 219

　6.4　萌芽至开花前管理技术 ··· 220

　6.5　开花期管理技术 ··· 222

　6.6　浆果生长期管理技术 ··· 223

　6.7　成熟期及采后管理技术 ··· 224

　参考文献 ··· 226

    4.4.2　对葡萄果实 TSS 含量的影响 ·············· 114

    4.4.3　对葡萄皮花青素含量的影响 ·············· 114

    4.4.4　对葡萄糖分积累过程的影响 ·············· 115

  4.5　水分调控对设施栽培葡萄耗水规律的影响 ·············· 118

    4.5.1　作物耗水量的计算 ·············· 118

    4.5.2　水分调控对设施延后栽培葡萄日耗水强度的影响 ·············· 119

    4.5.3　水分调控对设施延后栽培葡萄耗水模系数的影响 ·············· 122

  4.6　水分调控对葡萄产量和品质的影响 ·············· 125

    4.6.1　对葡萄产量及水分生产效率的影响 ·············· 125

    4.6.2　对葡萄品质的影响 ·············· 126

  4.7　水分调控对葡萄根际土壤环境的影响 ·············· 129

    4.7.1　对土壤积温的影响 ·············· 129

    4.7.2　对土壤微生物数量的影响 ·············· 135

    4.7.3　对土壤微生物量的影响 ·············· 142

    4.7.4　对葡萄根际土壤酶活性的影响 ·············· 143

  4.8　水分调控葡萄果实品质的机理分析 ·············· 144

    4.8.1　葡萄果粒膨大速率与土壤水分相关分析 ·············· 144

    4.8.2　叶片叶绿素含量、氮含量与其他指标相关分析 ·············· 147

    4.8.3　叶片叶绿素含量、氮含量与葡萄果粒膨大相关分析 ·············· 149

    4.8.4　叶片叶绿素含量、氮含量与葡萄生理生化指标及葡萄品质相关分析 ·············· 153

    4.8.5　叶片叶绿素含量、氮含量与葡萄根际土壤微生物量相关分析 ·············· 155

    4.8.6　品质指标与叶片酶活性等指标相关分析 ·············· 156

  4.9　水分调控对土壤环境因子的影响机制 ·············· 159

    4.9.1　对葡萄根际土壤微生物量的影响 ·············· 159

    4.9.2　葡萄根际土壤酶活性与土壤微生物相关分析 ·············· 161

    4.9.3　葡萄根际土壤酶活性与葡萄生理生化指标相关分析 ·············· 163

    4.9.4　葡萄根际土壤微生物量与葡萄生理生化指标相关分析 ·············· 164

    4.9.5　葡萄根际土壤微生物量与葡萄果粒膨大速率相关分析 ·············· 168

    4.9.6　葡萄根际土壤微生物量与葡萄果实品质相关分析 ·············· 171

    4.9.7　0～25cm 土壤积温与葡萄果实品质等指标相关分析（2014 年） ·············· 176

  4.10　结论 ·············· 181

参考文献 ·············· 183

第 5 章　水肥耦合调控对葡萄生产指标的影响 ·············· 184

  5.1　试验地概况及试验设计 ·············· 184

    5.1.1　试验地概况 ·············· 184

    5.1.2　供试作物 ·············· 184

第1章 葡萄生长特性与设施葡萄移栽和修剪

1.1 葡萄生长特性

1.1.1 形态特征

1. 根

葡萄根系为肉质根，髓射线与辐射线特别发达，导管粗大，根中储存有大量的营养物质。其实生苗根系由主根与侧根组成，主根不多、特征明显，侧根发达。葡萄营养苗的根是由茎蔓的中柱鞘内发出，称为不定根，无明显主侧之分，可由众多的不定根组成强大的根系，如图1.1所示。

葡萄根系发达，适应性比较广，在肥沃疏松又有水浇条件的砂壤土中，根系分布比较浅，集中于地表以下40cm深的范围内，但其水平辐射范围比较广。在干旱少雨的山地，其根系可深入土层100cm以下，最深可达1400cm。葡萄根系有比较强的吸收能力，其细胞渗透压超过0.152MPa，因此，在干旱山地和盐碱土地中能够比较正常地生长发育。

图1.1 葡萄根系

图1.2 葡萄茎

2. 茎

葡萄为蔓生，多匍匐生长而不能直立。按年龄及作用不同，葡萄茎分为主干、主蔓、多年生蔓、一年生蔓（结果母蔓）和当年新梢。前三者组成骨架，后二者可结果与扩大树冠。葡萄新梢由胚芽、冬芽、夏芽或隐芽萌发而成，新梢顶芽先是单轴生长，向前延长，以后顶芽转位生成卷须或花序，而侧生长点代替顶芽向前延长，成为合轴生长。这样交替进行的结果，形成了新梢的卷须有规律地分布，如图1.2所示。

　　葡萄新梢由节与节间组成，节部膨大，其上着生叶片与芽眼，芽眼的对面着生卷须或果穗，内部有一横膈膜。节间较节部细，其长短因品种与长势而异。新梢的色泽及表皮附着物，品种之间差异很大，是品种鉴定的重要标志之一。

　　葡萄新梢上有两种芽，即冬芽与夏芽。冬芽外被鳞片，是由一个主芽和数个预备芽组成。一般主芽较预备芽发达，春季发芽时首先萌发，若主芽受损，预备芽可代替之。但也有许多品种主芽与预备芽 2～3 个同时萌发。主芽与预备芽都可带有花序，但预备芽上花序较少。冬芽当年多不能萌发，若受到重刺激后（如夏剪过重）也可萌发。夏芽为裸芽，不具备鳞片，不能越冬，当年形成，在适宜的温湿条件下当年萌发成副梢。

3. 叶

　　葡萄叶为单叶，由叶柄、叶片、托叶组成，在枝蔓上互生排列。葡萄叶柄较长，有趋光性，可以使每片叶子获得良好的光照。叶片多为掌状，亦有近圆形，由叶柄顶端与叶片交界处分出 5 条主脉，故叶片多呈 5 裂状，但亦有 3 裂、7 裂或全缘类型，如图 1.3 所示。叶片背面光滑或有茸毛，表面有一层密致的角质化表皮，能防止水分蒸发。叶片的形状、大小、绒毛状况、裂刻的深浅、叶缘锯齿状况等因种类、品种不同有所差异，观察鉴别品种时可作为参考。

　　　　图 1.3　葡萄叶片　　　　　　　　　　　　　　　图 1.4　葡萄花序

4. 花序和卷须

　　葡萄的花序和卷须都由枝蔓顶部生长点发育而成。

　　花序为复总状花序或圆锥花序，由花穗梗、花穗轴、花梗及花组成，如图 1.4 所示。每个花个序上的花数因品种而异，少者 200 朵左右，多者 1500 朵以上，大部分为两性花。花序一般在新梢的第 3～6 节处开始着生，因品种或营养状况不同，花序或只生 1 穗，或生 2～3 穗，或连续发生，或间断发生。

　　卷须的主要作用是缠绕他物，固定枝蔓，有 2 杈、3 杈和 4 杈等类型，在栽培中，为减少营养消耗和操作的麻烦，应及早去除。卷须和花芽可相互转化，营养丰富、光照充足、长日照、温度适宜时卷须可发育成花序；反之花序会停止分化，长成卷须，如图

1.5 所示。

图 1.5　葡萄卷须　　　　　　　　　图 1.6　葡萄果实

5. 果实

葡萄果实即葡萄的果穗，由穗梗、穗轴和果粒组成，如图 1.6 所示。果穗中部有节，当果穗成熟后，节以上部分多木质化。大部分品种的果穗都带有副穗，即第一穗分枝特别明显。果穗因品种、营养状况、技术操作不同，其穗头大小差异显著，穗小者仅200g 左右，穗大者可达 2000g 以上。果粒为浆果，由子房发育而成，因品种不同其果粒形状、颜色、大小、着生紧密度、肉质软硬松脆、有无种子、种子多少等性状有所不同。果粒形状分圆形、椭圆形、卵圆形、长圆形、鸡心形等。果皮颜色分为白色、黄色、红色、紫色、黑紫色等。果粒又分有核（内含种子）和无核（不含种子）。有核者，少者 1 粒种子，多者 5～6 粒，甚至更多。果粒大者，单粒质量可达 20g 以上，小者仅3～5g。

1.1.2　生长周期

葡萄是落叶果树，早春日平均气温达 10℃ 左右时，其地上部开始萌芽；秋季日平均气温降到 10℃ 以下时，新梢停止生长，叶片开始凋落，进入休眠阶段。结果期的树 1年中分为两个阶段，即生长期和休眠期，而生长期和休眠期又分为以下 8 个物候期[1]。

1. 树潑藤动期

春天，当根系分布土层的地温达 7～10℃ 时，根系开始从土壤中吸收水分和无机物质。这时地上部如有碰伤或新剪口，便引起树液外流，称为伤流。其伤流时间早晚因葡萄种类不同而异。一般山葡萄种在地温 4～5℃ 时根系开始吸收水分；欧美杂种在地温6～7℃ 时根系开始吸收水分；欧亚种在地温 7～8℃ 时根系开始吸收水分。伤流期是从根系在土壤中吸收水分开始到展叶后为止，伤流液中含有大量水分和少量营养物质，每升含干物质 1～2g，因此，应尽量避免造成伤流。

2. 萌芽期

从萌芽到开始展叶称为萌芽期。在日平均气温 10℃ 以上时，根系吸收的营养物质进入芽的生长点，引起细胞分裂，花序原始体继续分化，使芽眼膨大和伸长。萌芽期较短，在北方冬季埋土防寒地区，一般解除覆盖物后 7～10d，芽就齐开始萌动，要及时喷药、上架和浇水。待芽伸出 3～5cm，能识别有无花序时进行抹芽定枝，以保证主芽正常生长。葡萄萌芽期状态如图 1.7 所示。

图 1.7　葡萄萌芽期状态　　　　　　图 1.8　葡萄新梢生长期状态

3. 新梢生长期

从萌芽展叶到新梢停止生长称为新梢生长期。萌芽初期生长缓慢。气温平均升高到 20℃时，新梢生长迅速，每昼夜生长量可达 10～20cm，即出现新梢第一次生长高峰，如图 1.8 所示。以后到开花时为止，新梢生长趋于缓慢。这个时期，所需要的营养物质主要由茎部和根部贮藏的养分供给。如贮藏的养分不足，则新梢生长细弱，花序原始体分化不良、发育不全，形成带卷须的小花序。因此，营养条件良好、新梢生长健壮，对当年的产量、质量和翌年的花芽分化都起着决定性的作用。要在抹芽的基础上进行定枝，将多余的营养枝和副梢及时剪掉，防止消耗养分，同时要追施复合肥（以氮、钾为主）。

4. 开花期

从始期开始到终花为止称为开花期，如图 1.9 所示。开花期的早晚、时间长短与当地气候条件和栽培品种有关。气温高开花就早，花期也短；气温低或阴雨天多，开花就迟，花期也随之延长。一般品种花期为 7～10d。如果开花期气候干燥，气温在 20～27℃，天气晴朗，8：00—10：00 时开花量最多，整个花期可缩短为 7d 左右。为了提高坐果率，花前或花后均应加强肥水管理。花前 2～3d 对结果枝及时摘心、控制营养、改善光照条件，并喷 0.05%～0.10% 硼砂液和人工辅助授粉，对提高坐果率有明显效果。

5. 浆果生长期

从子房开始膨大到浆果着色前称为浆果生长期。浆果生长期较长，一般可延续60～100d。其中包括葡萄的浆果生长、种子形成、新梢加粗、花芽分化、副梢生长等时期。

　　图1.9　葡萄开花期状态　　　　　　　图1.10　葡萄果粒膨大期图片

　　葡萄开花由卵细胞受精后，形成绿色的浆果，如图1.10所示。当幼果长至2～4mm大小时，一部分因营养不足或授粉不良出现落果现象。幼果含有叶绿素，可进行光合作用，制造养分，能补充果粒营养消耗的1/5左右。当幼果长到4～5mm时，果顶的气孔转变为皮孔，光合作用停止。

　　浆果生长的同时，新梢加粗生长，节间芽轴进行花芽分化。当浆果长到接近品种固有的大小时，趋于缓慢生长。此时新梢（含副梢）进入第二次生长高峰，要求对新梢及时引绑并处理副梢，以改善架面光照条件。同时要及时防治病虫害，进行保叶、保果和补肥等项措施，为丰产、丰收创造条件。

　　6. 浆果成熟期

　　浆果成熟期为从果实变软开始到果实完全成熟。浆果开始成熟时，果皮的叶绿素大量分解，黄绿色品种果皮由绿色变淡，逐渐转为乳黄色；紫红色品种果皮开始积累花青素，由浅变深，呈现本品种固有的颜色，如图1.11所示。随之，浆果软化而有弹性，果皮内的芳香物质也逐渐形成。糖分迅速增加，酸量相对减少，种子由黄褐色变成深褐色，并有发芽能力，即达到浆果完全成熟期。

图1.11　葡萄成熟期状态

浆果成熟期光照充足，高温干燥，昼夜温差大，有利于浆果着色，含糖量高；相反，阴雨天多，果粒着色不良，糖少酸多，香味不浓。因此，这个阶段要注意排水，疏掉影响光照的枝叶，同时喷施磷肥、钾肥（如磷酸二氢钾），促进果粒迅速着色成熟和枝条充实。

浆果成熟期在陕西省眉县是 8 月上旬；在北京和河北省昌黎是 8 月中旬；在辽宁省兴城、熊岳是 8 月下旬。

7. 落叶期

浆果成熟至叶片黄化脱落时为止称为落叶期。浆果采收后，叶片光合作用仍在加速进行，将制造的营养物质由消耗转为积累，运往枝蔓和根部贮藏。这时花芽分化也在微弱进行，如树体营养充足使枝蔓充分成熟，花芽分化较好，可以提高越冬抗寒能力和下一年的产量。

落叶期仍要加强管理，采取预防早期霜冻措施，延长枝叶养分流动时间，为安全越冬打下良好基础。

8. 休眠期

从落叶到翌年树液开始流动为止称为休眠期。随着气温下降，叶变成橙黄色，叶片脱落，此时达到正常生理休眠期。但其生命活动还在微弱地进行着。休眠期分为两个阶段：前期称为生理休眠，后期称为被迫休眠。前期随着枝条的成熟，芽眼自上而下进入生理休眠。一般是在气温 0～5℃ 时，经 30～45d 就可以满足生理休眠要求。以后如气温上升达 10℃ 以上，就随时可以萌发生长。但在北方地区，因外界条件不适宜生长，还需要继续休眠。

1.1.3　生长习性

1.1.3.1　地形条件

1. 纬度和海拔

世界上大部分葡萄园分布在北纬 20°～52° 之间及南纬 30°～45° 之间，绝大部分在北半球，海拔一般在 400～600m。中国葡萄多在北纬 30°～43° 之间，海拔的变化较大，约 200～1500m。河北怀来葡萄分布海拔高达 1100m，山西清徐达 1200m；西藏山南地区达 1500m 以上。纬度和海拔是在大范围内影响温度和热量的重要因素。

2. 坡向和坡度

在大地形条件相似的情况下，不同坡向的小气候有明显差异。通常以南向（包括正南向、西北向和东南向）的坡地受光热较多，平日气温较高。坡地的增温效应与其坡度密切相关。一般坡地向南每倾斜 1°，相当于纬度推进 1°。受热最多的坡地角度约为 20°～35°（在北纬 40°～50° 范围）。因较耐干旱和土壤瘠薄，葡萄可以在相对不大范围内发育根系，所以比其他果树更适宜在坡地上栽培。然而坡度越大水土流失越严重，因此，在种植葡萄时应优先考虑坡度在 20°～25°以下的土地。

3. 水面的影响

海洋、湖泊、江河、水库等大的水域，由于吸收的太阳辐射能量多，热容量较大，白天和夏季的温度比陆地低，而夜间和冬季的温度比内陆高。因此，临近水域沿岸的气候比较温和，无霜期较长。临近大水面的葡萄园由于深水反射出大量的蓝紫光和紫外线，浆果着色和品质好，所以选择葡萄园时尽量靠近大的湖泊、河流与海洋的地方。

1.1.3.2　土壤条件

1. 成土母岩及土心

在石灰岩生成的土壤或心土富含石灰质的土壤中，葡萄根系发育强大，糖分积累和芳香物质发育较多，土壤的钙质对葡萄酒的品质有良好的影响。世界上著名的酿酒产区正是在这种土壤上，如香槟地区和夏朗得—科涅克地区等。但土层较薄且其下常有成片的砾石层，容易造成漏水漏肥。

2. 土层厚度和机械组成

葡萄园的土层厚度一般以 80～100cm 以上为宜。沙质土壤的通透性强，夏季辐射强，土壤温差大，葡萄的含糖量高，风味好，但土壤有机质缺乏，保水保肥力差。黏土的通透性差，易板结，葡萄根系浅，生产弱，结果差，有时产量虽大但质量差，一般应避免在重黏土上种植葡萄。在砾石土壤上可以种植优质的葡萄，如新疆吐鲁番盆地的砾质戈壁土（石砾和沙子达 80％以上），经过改良后，葡萄生长很好。

3. 地下水位

在湿润的土壤上葡萄生长和结果良好。地下水位高低对土壤湿度有影响，地下水位很低的土壤蓄水能力较差。地下水位高、离地面很近的土壤，不适合种植葡萄。比较适合的地下水位应在 1.5～2.0m 以下。在排水良好的情况下，在地下水位离地面 0.7～1.0m 的土壤上，葡萄也能良好生长和结果。

4. 土壤化学成分

土壤化学成分对葡萄植株营养有很大意义。一般在 pH 值为 6.0～6.5 的微酸性环境中，葡萄的生长结果较好。在酸性过大（pH 值接近 4.0）的土壤中，生长显著不良，在比较强的碱性土壤（pH 值为 8.3～8.7）上，开始出现黄叶病。因此，酸度过大或过小的土壤需要改良后才能种植葡萄。此外，葡萄在果树中是属于较抗盐的植物，在苹果、梨等果树不能生长的地方，葡萄能生长得很好。

1.1.3.3　气候条件

1. 光照

太阳能是葡萄进行光合作用唯一的能源，是葡萄进行能量和物质循环的动力，葡萄产量和品质的 90％～95％来源于光合作用。在许多情况下，真正消耗于光合作用的太阳能还没有达到太阳总能量的 1％。在我国，一般葡萄园太阳能的利用率仅为 0.5％左右。葡萄是喜光作物，几千年来人们为它搭架和整形修剪，以便使它获得更充足和合理的光照。

2. 温度

温度（热量）是影响葡萄生长和结果最重要的气象因素。葡萄属暖温带植物，要求相当多的热量。葡萄生长期（从萌芽至浆果成熟）需要的月平均气温在 10℃以上，其活动积温、因品种不同而存在差异。温度对葡萄生长、结果的进程也产生重要影响。高温能对葡萄造成危害，但程度远远不如低温，低温对葡萄的伤害是世界葡萄栽培中常遇到的问题，低温限制了葡萄的栽培区域。葡萄一般栽培在北半球北纬 20°～51°之间。欧洲葡萄品种的栽培北限是德国的莱茵河流域，栽培的南界伸展到了印度。在南半球、葡萄主要栽培于南纬 20°～40°之间。欧洲葡萄的种植范围朝赤道方向扩展的限制因素是高温、病害和缺乏足够的低温诱发葡萄的休眠。欧洲葡萄向两极方向扩展的主要限制因素是生长季节短、不足以保证果实和枝蔓成熟以及抵御冬季低温。

3. 降水

降水的多寡和季节分配强烈地影响着葡萄的生长和发育，影响着葡萄的产量和品质。在某些地区，对某些栽培品种，降水量季节性的变化是葡萄品种区域化的最重要的气候因素之一。降水量季节性的变化因世界不同的气候类型而表现出显著的差异。地中海气候的降水量季节分配的特点是夏秋干旱、冬春多雨。而我国主要葡萄栽培区的气候为季风气候（除新疆外），夏季高温多雨，南方春季阴雨天气更加重了葡萄栽培的难度。除新疆外，对葡萄不利，水分胁迫现象对葡萄表现十分显著。

1.2　葡　萄　分　布　范　围

1.2.1　酿酒葡萄全球分布范围

1. 全球葡萄产区大多分布在南北纬 30°～50°

酿酒葡萄适宜生长在气候温和、日照充足的环境中。法国词语"Terroir"，翻译成中文为"风土"。"风"即气候特征，包括日照时间、降水量、昼夜温差、湿度等；"土"包括土质成分、土壤结构等，土壤中含有沙石、砾石等不适合普通农业种植的土地最适合葡萄种植。每个产区都有自己的"风土"和适宜的葡萄品种。如法国的勃艮第不能种赤霞珠和长相思葡萄，但可以种黑比诺和霞多丽。

葡萄的原产地是黑海与里海间的外高加索地区，后逐渐引种到欧洲、亚洲、非洲、美洲和大洋洲众多适宜葡萄生长的地区。这些地区共同的特点是具有微酸或微碱性沙壤土，气候温和，光照时间长，在葡萄生长初期冬季雨水较多，而成熟期则干旱少雨。符合上述气候要求的地区往往位于大陆西部、海洋东岸。全世界适合种植葡萄的地方，大致在南北纬30°～50°的温带地区。北纬30°～50°覆盖了法国、意大利、德国、西班牙、葡萄牙，一直延伸到亚洲的中国、日本，以及美国和加拿大；南纬30°～50°覆盖了南非、澳大利亚、新西兰、智利、阿根廷等国。一般来说，海洋性气候、地中海气候最适合葡萄种植，法国恰恰符合条件。当然也有例外，加拿大安大略省、中国烟台等葡萄种植区位于季风区，因为当地特殊的"小气候"也适合葡萄生长。

2. 北半球产区将向北迁移

第二次世界大战结束至今，全球葡萄酒产区版图出现较大变化。自20世纪60年代起，南地中海的北非地区，以及东地中海的叙利亚、黎巴嫩等历史上著名的葡萄酒产地相继退出重要葡萄酒产地行列。它们的淡出有的是因为政治或宗教原因（如阿尔及利亚全国禁酒导致产能萎缩），有的则是因为局势影响（如连绵不绝的动荡令黎巴嫩葡萄酒生产长期不正常）。自20世纪80年代起，美国加利福尼亚州异军突起，90年代则轮到阿根廷、澳大利亚、新西兰。近10年，南非、智利等成为发展势头最好的新兴葡萄酒产地。中国葡萄酒产量2010年升至世界第八。与之形成鲜明对比的是欧洲"旧世界"产能的下降。由于消费市场的萎缩，一些国家开始有针对性地削减产能。

除上述人为因素外，自然因素对葡萄种植区的影响更直接。如1550—1770年的小冰期低温重创法国诺曼底产区的葡萄，螟蛾的肆虐更是雪上加霜，葡萄园种植从此在该地绝迹。法国的利穆赞产区在19—20世纪的根瘤蚜和白粉病流行中一蹶不振。2003年，美国地质学会会议上的一项研究显示，过去50年，全球27个主要葡萄种植区气温平均升高1.24℃，如果温度继续上升，一些葡萄产地将不适于葡萄生长。某些品种的葡萄会随着气候变化品质得到改进，如高温对夏敦埃和维欧尼酒有好处，但假设一种葡萄品种在目前温度下成熟度较好，如果气温升高2～3℃，葡萄的品质和酒的品位将受到极大影响。澳大利亚联邦科学与工业研究组织称，到2030年，气温将升高0.3～1.7℃，澳洲的葡萄质量将降低23%，适宜葡萄种植的地区将减少10%。

按法国国家农艺研究院伯纳德·塞昆博士的研究，气温每升高1℃，北半球的葡萄产区就会向北推移200km。法国绿色和平组织2009年发表的《气候变化对法国葡萄酒业的冲击》报告指出，按现在速度升温，2100年葡萄种植将偏离原先种植区域1000km，到达北纬与南纬60°的地方。澳大利亚气候学家诺阿说，这意味着从前与葡萄酒没什么关系的地区可能会成为葡萄酒行业的最大玩家，包括具有寒冷海洋性气候的澳大利亚塔斯马尼亚。专家预计，在欧洲，苏格兰、丹麦、瑞典和芬兰也有望成为名葡萄酒产地。挪威已经有人开始种植雷司令了。

对某些产区来说，气候暖化已经造成毁灭性打击，比如法国勃艮第地区，气温上升使黑比诺葡萄难以酿出口味细腻的好酒，酒的糖分过高、酒精度上升。再如德国2015年冬天温度太高，葡萄无法结冰，冰酒绝收，而同时中国辽宁却成为新兴冰酒产区。拥有120年历史的张裕公司就在辽宁建立了全球最大的冰酒基地。

3. 改种耐高温品种

澳大利亚一家酒庄的行政总裁诺斯意识到了气候变化对葡萄的影响，并开始着手将喜凉葡萄品种的酿酒业务转移到其他地方。法国波尔多葡萄酒产区的农场主菲利普？巴德特称，以后他们将每 5 年对葡萄藤条进行一次整理，以保证它们能适应气候变化。意大利部分酒庄开始利用克隆和嫁接技术，改良葡萄品种特性，或直接改种更耐高温的品种。墨尔本大学的韦伯博士建议葡萄种植户可在变暖区域种植不同的葡萄品种，让大自然对它们进行选择，能适应变暖气候的品种可以一直种植下去。

1.2.2　我国酿酒葡萄分布范围

目前，中国已形成九大酿酒葡萄产区，北 8 南 1。

1. 新疆优质葡萄产区（吐鲁番产地）

新疆是我国最大的葡萄产区，栽培面积占全国 21%，产量占 30%，主栽品种是无核白，是我国最大的葡萄干生产基地。新疆夏秋干燥少雨、日照充足，葡萄糖度高，着色好、无病害。其优异的生态条件对发展优质鲜食葡萄和酿酒葡萄具有极大的潜力，已越来越受到国内外的重视。

2. 甘肃河西走廊产区

甘肃河西走廊产区面积最大的是武威市，其次是酒泉、张掖、嘉峪关市。主栽品种是世界著名酿酒品种赤霞珠、梅鹿辄、品丽珠、蛇龙珠、黑比诺、霞多丽、意斯林等，其中红葡萄酒品种和白葡萄酒品种的比例约为 8：2。近年来，甘肃酿造葡萄生产显示出新的活力。武威已被列为全国葡萄酒原料最佳生产区域之一。

3. 银川产地

银川产地包括贺兰山东麓广阔的冲积平原，这里气候干旱、昼夜温差大，北纬 37°与法国波尔多位于同型纬度，年活动积温为 3298～3351℃，年降水量为 180～200mm，土壤为砂壤土、含砾石，土层有 30～100mm。这里是西北地区新开发的最大的酿酒葡萄基地，主栽世界酿酒品种赤霞珠、梅洛。

4. 清徐产地

清徐产地包括山西的汾阳、榆次和清徐的西北山区，这里气候温凉、光照充足，年活动积温为 3000～3500℃，降水量为 445mm，土壤为壤土、砂壤土、含砾石。葡萄栽培在山区，着色极深。清徐的龙眼是当地的特产，近年的赤霞珠、梅洛也开始用于酿酒。

5. 晋冀北桑洋河流域葡萄产区（沙域产地）

晋冀北桑洋河流域葡萄产区（沙域产区）的宣化、涿鹿、怀来是我国古老品种龙眼、牛奶的主产区。这里气候温凉、昼夜温差较大，大多数酿酒品种在此区表现良好，是我国重要的葡萄酒生产地区之一，有著名的长城葡萄酒公司。

6. 黄河故道葡萄产区

黄河故道葡萄产区包括河南、安徽、江苏及山东4省21个县区，是长江以北冬季不埋土防寒葡萄栽培区。葡萄园面积约1.3万hm²，酿酒品种与巨峰系品种栽培并重，有多家葡萄酒厂。该区较北方夏秋湿热多雨，易感病的欧亚品种不容易栽培，但与南方相比仍有较为优越的生态条件，关键是选择适宜的品种与酒种，很有可能成为我国较大的佐餐葡萄酒和白兰地酒生产区。

7. 渤海湾葡萄产区

渤海湾葡萄产区包括胶东半岛、河北昌黎及京津唐等渤海湾周边产区，是我国最大的酿酒葡萄产区。酿酒葡萄比例达60%以上，主栽品种为意斯林、霞多丽、赤霞珠、白羽、佳利酿、白玉霓、玫瑰香、白诗南、法国兰等。集中有众多的现代化酿酒企业，如烟台张裕葡萄酒公司、青岛华东葡萄酒公司、天津王朝葡萄酒公司及昌黎葡萄酒公司等，生产全国80%以上的葡萄酒。此外，鲜食葡萄栽培多样化、高档化。设施葡萄栽培面积达2000hm²，葡萄贮藏保鲜达4万t，基本实现了葡萄的周年供应。

8. 东北产区

东北产区包括北纬45℃以南的长白山麓和东北平原。这里冬季严寒，温度在−30～40℃，年活动积温为2567～2779℃，降水量为635～679mm，土壤为黑钙土，较肥沃。在冬季寒冷的气候条件下，欧洲种葡萄不能生存，而野生的山葡萄因抗寒力极强，已成为这里栽培的主要品种。

9. 云南高原产地

云南高原产地包括云南高原海拔1500m的弥勒、东川、永仁和川滇交界处金沙江畔的攀枝花，土壤多为红壤和棕壤。这里的气候特点是光照充足、热量丰富、降水适时，在上年的10—11月至第二年的6月有一个明显的旱季，降水量为329mm（云南弥勒）和100mm（四川攀枝花），适合酿酒葡萄的生长和成熟。利用旱季这一独特小气候的自然优势栽培欧亚种葡萄，已成为西南葡萄栽培的一大特色。

以上9个产地是经历了几十年发展才逐步形成的，它构筑了21世纪我国酿酒葡萄产地的基本框架。除以上9大产区外，南方欧美杂交种葡萄规模也在逐步扩大，以浙江、上海地区为主，该区生长季节高温多湿，适宜发展抗湿抗病性强的欧美杂交鲜食品种，主栽品种为巨峰、白香蕉、先锋及藤稔，少数欧亚品种如白玉霓在上海亦获得发展。而海南地区则利用热带独特的气候条件，以巨峰葡萄为主，生产一年两熟的葡萄，经济效益可观。

1.2.3　世界鲜食葡萄分布范围

1. 鲜食葡萄主要生产国

在鲜食葡萄生产方面，中国居世界首位（表1.1）。世界鲜食葡萄主产国有中国、伊朗、土耳其、意大利、印度、美国、智利和南非等。

2. 鲜食葡萄流通简况

根据 2001 年全球贸易统计资料，世界鲜食葡萄销售市场的主要出口国及其所占出口份额为：意大利占 31%，智利占 26%，美国占 25%，此 3 国合计占 82%。但是从 2002 年起，此 3 国的出口合计份额减少，且智利跃居第一（占 25%），意大利和美国分别占 18% 及 14%；其次为南非（8%）、墨西哥（5%）、西班牙（4%）、土耳其（3%）等。一些国家鲜食葡萄的产量、进口量、总供应量和国内消费量、出口量及加工用量情况见表 1.1。

表 1.1　　几个国家鲜食葡萄产量、进口量、总供应量、国内消费量、出口量

及加工用量情况（2003 年）　　　　　　　　　单位：t

国　　家	产量	进口量	总供应量	国内消费量	出口量	加工用量
意大利	1600000	12000	1612000	677000	665000	270000
希腊	314000	3000	317000	152000	115000	50000
土耳其	1700000	100	1700100	1535100	80000	85000
美国（加州）	810000	500000	1310000	1000000	310000	0
墨西哥	189800	87000	276800	166800	110000	0
智利	1010000	12	1010012	100012	620000	290000
南非	370000	0	370000	28000	190000	152000
中国	4000000	57000	4057000	3056340	660	1000000

有的葡萄出口大国，为了调剂不同产品需要，同时也进口葡萄。例如，意大利一直是最大的葡萄出口国，主要向德国、法国、波兰、比利时及瑞士等国出口；同时，意大利也进口反季节葡萄（2001 年进口约 1.2 万 t）。同样，美国加州生产的鲜食葡萄有 1/3 出口到世界 60 多个国家或地区。同时，也从智利、墨西哥大量进口葡萄，主要是反季节的无核葡萄。2001 年，美国从智利就进口了约 4 千万箱葡萄。南美葡萄采收期为 11 月至翌年 4 月，可在北半球产季结束后，稳定供应葡萄。智利出口量的 68% 是向美国出口，向中国的出口量也大幅度增长，并从 2003 年开始扩大向欧盟出口。2002 年，智利向中国的葡萄出口量由 1.9 万 t 增至 3.5 万 t。

据中国农学会葡萄分会消息，2012 年我国葡萄栽培面积达 55.2 万 hm^2，总产量达 843 万 t，葡萄面积年均增加 2 万 hm^2。以现有的发展势头，再过 7～10 年，中国葡萄面积将达到 66.67 万 hm^2，产量将突破 1000 万 t，有望成为全球最大的葡萄生产国。

1.2.4　鲜食葡萄栽培品种

1. 奇妙无核（Fantasy Seedless）

奇妙无核（图 1.12）又名黑美人、神奇无核、幻想无核。欧亚种，原产美国，目前在加利福尼亚州栽培约 400hm^2。1998 年引入我国，主要在山东部分地区种植。

果粒长圆形，皮黑色，果粉厚。平均粒重 6～7g，大者可达 8g。果穗圆锥形，平均

穗重 500g。果粒着生较松散，成熟一致。果
肉中等硬度，白绿色，半透明，甜脆，果皮中
等厚，不易剥离。可溶性固形物（TSS）含量
为 16％～20％，糖酸比大于 20：1，品质极
佳。二次果成熟一致。假单性结实，个别果实
有残根。成熟期间多雨和地下水位高时有裂果
现象。

在济南地区，4 月上中旬萌芽到 7 月中下
旬成熟，生长期需 120d 左右，属早熟无核品
种。上海 5 月中旬萌芽，7 月中旬成熟。奇妙
无核植株生长极旺盛，花芽分化率低。应采用
根域限制的方式栽培或减少氮肥施用量，缓和
生长势，提高坐果率。环割增大果粒，但会降
低果粒着色。赤霉素会降低坐果率，降低产
量，延迟成熟，不宜应用。适于棚架栽培，长
梢修剪。抗病性强，耐运输。

图 1.12 奇妙无核

2. 宝石无核（Ruby Seedless）

宝石无核（图 1.13）又名鲁贝无核、红宝石无核。欧亚种，原产美国。我国 1 986
年从加州引进。目前在山东、河南、河北、辽宁地区种植。果粒椭圆形，宝石红色，具
果霜。平均粒重 5g。果穗长圆锥形，中等紧密，平均穗重 600～700g。果肉浅黄绿色，
半透明，甜脆，TSS 含量为 18.5％，糖酸比大于 20：1，品质上佳。

图 1.13 宝石无核

宝石无核为晚熟品种，在济南地区 4 月初萌
芽，9 月上旬果实完全成熟。树势生长旺盛，花
芽分化良好，丰产性强。风土适应性强，抗病耐
储运。若雨水过大有裂果现象。适宜棚架栽培，
短梢修剪为主。

3. 克瑞森无核（Crimson Seedless）

克瑞森无核（图 1.14）又名绯红无核、淑
女红。欧亚种，原产美国。1988 年通过鉴定，
引进我国。目前在河北、山东 辽宁等地种植面
积较大。果粒椭圆形，亮红色，充分成熟后为紫
红色，上有较厚白色果霜，美观。平均粒重 4g。
果穗圆锥形，有歧肩，平均穗重 500g。果皮中
等厚，不易剥离，果肉浅黄色，半透明，肉质较
硬，味甜低酸，品质极佳。

图 1.14　克瑞森无核

该品种自根苗长势极强，宜中、短梢修剪，棚架栽培。济南地区 4 月上旬萌芽，9 月中下旬果实充分成熟，需生长 155～170d，是极晚熟无核品种。TSS 含量为 19%，糖酸比大于 20∶1。赤霉素和环剥的应用可使果粒均重提高 1g，赤霉素在花期喷 6.25g/hm²，坐果后 12d 喷 7.5g/hm²，可明显增加果粒重量。风土适应性强。

4. 佛蕾无核（Flame Seedless）

佛蕾无核（图 1.15）又名火凤凰、火焰无核、早熟红无核、红光无核、红珍珠。欧亚种，原产美国，是美国的主栽品种之一。我国 1983 年引进试栽，目前在山东、河北、辽宁、山西等地有种植。果粒圆形，鲜红色，平均重 4g 左右。果穗长圆锥形，平均穗重 65g。果肉硬脆，皮薄，味甜，不裂果。TSS 含量为 15%～17%。品质优良。佛蕾无核在济南地区 4 月初萌芽，7 月底成熟，需生长 120d 左右。植株生长旺盛丰产，抗病能力强，较耐储运。果实经赤霉素处理可达 6～7g。适宜棚架栽培，中短梢修剪。

图 1.15　佛蕾无核

图 1.16　无核白鸡心

5. 无核白鸡心（Centennial Seedless）

无核白鸡心（图 1.16）又名森田尼无核、世纪无核、青提。欧亚种，原产美国。

1987年引进我国。目前在新疆、山东、河北、河南、辽宁、上海、浙江等地种植。

果粒鸡心形，绿黄色，粒重4～5g，大者可达6g。经膨大剂处理果粒可达10g以上。果穗长圆锥形，果粒着生中等紧密，穗重500～600g，不进行整穗，可达1000g。果皮薄，果肉脆硬，有淡麝香味。TSS含量为15％～17％。品质上等，无裂果，是鲜食和制干的优良品种。但该品种在南方地区成熟时果皮产生黑色小麻点，影响其外观品质，要研究其形成原因，寻找解决办法，不然会严重影响其发展。

植株生长较强，成花良好，很丰产。上海地区3月中下旬萌芽，8月上旬成熟，该品种容易早采，要注意糖分不到16度不要采收。适宜棚架栽培，中梢修剪，抗病性中等，耐运输。

6. 无核白（Thompson Seedless）

无核白（图1.17）又名无子露、汤普森无核。欧亚种，原产中亚细亚，是世界上最古老的制干、鲜食品种。广泛分布在世界各地，伊朗、叙利亚、美国加利福尼亚州、土耳其等地种植面积都大。无核白传入我国的年代很早，现在是新疆吐鲁番地区的主栽品种，在几百年的栽培中，先后发现、选育出了长粒无核白、大粒无核白、长穗无核白的芽变品种。

果粒椭圆形，绿黄色，粒重平均1.2～1.5g，用赤霉素处理，果粒可增大2～4倍。果穗长圆锥形或长圆柱形，大，有歧肩，果粒着生紧密适度，平均穗重400g左右，大者可达1000g。果皮薄，果肉脆甜，多汁，香味淡。TSS含量为17％～25％，含酸量为0.4％～0.5％，品质优良。

图1.17 无核白

无核白在新疆吐鲁番地区4月初萌芽，到8月下旬果实完全成熟，需生长140～150d。生长势极强，结实力强，较丰产。耐高温，耐旱，适应性强，但抗病能力弱，适宜在我国西北干旱少雨地区种植。适宜棚架栽培，中长梢修剪。

7. 美丽无核（Beauty Seedless）

美丽无核（图1.18）欧亚种，原产美国。1941年于美国加利福尼亚州立大学戴维斯分校培育成功，1954年正式定名。我国在山东等地有少量栽培。

果粒卵圆形，蓝黑色，粒重1.2～2.0g。果穗圆锥形，双歧肩，果粒着生紧密，整齐，穗重 400g 左右。果皮不易剥离，果粉中等厚，果肉脆甜，TSS 含量约 15％。用赤霉素处理后平均粒重可增大到 4～5g。品质上等。

图 1.18　美丽无核

图 1.19　夏黑

植株生长势中等，结实力强。在山东莱西 5 月初开始萌芽，8 月上中旬成熟，果粒生长期 110d 左右，为中熟品种。风土适应性强，抗病能力强，成熟期一致，耐储运。适宜短梢修剪，篱架或棚架栽培。

8. 夏黑（Summer Black）

夏黑（图 1.19）是三倍体欧美杂交种，2000 年从日本植园葡萄研究所引入我国，在江苏张家港和南通已有小面积栽培，综合表现良好。

果粒近圆形，皮紫黑，有果粉。自然粒重 5～5.5g，膨大处理可达 7～8g，大者可达 12g。果皮厚，不易剥离。果肉硬脆，充分成熟后 TSS 含量可达 20％～22％，浓甜爽 1：2，有浓郁草莓香味，品质优。果穗椭圆形，果粒均匀，着生紧凑，穗重 450～750g，大者可达 1450g。极早熟，粒大，质优，易着色，耐运输。树势强健，在江苏张家港 5 月 20 日前后萌芽，5 月 13—15 日开花，7 月 20 日左右成熟，果粒着生牢固，可一直留树保存到 10 月，不裂果，不落粒，不回味，不回软，抗病力强，综合性状优于金星无核、希姆勒特，是南方大面积露地栽培最理想的极早熟品种。

9. 皇家无核（Autumn Puoyal）

皇家无核（图 1.20）又名皇家秋天。欧亚种，原产美国，以秋黑与 C74-1 杂交育成。1999 年引进我国。目前在山东莱西基地种植 260～530hm^2。

图 1.20 皇家无核

图 1.21 瑞必尔

果粒长椭圆形，蓝黑色，在自然条件下粒重达 9～10g。经环剥和赤霉素处理果粒可增大 10％～15％，但果粒着色差，成熟会推迟。果穗特大，果粒着生紧密，穗重 1360～1800g。果皮中等厚度，果肉脆硬，味甜。植株生长极旺，结果力较强。花芽分化期间，若遇不良气候，会影响产量，产量不稳定。在山东莱西 4 月中下旬萌芽，到 9 月下旬成熟，需生长 156d 左右，属晚熟品种。抗病力较弱，易感白腐病。若土壤湿度过大，有裂果倾向。栽培上应注意控制负载量和土壤湿度，及时疏穗、整穗的同时，加强土、肥、水管理和病害虫的防治。

10. 瑞必尔（Eibier）

瑞必尔（图 1.21）又名黑提。欧亚种，原产美国。1974 年引进我国，全国各地均有试栽，山东种植面积较大。

果粒近圆形，紫黑色，粒重 8.5g 左右，大者可达 14g。果穗圆锥形，果粒着生中等紧密。穗重 500g 左右，最大者可达 1000g。果皮厚，果肉脆，味酸甜，无香味。TSS 含量为 15％～18％，含酸量为 0.5％～0.7％。品质优良。

嫩梢绿色，微带红色。幼叶绿色，有光泽。成熟叶片大，近圆形，三裂，叶缘微向上卷，锯齿中等锐，叶面、叶背均无绒毛。叶柄洼开张、拱形，两性花。

瑞必尔在青岛地区，从萌芽到果实完全成熟需 155～160d，需积温 5600℃，属晚熟品种。植株生长势较强，抗病、丰产、耐储运。适宜棚架栽培，中短梢修剪。

11. 玛斯卡特（Muscat of Alexsadria）

玛斯卡特（图 1.22）又名白玫瑰香，典型的欧亚种葡萄品种，原产埃及，世界各地均有分布，为制干、鲜食兼用品种。在澳大利亚等国家栽培，粒重达 6～7g，但在日本冈山县的温室栽培条件下，通过新梢摘心、果穗整形和疏粒，单穗留果粒 40～55 粒，粒重可达 14～16g，TSS 含量为 16％～22％，穗重 450～500g。果粒碧绿，亮若宝石，非常美观。味道清香，品质极佳。上海地区 8 月中旬成熟。花芽分化极好，连基芽都可分化出良好的花芽，可进行基芽或单芽修剪，抗病性较弱，需在避雨设施下栽培。

12. 先锋（Pione）

先锋（图 1.23）又名井川 210，欧美杂交种，由巨峰和康能玫瑰（玛斯卡特的四倍体枝变）杂交育成。最早于 1978 年引入我国，1980 年后曾在国内推广，但因坐果率低，栽培面积不大，目前各地有零星种植。但在日本，先锋是作为巨峰的替代品种，栽培面积不断增加，通过赤霉酸处理，可形成大粒无核果实，在日本很受欢迎。

果粒近圆形，紫黑色，果粉多而有光泽，美观。粒重达 13～16g，果皮和果粉较厚，果肉质地较巨峰紧密，有囊，果肉厚而脆，味甜多汁，香气浓郁，品质优于巨峰。TSS 含量为 16％～22％，含酸量为 0.6％～0.7％。虽然同巨峰一样有落花落果的缺点，但经无核剂处理后，可安定结实，并生产无核大粒果实。成熟期在 8 月中旬。成花好，可进行单芽修剪，抗病性较强。

图 1.22　玛斯卡特

图 1.23　先锋

13. 藤稔（Fajiminori）

藤稔（图 1.24）又名金藤、巨藤、乒乓葡萄。原产日本，属欧美杂交种，由井川 682 与先锋杂交育成。1986 年引进我国。目前在全国各地均有种植，浙江种植最多。

果粒近紫黑色，圆形，平均重 15～18g。经严格的疏穗（1～2 梢留 1 穗）、疏粒（每穗 25～50 粒）和膨大剂处理后，果粒最大纵径 4.35cm、最大横径 2.99cm，重达

56g，大如乒乓球，所以俗称乒乓葡萄。果皮厚，紫黑色，有果粉，易剥离。果肉多汁，含糖量可达 15%～17%，品质上等。

植株生长势较强，较丰产。坐果率比巨峰好，落花落果比巨峰少。属中熟品种，从萌芽到果实完全成熟需生长约 120d（上海地区），成熟期比巨峰早 10d 左右，约 8 月上旬成熟。风土适应性强。抗病，但易感黑痘病、灰霉病，应注意防治。耐储运，适宜棚架栽培。应中短梢修剪结合，短梢修剪为主。但其扦插或压条的自根苗长势弱，用华佳 8 号、巨峰、红富士等作砧木的嫁接苗可增强树势，尤以华佳 8 号最佳。为保证果粒大、品质好，应注意疏穗疏粒，加强肥水管理。

图 1.24　藤稔

图 1.25　京亚

14. 京亚（Jingya）

京亚（图 1.25）属欧美杂交种葡萄，为黑奥林实生苗中选育的四倍体品种。目前在北京、山东、河北、广东、浙江、辽宁等地区均有种植。

果粒椭圆形，果皮紫黑色，外形美观。粒重 10～12g 左右，最大粒重可达 20g，果穗的果粒着生中等紧密或紧密，平均穗重 460g 左右。果皮、果粉厚，易剥离。果肉软而多汁，酸味稍重，微有草莓香味。TSS 含量为 15%～17%，品质中等。

植株生长势较强，丰产。从开花到果实完全成熟需生长 70d 左右，比巨峰早熟10～15d。耐潮湿、抗寒、抗病，副梢生长不旺。棚架、篱架栽培均可，宜中短梢修剪。适宜设施栽培，是巨峰系大粒品种中较好的早熟品种。

15. 红提（Red Globe）

红提（图 1.26）又名红地球、大红球、晚红。欧亚种，原产美国。我国 1987 年引进栽培、推广。红提是继巨峰之后又一大面积推广的优良品种，经全国各地广泛引种，目前栽培面积约 5 万 hm²。

果粒卵圆形，暗紫红色（套袋的果实为红色，光泽鲜艳）。粒重 12～15g，大者可达 22g。果皮薄，不能剥离。果肉脆硬，能切成薄片。味甜，有草莓香味，可溶性固形物含量约为 16％，品质极佳。果穗长椭圆形，纵径、横径分别达 26cm 和 17cm，穗重 800g 左右，最大可达 2500g。极耐储运。

植株生长旺盛，较丰产，但花芽分化有的年份不足，形成小年。在上海从开花到果实完全成熟需生长 110～120d，8 月下旬至 9 月初成熟，属晚熟品种。适宜棚架栽培，短中梢修剪。抗病性弱，易感黑痘病、白腐病、炭疽病、霜霉病、白粉病、日灼病。年降雨量超过 800mm（在 7—9 月降雨量超过 500mm）的地区不宜大面积栽培。种植该品种需要有较高的栽培管理技术和病害防治技术。

图 1.26　红提

图 1.27　矢富罗莎

16. 矢富罗莎（Yatomi Rlosa）

矢富罗莎（图 1.27）别名粉红亚都蜜、罗莎、兴华 1 号、早红提。欧亚种，原产日本。1993 年引入山东、江苏等地，目前在浙江、上海、山东、江苏、辽宁等都有栽培。

果粒紫红色，长椭圆形。果粒平均重 8～9g。果穗中等大，平均穗重 500g。果粒着生中等紧密。果皮薄而脆，果肉中等厚，肉脆汁多，味甜；TSS 含量为 15％～18％，含酸量为 0.5％～0.6％。果实外形美，甜酸适口，有清香，品质上等，极早熟。

嫩梢黄绿色，有光泽。一年生成熟枝黄褐色。幼叶黄绿色。成叶片中等大，心脏形，深5裂，锯齿锐，叶面光滑，叶背有绒毛。秋叶红色。植株生长较强，副梢结实力中等，产量较高。抗病力与适应性中等。适宜棚架栽培，中、短梢修剪为主。该品种果皮薄而易裂，成熟期遇阴雨或土壤湿度大时，易裂果，适宜避雨设施栽培。

17. 美人指（Manicure Finger）

美人指（图1.28）为欧亚种，原产日本，用Unicon与Baladi NO.2杂交育成。1994年引进我国。目前主要分布在江苏、上海等地，其他省市有少量引种。

果粒细长，椭圆形，先端紫红色，基部渐淡，外形如美女手指，非常美观。果粒重达10g，最大粒重18g。果穗圆锥形，穗重500g左右，最大穗重达1700g。果皮薄，不能剥离，果粉较厚，果肉脆甜，香味淡。TSS含量为15%～18%，含酸量为0.5%～0.65%。品质上等。

植株生长旺盛，丰产性中等，有的年份成花不足，影响产量。抗病性弱，易感白腐病和日灼病。在雨水较少、日照时间长、通风良好的地区栽培表现好，南方栽培必须有避雨设施，适宜棚架栽培，中长梢修剪。肥水管理应注意少施氮肥，多施磷钾肥。做好树体管理，及时疏花疏果，适当控制产量，促进花芽分化。在上海地区，4月上旬萌芽，5月中旬开花，8月上中旬成熟。

图1.28 美人指

图1.29 意大利

18. 意大利（Italian）

意大利（图1.29）为欧亚种，原产意大利。以Bicane与玫瑰香杂交培育而成。1955年引入我国。在吉林、辽宁、河北、北京、山东、江苏、上海等地有栽培。

果粒椭圆形、黄绿色，粒重7～9g，最大粒重12g。果穗圆锥形，纵径、横径分别达 20cm 和 10cm 左右，果粒着生紧密度中等，穗重 500g 左右。果皮薄，不易剥离，稍有果粉，果肉脆而多汁，有浓郁草莓香味，TSS 含量为 16%～18%，含酸量为 0.6%，品质极佳，特耐贮运。

植株生长势中等，结实力强，丰产，但产量过高会影响花芽分化，形成大小年。上海地区 3 月中旬萌芽，5 月中旬开花，8 月下旬成熟，到果实完全成熟需生长 120d 左右，属晚熟品种。喜肥水，抗白腐病，抗炭疽病，易感白粉病、霜霉病。适宜棚架栽培，中长梢修剪。

19. 里查玛特

里查玛特（图 1.30）别名玫瑰牛奶，欧亚种，原产苏联，1961 年引进我国。果穗长圆锥形，穗重 800g 左右，最大可达 3000g。果粒长椭圆形，粒重 11～12g，最大可达 20g。果皮薄，易裂果，成熟时由玫瑰红到鲜红，最后达紫红色。肉脆硬细腻，果汁多，清香可口。TSS 含量为 12%～16%，含酸量为 0.45%～0.57%，属品质上等的"礼品果"。

植株生长极旺盛，成花有时少，产量中等。上海地区 3 月中萌芽，到 7 月中旬成熟，需生长 125～150d，属中熟品种。适宜在丘陵山地和通风、透光、排水条件好的地区栽培，适宜棚架栽培，中长梢修剪。该品种生产应控制产量，产量过高，大小年现象明显。果粒着色好。抗病力较弱，易患白腐病、霜霉病，裂果现象严重。该品种在设施栽培条件下，表现良好。

图 1.30　里查玛特　　　　　　　　　　　图 1.31　圣诞玫瑰

20. 圣诞玫瑰（Christmas Rose）

圣诞玫瑰（图 1.31）又名秋红，欧亚种，1987 年从美国引入我国，1995 年通过品种审定。

果粒长椭圆形，果皮中厚，深红色，不裂果，粒重 7～10g。果穗长圆锥形，纵径、横径分别达 50cm 和 24cm，穗重约 800～900g，最大可达 3200g。果粒着生较紧密。果皮中厚，深红色，不裂果。肉脆硬，能削成薄片，多汁味甜，TSS 含量为 17％左右，品质佳。果穗大而长，果粒附着极牢固，特耐贮运，长途运输也不脱粒，可窖藏至翌年 4 月。

树势强，枝条粗壮，结果枝率 78％，每果枝挂 1.4 穗，丰产性能良好，极丰产。抗霜霉病、白腐病能力较强，抗黑痘病能力较弱。果粒易着色，成熟一致，不裂果，不脱粒。结果后树势显著转弱，主蔓不宜太长，适宜行距 4～5m 的小棚架。在上海 3 月中旬萌芽，5 月中旬开花，8 月下旬果实成熟，从萌芽到果实完全成熟生长期为 150d 左右。

21. 金星无核（Venus Seedless）

金星无核（图 1.32）为二倍体欧美杂交种，从美国引入。表现出抗病能力特强、特丰产、适应性特广等优点。无论在寒冷的北方还是高温多湿的南方地区都能种植。该品种不但可以生食，而且还可以制汁，是无核葡萄当中用途最广的品种。果穗中等大，圆柱形，有副穗。果穗平均长 23cm，宽 16cm，平均穗重 370g，最大可达 630g。果粒平均重 4.2g，膨大素处理后可达 8～10g，果粒圆形或椭圆形，蓝黑色，果粉厚。果皮中等厚，果皮与果肉易分离；果肉略软，多汁，芳香味浓。TSS 含量为 16％～19％，品质极上。有时个别有残存的种子，食用时无明显感觉。

图 1.32 金星无核

生长势强。栽后第二年结果，结果枝率 90％，在 1～8 节均能形成花芽，利于极短稍修剪和密植。单株成熟期一致。副稍结识力强，早果丰产。6 月下旬果实成熟。比巨峰早熟 20d，成熟期与京亚相近。对霜霉病和白腐病抗性极强，中抗黑豆病与炭疽病。

22. 京优（Jing You）

京优（图 1.33）为欧美杂交种，为黑奥林实生苗中选育的四倍体品种。果穗圆锥形，平均穗重 540g，最大可达 850g。果粒近圆形或卵圆形，平均重 11g。果皮厚，为红紫色，肉厚而脆，耐贮运性强。TSS 含量为 14％～19％，可滴定酸含量为 0.55％～0.73％，味甜酸低，微有草莓香味，品质上等。如花期天气不好，授粉不良，有大小粒现象。

上海地区 8 月初成熟。北京地区 4 月中旬萌芽，5 月中旬开花，7 月初开始着色，8 月中旬果实充分成熟，从萌芽到果实充分成熟的生长日数为 112～126d，比巨峰早熟 10～15d。植株生长势强。结实力强，结果枝占芽眼总数的 58％，占新梢总数的 79％，每一结果枝上的平均果穗数为 1.5 个，副梢结实力特强，可一年两熟，丰产。上色早，含酸量低，一般可提前半月左右上市。抗病性强，不易落粒，果实成熟后可在树上久挂而不掉粒，不变味。

图 1.33 京优

图 1.34 安艺皇后

23. 安艺皇后（Aki Queen）

安艺皇后（图 1.34）为欧美杂种，是巨峰实生苗中选育的品种。1994 年引入我国，目前全国各地都有引种栽培。

果粒近卵圆形，平均重 13g，略大于巨峰。果皮中厚，不易裂果，鲜红色，非常美观。果肉柔软多汁，肉质和巨峰相近，口感好，TSS 含量为 18％～20％，有玫瑰香味。果穗圆锥形，平均穗重 540g，最大可达 850g。

生长健旺，植物学特性与栽培特性与巨峰相近，抗性较强，落花落果较多，易着生无核果粒，适合无核处理。上海地区 8 月初成熟。

24. 巨峰（Kyoho）

巨峰（图 1.35）为欧美杂交种，原产日本，1957 年由大井上康用石原早生和森田尼为父本杂交育成的四倍体品种。1959 年从日本引入我国。因其适应性强，粒大，是我国南北许多省份栽培最多的品种。

嫩梢底色绿，无附加色，有中等绒毛，托叶特别大。叶片大，较平展，心脏形或圆形，上侧裂刻浅，开张或闭合，下侧裂刻亦浅，开张，上表面较光滑，下表面密被黄白色绵毛，叶缘锯齿中等大，双侧直，叶柄洼开张，为扁平渐尖底的宽广拱形。花两性。果穗较大，平均穗重 558g，圆锥形或长圆锥形，无副穗或有小副穗，穗柄较短。果粒着生中等紧密，平均粒重 12.5～13.3g，最大粒重 20g，椭圆形或近圆形，黑紫色，果粉中等厚，皮厚，肉质中等，汁多，味酸甜，有草莓香味，TSS 含量为 14％～20％，含酸量为 0.55％～0.59％。品质中上等。

植株生长势强。结果枝占芽眼总数的 47.8％～55.4％。每一结果枝上的平均果穗数为 1.5～1.9 个，副梢结实能力强，可一年两熟，产量较高。从萌芽到果实充分成熟的生长日数为 145～146d，活动积温为 5541.2～3433.7℃。在福州 7 月下旬、北京 8 月下旬、沈阳 9 月中旬成熟，为中熟品种。

图 1.35　巨峰

图 1.36　格朗格尔玛

25. 格朗格尔玛（Gros Colman）

格朗格尔玛（图 1.36）为欧亚种，原产美国，是极晚熟的优良品种。果粒卵圆形，淡紫红色（套袋的果实为红色，光泽鲜艳）。粒重 13～15g。果皮薄，不能剥离。果肉脆硬，味甜，有草莓香味，TSS 含量约为 13％，品质佳。果穗长椭圆形，纵径、横径分别达 26cm 和 17cm，穗重 800g 左右，最大可达 2000g。极耐贮运，采收后储藏或留树延迟采收可供应元旦市场。

植株生长旺盛，极丰产。在日本冈山（气候条件与上海一致）6 月初开花，11 月中旬成熟，属极晚熟品种。适宜棚架栽培，短梢修剪。抗病性弱。年降雨量超过 800mm（在 7 月、8 月、9 月降雨超过 500mm）的地区需有避雨设施。种植该品种需要有较高的栽培管理技术和措施。

26. 京玉（Jing Yu）

京玉（图 1.37）又名国玉，欧亚种。中国科学院植物研究所植物园 1960 年以意大利（Italian）为母本，葡萄园皇后（Queen of Vineyard）为父本杂交育成，是一个非常优秀的绿色品种。20 世纪 90 年代中期，江苏、浙江、上海地区开始引种，目前在浙江杭州、金华等地有一定栽培面积。

果粒椭圆形，粒重 6.5～7.8g，最大 16g，平均纵横径为 2.57～2.10cm。果皮中厚，绿黄色，肉质硬脆，汁多味甜，TSS 含量为 15%～16%，可滴定酸含量为 0.48%～0.55%，品质上等，但有的年份果粒有轻微的涩味。果穗圆锥形带副穗，或双歧扁圆锥形，果粒大小均一，着生中等紧密，晶莹如玉，碧绿美观。穗重 700g 左右，最大可达 1400g，耐运输。

植株生长势中等，早果性较差，定植第三年后产量升高，为中等丰产品种。副梢结实力特强，二次果略小，可在 9 月下旬成熟，口味优于一次果，是弥补一次果产量不足的有效方法。在栽培上定植后的前两年注意控制树势，多留副梢叶片，副梢摘心宜留单叶处理。进入结果期后注意复壮树势，及时疏粒，促进果粒膨大。幼果期及时套袋。上海避雨栽培条件下，5 月中旬开花，7 月下旬至 8 月初成熟。

图 1.37　京玉

图 1.38　奥古斯特

27. 奥古斯特（Augusta）

奥古斯特（图 1.38）为欧亚种，原产罗马尼亚，亲本为意大利和葡萄园皇后，1984 年获准品种登记。1996 年，由河北果树研究所引入我国。

果粒大，短椭圆形，平均粒重 8.5g，最大粒重可达 12.5g，果粒大小均匀一致；果皮绿黄色，充分成熟后为金黄色，果色美观；果皮中厚，果粉薄；果肉硬而质脆，稍有玫瑰香味，味甜可口，品质极佳，TSS 含量达 15%，含酸量为 0.43%，果肉与种子易分离，每果粒含种子 1～5 粒。果穗大，圆锥形，平均穗重 580g，果梗短，果粒着生较紧密。

嫩梢绿色带暗紫红色，有稀疏绒毛，新梢半直立，绒毛稀疏，节间有紫红色晕或条纹；幼叶黄绿带紫红色，具光泽，叶背绒毛中等密；成龄叶片中等大，黄绿色，叶中厚，3～5裂；叶柄及主脉呈紫红色，叶柄与主脉等长或长于主脉；一年生成熟枝条暗褐色；两性花。该品种的主要识别特征是新梢、叶柄及叶片基部主脉均呈紫红色。

植株生长势强，枝条成熟度好。结实力强，每结果枝平均果穗数达1.6个；副梢结实力强，其果枝率达50%。在河北昌黎地区4月15日左右萌芽，5月28日左右始花，7月底果实成熟，属早熟品种。该品种结果早，丰产性强，抗病性较强；果实耐拉力强，不易脱粒，耐运输。但成熟期管理不良时，果粒有裂果现象。

该品种生长旺盛，宜采用篱架、棚篱架或小棚架栽培，中、短梢修剪，生产上要及时进行夏剪，以保证架面通风透光；同时要注意氮、磷、钾平衡施肥，控制结果量，保持土壤水分均衡，防止裂果发生，保证果实及早成熟和提高果品质量。在温室中栽培容易形成花芽，裂果少，果实品质优良，表现十分突出。

1.2.5 我国鲜食葡萄生产概况

我国自从20世纪80年代以来，葡萄产业得到了突飞猛进的发展，全国已有34省（自治区、直辖市）都在种植葡萄，葡萄栽培和加工已经成为当地促进经济发展、增加农民收入的一条重要途径，主要集中在西北、华北、渤海湾周边，黄河故道地区。对于鲜食葡萄来说，我国已经多年来居于首位。我国葡萄生产以鲜食葡萄为主，占80%左右，因此鲜食葡萄是我国葡萄产业的主体。

新疆是我国鲜食葡萄最大产区，主要集中在和田、吐鲁番两个地区。因为干燥少雨、光照充足、昼夜温差大，葡萄含糖量高，而且病害较轻。特别是近几年引进和发展了一些优质的鲜食葡萄品种，有望成为我国鲜食葡萄生产和出口重要基地。

河北省也是我国鲜食葡萄重要生产基地，该地区降雨少，气候温凉，昼夜温差大，是我国葡萄第二大产区，主要品种有红地球、玫瑰牛奶、乍娜、龙眼、牛奶、玫瑰香等。

山东省也是我国鲜食葡萄的重要生产基地，成为鲜食葡萄的第三大产区。该地区光照充足、气候温和，冬无严寒夏无酷暑，近几年发展的新品种有秋黑、红地球、红意大利、玫瑰牛奶、无核白鸡心等品种，主要栽培品种为龙眼、巨峰、玫瑰香、泽香等。

辽宁省的辽西地区和辽南部分地区昼夜温差较大、雨量较少，比较适宜葡萄生长。安徽省和江苏省北部的黄河过道地区，新中国成立后也发展鲜食葡萄生产，由于该地区高温多湿，病害重，浆果含糖量低，制约了这个地区的葡萄生产。南方各省市由于气温高、湿度大，过去很少种植葡萄，由于选用了抗病性和抗逆性强的巨峰系品种，有的地区采用了大棚避雨栽培技术，还成功栽培了欧亚种葡萄，开始了商品化生产鲜食葡萄。

1.2.6　葡萄设施栽培的现状

葡萄设施栽培（也称保护地栽培）是近年来葡萄栽培上的一个新的发展方向。它是在人工建造的设施内形成一定的光、温、水、气、土生态条件，人为地提早或推迟葡萄的成熟和采收时间或防御某些不良外界条件影响，达到人们预期的采收上市时期，从而获得良好栽培效益的特殊葡萄栽培方式。

葡萄设施栽培历史较长，早在 19 世纪初，随着果树温室栽培的兴起，欧洲的荷兰、比利时等国就开始在玻璃温室内栽培葡萄，并相应选育出如玫瑰香、大可满等适合温室栽培的葡萄品种。日本是葡萄设施栽培最发达的国家，栽培面积居世界首位。我国葡萄设施栽培是从庭院中发展起来的，始于 20 世纪 50 年代初期，最早在黑龙江、天津、北京、辽宁、山东等地进行小规模试验研究，并获初步成功。全国大面积的设施栽培在 80 年代中期开始迅速发展。尤其是进入 90 年代后，随着塑料薄膜日光温室的广泛应用以及栽培技术的不断改进和完善，葡萄设施栽培以前所未有的速度向前发展。我国保护地生产中葡萄栽培模式较为规范，是栽培技术较为成功的果树之一。

1.3　葡　萄　栽　培　历　史

1.3.1　世界葡萄栽培历史

葡萄属落叶藤本植物，是地球上最古老的植物之一，也是人类最早栽培的果树之一。据考古资料，最早栽培葡萄的地区是小亚细亚里海和黑海之间及其南岸地区。大约在 7000 年以前，南高加索、中亚细亚、叙利亚、伊拉克等地区也开始了葡萄的栽培。在这些地区，葡萄栽培经历了 3 个阶段，即采集野生葡萄果实阶段、野生葡萄的驯化毁以及葡萄栽培随着旅行者和移民传人埃及等其他地区阶段。

在埃及的古墓中所发现的大量珍贵文物（特别是浮雕）清楚地描绘了当时古埃及人栽培、采收葡萄和酿造葡萄酒的情景。最著名的是 Phtah - Hotep 墓址，距今已有 6000 年的历史。西方学者认为，这是葡萄酒业的开始。

欧洲最早开始种植葡萄并进行葡萄酒酿造的国家是希腊。一些旅行者和新的疆土征服者把葡萄栽培和酿造技术从小亚细亚和埃及带到希腊的克里特岛，逐渐遍及希腊及其诸海岛。3000 年前，希腊的葡萄种植已极为兴盛。

公元前 6 世纪，希腊人把小亚细亚原产的葡萄酒通过马赛港传入高卢（即现在的法国），并将葡萄栽培和葡萄酒酿造技术传给了高卢人。罗马人从希腊人那里学会葡萄栽培和葡萄酒酿造技术后，很快在意大利半岛全面推广。

古罗马时代，葡萄种植已非常普遍，《罗马法》（颁布于公元前 450 年）规定：若行窃于葡萄园中，将施以严厉惩罚。随着罗马帝国的扩张，葡萄栽培和葡萄酒酿造技术迅速传遍法国、西班牙、北非以及德国莱茵河流域地区，并形成很大的规模。直至今天，这些地区仍是重要的葡萄和葡萄酒产区。15—16世纪，葡萄栽培和葡萄酒酿造技术传入南非、澳大利亚、新西兰、日本、朝鲜和美洲等地。

19世纪中叶是美国葡萄和葡萄酒生产的大发展时期。1861年从欧洲引入葡萄苗木20万株，在加利福尼亚建立了葡萄园，但由于根瘤蚜的危害，几乎全部被摧毁。后来，用美洲原生葡萄作为砧木嫁接欧洲种葡萄，防治了根瘤蚜，葡萄酒生产才又逐渐发展起来。现在，南美洲和北美洲均有葡萄酒生产。阿根廷、美国的加利福尼亚州以及墨西哥均为世界闻名的葡萄酒产区。

1.3.2 我国葡萄栽培历史

1.3.2.1 我国葡萄栽培的起始

我国作为世界四大文明古国之一，栽培葡萄的历史亦很悠久，春秋时期的典籍《诗经》之《周南》篇里就有"南有樛木，葛藟累之"的歌吟，而"葛藟"就是一种野生葡萄。由此可见，在2500多年前，中国土地上就生长着葡萄并清楚地载入史册。岁月悠悠，沧海桑田，在漫长的历史长河中，中国人民不仅积累了丰富的葡萄栽培、贮藏经验，而且对葡萄寄予了无限情感，《左传》以"葛藟"为君子之喻，可见葡萄实为果中珍品。

相传，北齐时有位大臣叫李元忠，为讨皇帝喜欢以使自己加官晋爵，不远万里来到塞外，觅得葡萄一盘，敬献皇帝。皇帝一看，葡萄粒粒晶莹剔透珍珠一般，不觉唾液打转。一尝一股甘甜沁人心脾，不由脱口而出："真乃世上妙品。"说罢，"唰唰唰"便将一盘葡萄尽数吃完，仍意犹未尽，直把大臣们弄得馋涎欲滴，而李元忠由此得赏绸百匹。一盘葡萄换得一百匹绸缎，真是让人惊奇啊。

我国栽培欧洲种葡萄最早的地方是新疆塔里木盆地西、南缘区域。英籍匈牙利人马克·奥里尔·斯坦因在对今新疆和田地区民丰县以北古精绝国遗址——尼雅古城考古发掘中发现，1—3世纪民居内有多处果园和葡萄园的遗址。我国考古工作者的考古结果也进一步证实了这一地区葡萄栽培历史的久远。1959年，新疆维吾尔自治区博物馆南疆考察队也对尼雅遗址进行了考察，在编号为59MN0010房舍内，出土毛织品3种残片，一种是人兽葡萄纹彩，其图案中有深目高鼻人像、虎、鹿等动物头形，有成串的葡萄、叶藤和小花丛纹饰，出土时图案清晰，色泽艳丽。在1988—1996年中日合作尼雅遗址考察中，于1995年发掘的一号墓地中发现："极度干燥的环境不仅使墓地内人身完好，锦被衣物如新，其他随殉文物也都似入土当年。木盆中无一例外均置羊腿，随插小铁刀，木碗内可见干缩了的葡萄、梨、糜谷饼"。

综上所述，在1—3世纪，古精绝国已有相当规模的葡萄栽培，加上葡萄已在属于文化范畴的织物、随葬品中占有一定的位置，说明这一地区葡萄栽培的开始年代应早于当时。据王炳华对尼雅考古百年历史的资料进行综合考证认为："可以初步结论，尼雅遗址在西汉或西汉以前已经是一处有相当人口居住活动的小型绿洲。"因此可以认定，最晚在西汉初期葡萄已引进尼雅及附近地区进行栽培。

1.3.2.2 我国内地葡萄引种和栽培始于西汉

我国内地引种欧洲种葡萄始于西汉。《史记·大宛列传》载："宛左右以蒲陶为酒，……，俗嗜酒，马嗜苜蓿。汉使取其实来，于是天子始种苜蓿蒲陶肥饶地。及天马多，又外国使来众，则离宫别观旁尽种蒲陶苜蓿极望"；《汉书·西域传》载：汉武帝"又发使十余辈抵宛西诸国求奇物，因风谕以伐宛之威。宛王蝉封与汉约岁献天马二匹，汉使采蒲陶苜蓿种归。天子以天马多又外国使来众益种蒲陶苜蓿离馆旁极望焉"；《齐民要术》载："汉武帝使张骞至大宛，取蒲陶实，于离宫别馆傍尽种之"。作为通西域的汉使张骞何时将葡萄种子引入内地，可从《史记·大宛列传》中对其通西域的经历中找出结论。张骞于公元前138年奉命带领百余人出使大月氏，经陇西时被匈奴拘留10多年，后与随从逃走至大宛、康居，抵大月氏。公元前128年取道南山，欲经羌中（今青海）归国，中途又被匈奴扣留。公元前126年回到长安时仅剩2人。在这种情况下引种葡萄、苜蓿的可能性不大。公元前119年，张骞奉命第二次出使西域，并派汉使抵大宛等国，这时从大宛引入葡萄是可能的。因此，我国内地葡萄引种栽培起始时间应不早于公元前119年。

1.3.2.3 我国葡萄栽培的演化

1. 新疆葡萄栽培的演化

新疆的葡萄不但是我国葡萄栽培历史的一部分，而且影响着我国葡萄的历史发展进程。从葡萄传入我国至今，新疆始终占据我国葡萄栽培的首要位置。

葡萄传入新疆后，由于塔里木盆地周边的气象条件与中亚、西亚相似，加之绿洲内水土条件优越，因此得以与古代精绝国几乎同时期的迅速扩大栽植。据《汉书·西域传》载："且末国王治且末城……有蒲陶诸果，西通精绝二千里"；《后汉书·西域传》载："伊吾之地宜五谷、桑、麻、蒲陶"，可见在公元前1世纪左右，塔里木盆地南、东部一带已有葡萄栽培。

魏晋之后，随着精绝等一些绿洲葡萄种植区的萎缩和葡萄栽培的继续东进，以及新疆与内地政治、经济交往逐渐紧密，距内地最近的吐鲁番盆地开始发展成新疆乃至全国的重要产区。据李志超等撰《吐鲁番葡萄》（1988年）书载：十六国北凉时（424—441年）吐鲁番古墓（382号）出土的官方文件"功曹条任行水官文书"中提到较多的官吏专管灌溉葡萄用水；北魏（463年）民间记事文物中记述了农家栽培葡萄面积和风虫对葡萄的危害。《太平广记》载：南朝梁大同年间（535—546年）高昌国遣使到金陵（南京）献葡萄干、冻酒；麴氏高昌时期（500—640年），征收葡萄园的"租酒"为数甚巨，一件入酒账记下"后入酒九百七十三斛"之多，还从高昌古城遗址中发掘出酿酒的作坊、酒坛残片。

2. 内地葡萄栽培的演化

葡萄栽培及酿酒向东传入内地是从两个途径进行的：一是以官方为主的跨越式引入

至陕西；二是以民间为主的渐进式东传。但二者均是进玉门关，过甘肃河西走廊，经陇坂高原传入陕西。汉魏之际的药物学著作《本草经》载："葡萄生五原、陇西、敦煌"；《剧谈录》载："汉时，凉州富人好酿酒，多至千余斛，积至十年不变"；又据魏文帝（220—226 年）《凉州葡萄诏记》载，凉州葡萄"味长汁多，……，又酿以为酒，甘于麴米，善醉而易醒"。可见早在汉代，葡萄东传已途经甘肃并在此地栽培发展。

葡萄从西域引入长安后，开始是在皇宫苑林中作为珍奇花果栽培。汉魏之际，逐向长安周边引种扩栽并流入民间，成为一种经济作物。魏文帝曹丕在《示群臣诏》中载："中国珍果甚多，且复为葡萄，当其朱夏涉秋，尚有馀暑，……"。这一时期，随汉王朝政治形势东迁，葡萄传入中原大地。据《洛阳伽蓝记》载：南北朝时，白马寺前"奈林葡萄异于余处，枝叶繁衍，子实甚大。奈林实重七斤，葡萄实伟于枣，味且殊美，冠于中京"。

我国葡萄与葡萄酒发展在唐代达到鼎盛时期。据陈习刚考证："唐十道中种葡萄的达九道，只有岭南道未见葡萄种植的记载。唐时葡萄种植已分布于我国的西域、西北、北方、关中、河朔、西南（包括南诏）、吐番、甚至淮南地区，尤其是西域、河西、河东的太原地区以及长安、洛阳两京之地，在唐时已是葡萄的重要产地"。唐之前，内地消费的葡萄酒均来自"西域"，至"太宗破高昌，收马乳葡萄种于苑，并得酒法"后，中原地区开始推广酿造葡萄酒并很快形成可观的生产规模。也正是唐朝经济发达，国力强大，将西域稳定地控制在本土之内，西域的葡萄酒才能源源不断地流入内地，促进了中原地区葡萄及酿酒业的发展。

元朝建立后，在仍然大量向西域索取葡萄酒的同时，在内地如山西安邑、大同，河北宣宁、燕京以及江南扬州诸处开坊酿制葡萄酒，使之不但成为上流社会中最流行的饮用酒，就是普通百姓亦能饮用。《至正集》卷二一《和明初蒲萄酒韵》诗："汉家西域一朝开，万斛珠玑作酒材，真味不知辞曲蘖，历年无败冠尊。殊方尤物宜充赋，何处春江更泼醅"；忽思慧《饮膳政要》载："葡萄酒益气调中，耐饥强志。酒有数等，有西番者（葱岭以西），有哈剌火者（今吐鲁番），有平阳、太原者"；马可·波罗在《中国游记》中记载："太原府国的都城，其名也叫太原府，……，那里有好多葡萄，制造很多的葡萄酒，……"，可见宋、元时期葡萄与葡萄酒的发展比唐朝更加兴盛。

由于欧洲葡萄不抗寒、不耐旱，所以向我国北方地区的扩栽需要相关技术与设施的支持，因此传入北方的时期较晚。传入东北大约在 300～500 年前；传入内蒙古则只有300 年历史。另据林嘉兴考证：最早于清康熙十二年（1684 年），中国台湾已引入欧洲种葡萄，光绪二十一年（公元 1895 年）引入美洲及欧美杂种。明清时期，由于中原地区白酒的兴起和对西域控制力的减弱，以及西域地区主张禁酒的伊斯兰教的影响力扩大，葡萄酒生产及东输趋势缓退下来，致使我国葡萄栽培及葡萄酒生产一直低于较低水平，直至近代。

1.3.3　近现代我国葡萄栽培的演化

近现代大规模引进欧洲酿酒葡萄种，是在 1892 年，烟台张裕葡萄酒公司的创始人张弼士从西欧引进了 120 余个酿酒品种，如佳利酿、法国兰、自彼诺、琼瑶浆、雷司令等，在烟台东、西山上栽培，其酿制的可雅白兰地曾在世界博览会上获得巴拿马金奖。但直到新中国成立前，我国的葡萄面积也未达到 6700hm²。

20 世纪 50 年代末，我国第一次由政府组织从东欧引进了数百个酿酒及鲜食品种，如莎巴珍珠、白羽、自雅、红玫瑰、晚红蜜、胜利、白莲子等，并开展了一系列科研和技术开发项目，从而奠定了我国大规模发展葡萄生产的基础。80 年代是我国葡萄发展的时代，以佳利酿、龙眼、玫瑰香、白羽、白雅、贵人香、法国兰、北醇、自香蕉、巨峰以及无核白为主栽品种，葡萄面积 1989 年达到 14 万 hm²，比 70 年代初增长了 4 倍，产量达到 97 万 t，提高了 5 倍。追求高产是该时期的显著特征，佳利酿曾有连续亩产万斤的记录。激增的产量与酒厂的加工能力严重失衡，从而导致了 1989 年、1990 年酿酒葡萄栽培的急剧滑坡，北醇、白羽、白雅及佳利酿被大量拔掉。面积损失达 2.5 万 hm²。

20 世纪 90 年代的改革开放促进了我国葡萄酒工业的发展，从而带动了酿酒葡萄栽培的又一次复苏。我国又一次大规模地从西欧引进优良品种，酿酒品种结构得到进一步优化组合，增加了霞多丽、赤霞珠、梅露汁、赛美容、黑彼诺、白玉霓、桑娇维赛等优良品种。与此同时，鲜食葡萄也从单一欧洲杂交巨峰系转向了多品种组合。至 1994 年，我国葡萄面积达到 15 万 hm²，葡萄产量达到 152 万 t，平均亩产 680kg。葡萄酒产量由 1990 年的 0.9 亿 L 上升到 3.6 亿 L，增长 3 倍。同期白酒、啤酒的人均消费量分别为 4.5kg 和 8.3kg。

2007 年，我国葡萄栽培面积和产量分别为 43.8 万 hm² 和 669.7 万 t，分别占全国果树栽培面积和产量的 4.2％和 6.4％。而最近几年，种植面积也一直呈现扩大的趋势。国际葡萄及葡萄酒组织（IOVW）表示，2014 年，中国葡萄种植面积 79.9 万 hm²，而法国为 79.2 万 hm²，中国葡萄种植面积超过法国。同时，自 2000 年以来，中国葡萄种植面积占全球种植总面积比已从 3.9％升至 10.6％，同时，法国的比重却从 11.5％下降至 10.5％。

1.4　葡萄设施栽培的意义及栽培模式

1.4.1　发展葡萄设施栽培的意义

葡萄设施栽培是葡萄栽培方式上的一个变化与更新，它将葡萄从传统的露地生产转变为在人工控制下的设施内生产，使葡萄的成熟时期明显提前或延后，从而延长了葡萄鲜果的上市供应时期，有效地抵御了各种自然灾害的影响，并使葡萄果实的品质得到改善与提高，从而产生与一般露地栽培所无法达到的效果与作用。

根据葡萄设施栽培的目的不同，可分为避雨栽培、促早栽培和延迟栽培等，其中促早栽培是设施栽培最主要的目的和形式。大量的栽培试验表明，葡萄通过设施促早，可提前 20～60d 成熟；通过设施栽培延迟，又可推迟 10～60d 成熟。还可利用葡萄一年多次结果的习性灵活调节成熟期，大大延长鲜果供应期。设施栽培葡萄是露地栽培葡萄产值的 2～10 倍。除此以外，与露地相比，葡萄设施栽培还具有如下优越性。

1. 调节葡萄成熟上市时期，促进市场均衡供应

葡萄设施栽培通过对设施内光照、温度的控制，从而能够人为地促进葡萄提早成熟或延迟成熟。这不但有效延长了葡萄上市供应时期，而且也防止了由于成熟期过分集中给生产和销售上带来的许多负面影响。

在葡萄设施栽培中，除了促成（提早成熟）栽培以外，采用后期覆盖技术，推迟果实成熟时期进行延迟栽培，在我国北方晚熟葡萄栽培地区也有良好的社会效益和经济效益。葡萄属于浆果类果树，长时间保鲜贮藏较为困难，而且花费大、成本高，利用设施进行延迟栽培不仅免除了昂贵的建库贮藏费用，而且生产出葡萄果实的新鲜程度和优良品质也是贮藏果品难以达到的。

我国广大葡萄栽培区露地葡萄成熟期均集中在 7 月下旬到 9 月上旬，由于我国地处东亚季风区内，7 月和 8 月中下旬（正值葡萄成熟时期）降雨量大而且较为集中，不良的气候条件给优质葡萄生产带来严重的影响，而且在夏季高温时节，大量葡萄集中上市也给生产、运输、贮藏和销售都带来许多困难和不便，以至于严重影响到销售价格和栽培者的经济收益。近几年来各地因葡萄大量上市，销售不畅造成卖葡萄难的现象已屡见不鲜。

2. 提高栽培效益，实现优质高产高效

随着葡萄成熟时间的提早或延迟，葡萄价格和生产效益明显随之提高。北京市通州区张家湾镇设施栽培京秀等品种，第三年亩产 1500kg，亩产值近 3 万元；河北省滦县西商家林乡采用日光温室冬季加温栽培乍娜品种，果实 5 月初成熟上市，亩产 1500kg，售价 24～30 元/kg，每亩收益高达 3.6 万～4.5 万元，加之葡萄架下间作蔬菜和育苗，每亩收益高达 5 万元；辽宁省熊岳地区采用塑料棚室规范化栽培巨峰品种，5 月中旬采收，平均亩产 2000kg，每亩收益 4 万元左右；上海市采用设施避雨栽培欧亚种品种，已在高温多雨的上海地区成功栽培乍娜、玫瑰香等品种，平均每亩产值达 3 万元左右；河北省怀来县、山东省平度市开展葡萄延迟栽培，将葡萄采收期推迟到 11 月下旬，亩产值达到 4 万元左右。类似范例在全国不胜枚举，因地制宜发展葡萄设施栽培已成为发展高教农业一个重要组成部分。

3. 改变栽培环境，扩大葡萄栽培范围

设施栽培在局部环境内形成与露地栽培截然不同的生态环境，从而使一个地区能够栽培以往在露地不能栽培的一些葡萄品种。如在我国东北、西北一些高寒地区，积温不足常常成为发展葡萄生产的限制因素；而在设施栽培条件下，温度条件得到改善，一些原来不能在当地栽培的品种，现在通过设施栽培也能正常生长开花、结果。设施栽培的增温、延长生长季节的作用使东北、华北、西北等一些积温不足的地区现已能正常栽培一些优良品种、晚熟葡萄品种，大大丰富了当地果品市场的供应种类，产生了良好的社会效益和市场效益。

4. 有效抵御各种灾害侵袭，生产优质绿色食品

传统露地栽培葡萄生产中，病虫为害和各种自然灾害（严寒、阴雨、冰雹等）常常给生产造成巨大的损失。各地普遍反映，在良好的设施栽培条件下葡萄生长健壮穗形整齐，果粒大小一致，色泽、品质都明显提高。

在葡萄栽培品种中，一些品质优良，但抗湿、抗病力较低的欧亚种品种如玫瑰香、乍娜等常因果皮较薄，抗病性较差在露地栽培时受自然降雨和土壤湿度变化的影响，常常招病虫侵害或造成裂果，对生产形成很大的影响，甚至影响到这些品种的栽培和发展。而在设施栽培条件下，由于设施内空气湿度和土壤水分变化基本上不受自然降雨的影响，因此病虫害和裂果发生较轻，从而使这些优良品种在一些地区的发展成为可能。栽培实践表明，在良好的管理条件下，设施栽培中几乎无严重威胁葡萄生长的病虫害发生。

在我国北方，冬季葡萄埋土防寒、春季出土上架是相当复杂的一项工作，而在设施栽培条件下，葡萄生产上免除了冬季埋土防寒和春季出土上架等繁重工作项目，从而大大节约了劳力开支。

在华中、华南地区，潮湿的气候是发展优质欧亚种葡萄品种的限制性因素，近几年来，上海市郊区及浙江、福建等地采用覆盖避雨栽培，成功地将一些不耐潮湿的欧亚种品种如乍娜、玫瑰香、无核白鸡心等引种到长江流域，收到了良好的经济效益。设施栽培有效地减轻了病虫、自然灾害对葡萄生产的影响，从而大幅度减少了农药的使用次数和使用量，这不但有利于产量、品质的提高，而且为生产无污染、无公害、优质绿色食品提供了一条良好的途径。

1.4.2　葡萄设施栽培的模式及栽培特点

1. 小拱棚避雨栽培

小拱棚搭建成 Y 形架，以水泥架为主，一畦立一行水泥柱，柱距 4～5m，行距 2.6～2.8m，立柱高 2.3～2.4m，地下留 0.5～0.6m，地上部分留 1.8m。分别在地上 0.7m、1.2m、1.7m 处绑 3 根长 0.5m、0.8m、1m 长的横木，要求两端等长，并在横木的两端顺行各拉一道铁丝。同时在地面 0.5m 处，立柱的两侧各拉一道铁丝。这样在立柱的两侧各有 4 根铁丝，完成架形。

小拱棚葡萄栽培，具有设施简单、投资小、见效快的优点，对于改善葡萄的果实品质，降低感病率有一定的作用。在南方夏季高温多雨的气候条件下，进行适当的小拱棚避雨栽培，并配合施用葡萄专用复混追肥，对于提高葡萄的叶片质量，改善果实品质，降低感病性，延迟成熟期等具有一定的效果。遮棚处理后果穗重量增加，穗形整齐，果

穗紧密，果粒大，且无大小粒，糖度高、酸度低，与相同采收期的露地对照相比，着色较差，生产上可以进行适当的延期采收。小拱棚葡萄栽培实例如图1.39所示。

图1.39 小拱棚葡萄栽培实例

2. 塑料大棚

塑料大棚的类型、结构有很多种。目前推广应用最多的有装配式镀锌薄壁钢管型（简称钢管大棚）和竹木圆拱型大棚。这两种塑料大棚是寒地葡萄生产的新形式。同温室葡萄相比，具有投资少、效益高，设备简易，不受地点和条件限制等优点。在南方地区进行葡萄的避雨栽培，可以有效地阻隔大部分的雨水，减少病原菌的入侵，适当地提高果实品质。塑料大棚葡萄栽培实例如图1.40所示。

图1.40 塑料大棚葡萄栽培实例

大棚可以改善棚内光照、温度、湿度等小气候环境。根据郯城县农技中心的测定，7月下旬连续5d，至13：00，外界平均光照强度为11.8万lx，棚内1m高处仅为5.9万lx，光照减弱50%，达到葡萄生长发育适宜光照强度范围。从测定结果看，降温效果也明显，在防雨棚内上部温度比外界略高，但下部靠近植株范围内温度则比外界低2～3℃，10cm地温比棚外低4～5℃。棚内空气相对湿度的特点是较为稳定，受降雨影响较小，棚外湿度在连续阴雨天后长达十几天仍高达90%以上，连续晴天时仅为51%；而棚内空气相对湿度相差不大，阴雨天为89%，晴天为76%。

葡萄大棚栽培既集合了促成栽培与露地栽培的优点，又避免了二者的弊端，这是南方栽培高品质亚种葡萄既经济、实惠，又方便有效、易于广大农户接受的栽培方式。

3. 日光温室栽培

日光温室是依据温室加温设备的有无而分的一种温室类型，即不加温温室。主要依靠日光的自然温热和夜间的保温设备来维持室内温度。通常作为低温温室来应用，在北方应用较多些。一般作为晚花的防霜、御寒或者在早春解冻前育苗用。

日光温室由于具有倾斜度较大的坡式薄膜屋面，白天能使阳光充分射入室内，冬季阳光直射北墙，增加室内反射光及热能，使室内增温。夜间北墙阻挡寒风侵袭，有利于保温。有的地区在薄膜屋面上加盖草帘或棉被，保温效果更好。日光温室的缺点是东西两面山墙遮光面较大，上午东墙遮光，下午西墙遮光，使两墙附近的植株由于受光少而生长发育较差，果实成熟稍晚。

温度是果树生长发育所需的五大基本因素之一，温室内的温度直接影响温室果树的质量和产量，果农必须掌握温室增温、保温、降温措施，使温室内的温度适宜于果树的生长发育，以利于温室水果优质高产。大量研究资料表明，日光温室栽培能够使无核早红葡萄提早成熟，可显著提高叶片的总叶绿素的含量，叶片大而薄，干物重下降。尽管植物能够通过增加叶片的叶绿素的含量来提高对光能的利用率，以适应环境的不利温光条件，日光温室葡萄、桃的成熟上市期一般比露地同品种提早 40～60d，塑料大棚葡萄提早 20～30d。不加温日光温室栽培葡萄于 6 月中旬采收上市，塑料大棚栽培葡萄于 6 月底至 7 月初成熟上市。葡萄日光温室栽培实例如图 1.41 所示。

图 1.41 葡萄日光温室栽培实例

参考文献

[1] 今日头条. 葡萄种植基础知识：解读葡萄生长的 8 个物候期 [EB/OL]. http://toutiao.com/i6297452722555716097/, 2016 - 06 - 18.

[2] 王发明. 我国鲜食葡萄生产现状与发展趋势 [J]. 西北园艺, 2003 (8)：7 - 9.

[3] 孔庆山, 刘崇怀, 潘兴, 等. 国内外鲜食发展现状、趋势、问题与对策 [J]. 中国农业, 2002 (7)：3 - 5.

[4] 高东升, 李宪利, 张泽华. 果树大棚温室栽培技术 [M]. 北京：金盾出版社, 1999.

[5] 李荣潮, 马会勤. 保护地栽培实用技术 [M]. 北京：中国农业大学出版社, 1998.

[6] 黎盛臣. 大棚温室葡萄栽培技术 [M]. 北京：金盾出版社, 1998.

［7］ 赵文东．浅谈我国葡萄保护地栽培的起步与发展［J］．北方果树，2000（5）：1-3.

［8］ 豆瓣网．探究世界葡萄的栽培历史［EB/OL］．https：//www.douban.com/note/418628910/，2014-09-11.

［9］ 中国百科网．中国葡萄栽培历史［EB/OL］．http：//www.chinabaike.com/article/16/85/2007/200702048170.html，2007-02-04.

［10］ 尼雅遗址的重要发现．新疆文物考古新收获［M］．乌鲁木齐：新疆人民出版社，1995.

［11］ 王炳华．尼雅考古百年．西域考察与研究续编［M］．乌鲁木齐：新疆人民出版社，1998.

［12］ 李志超．吐鲁番的葡萄［M］．乌鲁木齐：新疆人民出版社，1998.

［13］ 牟德生，朱发英，罗祥．9个酿酒葡萄品种在甘肃武威的表现［J］．中国果树，2006（2）：18-19.

［14］ 仲高．丝绸之路上的葡萄种植业［J］．新疆大学学报（哲学社会科学版），1999，27（2）：5863.

［15］ 陈习刚．唐代葡萄种植分布［J］．湖北大学学报（哲学社会科学版），2001，28（1）：77-81.

［16］ 王赛时．古代西域的葡萄酒及其东传［J］．新疆地方志，1998，37-41.

［17］ 贺普超，罗国光．葡萄学［M］．北京：中国农业出版社，1994.

［18］ 张敏聪，温晓明，黄雅颂．适宜内蒙古地区栽植的葡萄优良品种及配套栽培技术［J］．内蒙古农业科技，2003（3）：35-36.

［19］ 贺普超，等．葡萄学［M］．北京：中国农业出版社，1999.

［20］ 刘明，吴绍行，王范亭，等．大棚巨峰葡萄连年丰产栽培技术［J］．中国果树，1998（2）：18-20.

［21］ 杜建厂．葡萄设施栽培及其环境因子相关性研究［D］．南京：南京农业大学，2001.

［22］ 张名其，窦宗信．浅谈果树设施栽培的现状、发展趋势及存在问题［J］．甘肃农业，2006（5）．97-98.

第2章 葡萄栽植、修剪及枝蔓管理

2.1 设施葡萄栽植

2.1.1 温室内土壤准备

1. 深翻施肥与平整土地

葡萄是多年生深根性作物，喜欢疏松、通气性良好的土壤，在定植前必须对土壤进行深耕、熟化与改良，给根系生长创造一个良好和适宜的环境，以保证温室葡萄植株健壮生长和及早进入结果期。深翻前每亩施腐熟的有机肥3000～4000kg，然后随深耕翻入土壤。采用沟栽的温室，可将深耕、施肥结合在一起，在挖定植沟时一并进行。

温室内葡萄定植前，除了事先挖好定植沟、施肥外，还应对温室内的土地进行平整，以利于栽植后进行做畦、灌溉和管理。

2. 挖定植沟

根据栽植方式挖定植沟。采用棚架整形的，在东西栋温室的南边距温室前棚面1m处东西走向挖定植沟；如为了充分利用土地和空间，温室内栽植两行葡萄实行拱形棚架栽培时，在距后墙1.5m处东西走向再开挖1条定植沟；温室内篱架栽培时，定植沟南北走向，行距2.5～3.0m。

开沟方法和施底肥的肥料种类根据以下几种土壤质地来确定：

（1）沙质土。沙质土壤质地疏松、通气性能好、地面反射光强、导热性强、早春地温上升快，十分适合种植葡萄。但从另一方面看，沙质土有机质含量少，保肥保水性能差，定植前必须增施有机肥。在沙质土上挖定植沟可适当浅些，宽30～40cm，深50～60cm，挖时先将耕作层熟土和耕作层下生土分开放在沟的两边，沟开好后，在沟内铺厚10cm左右的熟土，用于提高保水保肥能力。对于过分偏沙的地区，沟内要填入从壤土地移来的熟土，但不能用过于黏重的土，以防黏土通透性差，不利于根系下扎。之后再填入氮、磷、钾含量较多的鸡粪或牛粪做底肥，亩施肥量5000kg，与耕作层熟土按1∶1比例掺均匀往沟内回填，填到距地面20cm时，再填耕作层熟土，如熟土不足，可从地表起土补充，填到平地面时灌水沉沟。几天后，待水完全渗入土中不粘锹时，再进行定植。

（2）黏土。黏土土壤质地紧密，通气性、导热性均差，早春地温上升慢，土质冷凉。但黏土有机质含量较高，保水保肥性能好，温室内黏土地葡萄架下间作的作物生长好、产量高。温室黏土地种植葡萄的关键是改良土壤的通透状况。因此，开沟时，定植沟应深、宽各 0.6~0.8m；回填时，最下边 20cm 垫入杂草或粉碎的作物秸秆，做底肥用的有机肥以厩肥、牛马粪等热性肥料为主，亩施 5000kg 左右。回填施肥时将 2 份粗肥、1 份黏土和 1 份沙土掺均匀，回填到地面时灌水渗沟，待沟内回填土手握不成团时再定植。

（3）山坡地。我国山地占很大比例，东西走向的山脉南坡在坡度 10°以下的丘陵地，北面有山峰做挡风屏障，气候温和、光照充足，常形成地域性小气候，是建温室的理想地区，应注意很好的开发和利用。山坡地地形结构复杂，土壤质地差别很大，建温室应选择在土层深厚的地段。对于土壤过分黏重的地块，采用开沟添加有机肥和沙土的方法进行改良。对于土壤中掺有大量碎石块的地段，开挖定植沟时要捡出过多的大石块，换上好土。回填时，先在沟底铺厚 10cm 的杂草或秸秆，再把外运来的壤土和粗肥按 1∶1 的比例掺匀，回填到与地面相平，然后灌水，数天后待沟内回填土手握不成团时再定植。

（4）轻质盐碱土。葡萄较耐盐碱，其根系在一定程度上能限制盐分进入植株体内，同时具有清除盐害的生理功能，所以葡萄的耐盐碱力比其他果树强。生产实践证明，在轻度盐碱地上生长的葡萄含糖量较高。但是土壤含盐量超过一定限度就会影响葡萄的生长，所以盐碱地修建温室栽植葡萄首先要测定土壤含盐量，含盐量过高时，要采用换土等方法改良土壤。盐碱地温室挖定植沟，沟深、宽各 1m，回填时先在沟内回填 10~15cm 杂草或作物秸秆，再用 1 份粗肥、1 份田间土和 1 份细沙混合的三合土回填到与地面相平，然后灌水沉沟，几天后待水分完全渗入土中后手握不成团时再进行定植。

2.1.2 温室葡萄栽培架式与密度

温室内空间有限，光照较差，所以葡萄架式和栽植密度的选择十分重要。首先，确定温室内葡萄定植密度与架式要考虑的是植株对光照的需求。阳光是温室的主要热源，也是葡萄植株进行良好光合作用的首要前提，栽植密度合适、架式选择合理，葡萄植株对日光利用率高，温室葡萄才能生长正常并获得较好的果实品质和理想的产量；其次，设施葡萄栽植密度和架式的选择还要考虑到设施的结构形式和品种的生长特性及适应性。

对生产上经常采用的东西栋、南向一面坡日光温室，在靠近南边前窗和靠近北边后檐处东西行向定植，采用南低北高与温室棚面平行的倾斜式小棚架。这种架式光照条件好，葡萄植株受光充分，光合效率高，架面结果部位分布均匀，葡萄花芽分化好，坐果率高，果粒着色比较一致，棚架下有利于进行立体种植。在倾斜式小棚架条件下定植，葡萄东西成行，株距 0.7~1m，行距 5~6m。

如果温室内的葡萄采用篱架形式，则应南北成行，为避免互相遮阳，行距一般在 2.5~3.0m，株距 0.5~0.7m。

圆拱形塑料大棚，东、西、南三面受光，光照条件比较好，无论是采用倾斜式小棚架或篱架定植，葡萄均采用南北行。小棚架定植时，每棚栽 4 行，以拱顶为中心线，每边栽 2 行，最外边 2 行距棚立窗 1m，行距 3.5～4m，株距 0.7～0.8m，由两边往中间搭成外低内高的倾斜式阶梯棚架。篱架定植，行距 2.5～3.0m，株距 0.5～0.7m。随棚面变化，外边的篱架低，里边的逐步升高，篱架的架顶距棚面保持 0.5～0.7m 的距离。

此外，确定温室葡萄栽植密度和架式时还要注意栽培品种的品种特性。凡生长旺盛、节间长、结果部位较高的品种，行距可略大一些，而株距适当加密，从而增加单位面积内的栽植株。在温室内栽植的葡萄品种，因光照等各方面的原因，同一品种生长势普遍强于露地，因此不能盲目照搬露地栽植的密度，如果栽植密度过大，往往会造成架面郁闭，光照不良，影响花芽分化及品质和产量。因此，在设施中无论定植哪个品种，株行距一定要略大于露地栽培的株行距。生产上为了提高前期单位面积产量，前期定植密度可适当大些，待达到盛果期后及时进行间伐，调整植株定植密度。

确定了架式和定植密度后，就可以计算苗木用量。栽植用苗量为

$$棚架定植株数 = \frac{温室东西长度}{株距} \times 行数$$

例如，温室东西长 68m，株距 0.8m，栽南北 2 行，则

$$所需苗木数 = \frac{68m}{0.8m} \times 2 行 = 170 株$$

$$篱架定植株数 = \frac{温室可种植面积}{株距 \times 行距}$$

$$温室可种植面积 = 温室可种植长度 \times 可种植宽度$$

例如，温室可种植长度是 38m，可种植宽度是 10m，葡萄栽植株距是 0.5m，行距是 3m，则

$$所需苗木株数 = \frac{38m \times 10m}{0.5m \times 3m} \approx 254 株$$

苗木株数计算出来后，即可按所需数量准备苗木。为了防止个别苗木质量不高或栽植后苗木成活率不足百分之百，常在计算数外再增加 5%～10% 的苗木量。

图 2.1　日光温室葡萄定植

2.1.3　温室葡萄定植

日光温室葡萄定植如图 2.1 所示。

1. 定植时间

温室葡萄定植受自然气候影响较小，苗木定植在植株发芽前均可进行，一般是定植越早越有利于葡萄生长。在华北南部、华中及西北东部地区还可以进行秋栽，时间一般在 8 月下旬至 9 月中旬。而在东北、华北冬季较冷的地区

多采用春季栽植，春季栽植是在温室内 20cm 土层处地温达到 8℃并持续升温时开始进行。若用营养袋苗进行定植，在营养袋幼苗有 4~5 片叶平展、温室中 20cm 土层处地温与营养袋育苗床地温相近时就可进行定植，一般在 4 月下旬到 5 月初。

有些地方，春季萌芽前先按温室葡萄的株行距露地进行葡萄定植，整个生长季节按露地葡萄进行常规管理，秋季再建造温室和扣膜。采用这种方法须注意，在建造温室时要保护好已成活植株上的枝叶，防止碰伤。

如果用插条直接扦插定植，最好将插条催根后在温室土壤温度稳定在 8℃以后进行穴插定植。

2. 定植方法

栽苗之前，先在定植沟中间按株距挖好定植穴。如果用一年生成苗定植，定植前先按苗木质量进行分级并选用健壮苗木，然后剪去苗木根系中的伤根、烂根和过长的根，并用 0.3% 的尿素水溶液将根系浸泡 8~12h，然后用 500mg/L 3 号生根粉溶液浸 30s 立即定植，成活率可明显提高。除生根粉外，用 300mg/L 的萘乙酸钠溶液浸蘸根系，也有良好的促进新根生长、提高成活率的作用。栽苗方法与露地葡萄栽植方法相同。

3. 营养袋苗木定植

温室中营养袋苗木定植时间并不像露地营养袋定植时间那样严格，只能在晚霜后才可定植，只要营养袋苗已有 4~5 片叶平展且生长健壮，即可随时在温室内进行定植。

栽植营养袋苗时，要选择叶片健壮、新梢直立、根系已长满营养袋的壮苗。栽植前先把营养袋划开去掉，在定植沟内按株距挖深度略大于营养袋高度的定植穴，穴底分散 30g 速效化肥，撒后与土掺匀，把苗坨放在定植穴内，从四周按实，栽植后立即灌 1 次足水。营养袋苗一般无缓苗过程，栽植后即开始正常生长。

2.1.4 定植当年的幼树管理

葡萄设施栽培改善了葡萄生长的生态环境，葡萄的生长发育时期比露地大为提前和延长，生长也明显比露地旺盛，加之由于设施内生态环境受人为控制，所以设施内幼树管理与露地葡萄的管理有明显的区别。

设施内幼树管理的主要目的是促进早成形、早分化花芽，为第二年获得一定的产量奠定良好的基础。定植当年幼树管理的主要有以下管理工作。

1. 适时调节生长

葡萄定植后长到 7~8 片叶时，要注意设立支架绑缚，保持新梢顶端生长优势，促其向上健壮生长。当新梢长到 1m 高左右时，及时进行顶梢摘心，控制延长生长，促进叶腋芽体饱满。摘心后抽生的夏芽副梢除顶端的 1 个留做延长蔓继续延长生长外，其余的全部留 2~3 片叶摘心。第一次摘心后的延长蔓长到有 10 片叶时再进行第二次摘心处理，以后每长 10 片叶对延长蔓进行 1 次摘心处理，直至落叶。摘心后抽发的夏芽副梢，在主蔓上每隔 20cm 留 1 个粗壮的副梢并留 4~5 片叶摘心，过密、过弱的副梢予以疏除。对二次副梢只留 1～2 片叶进行多次摘心处理，促进芽体饱满并培养成下年结果母枝。通过合理的摘心和副梢处理，调节树体营养和水肥的分配，促使幼树植株在栽植当年即可形成健壮的骨架结构。

2. 巧施水肥

温室内有棚膜覆盖物遮挡，水分散失慢，空气流通差，如果过多地使用化学肥料，就会造成土壤次生盐渍化，影响葡萄生长，所以温室内应尽量少施无机化学肥料，多施有机肥料。尤其在定植前，定植沟中要施足腐熟的底肥。除此之外，在每年 6 月底 7 月初当葡萄新梢长到 50cm 以上时，再追施 1 次有机肥，即将腐熟的鸡粪、厩肥或人粪尿稀释成 50 倍液肥，开沟施入葡萄根部，促进新梢生长和花芽进一步分化。入秋后再追施 1 次氮、磷、钾三元素复合肥，株施 50g 左右，促进枝蔓充实，保证花芽良好分化。

在整个葡萄生长季节，结合植株生长情况，每隔 20d 喷施 1 次叶面肥。叶面肥种类有 300 倍磷酸二氢钾液和 250 倍过磷酸钙液及 3％草木灰浸出液等。叶面施肥的原则是生长前期追施氮肥，生长中后期追施磷钾肥。当前市场上出售的叶面肥种类很多，要进行试验后才可选用。

温室内新植葡萄不能过多浇水，温室内温度较高，浇水过多可引起葡萄枝蔓徒长、枝条不充实、花芽分化不良、芽眼萌发率降低，这一点必须引起高度重视。此外，早春浇水，地下水的温度低于地面温度，浇水过多时常导致地温降低，造成葡萄幼树根系生长缓慢，地上部、地下部生长不均衡。

尤其是苗木定植覆膜灌水后，在不太干旱的情况下揭膜前，一般不浇水，待揭膜后再浇 1 次透水。这样能使地温稳定上升，保持根系生长和发芽、抽枝相互均衡。其他时间浇水可结合施肥一起进行。值得注意的是，近年研究表明，设施内水分不足常是影响温室内光合效率的一个重要原因，尤其在幼树生长期内，土壤水分更为重要。因此，既要保证维持光合作用水分的充足供应，又要防止设施内空气湿度过高，这是一项认真细致的管理技术。

3. 加强病虫害防治

温室内温度高、湿度大，病虫害发生往往比较突然，而且蔓延迅速，加之设施内病虫害发生的种类和规律与露地有较大的不同，因此设施内病虫害防治一定要立足于预防为主，防早、防好、防彻底。一般在扣膜上架前后，要认真彻底地喷布 1 次 5 度（波美度）石硫合剂加 0.3％五氯酚钠，彻底铲除各种在树上越冬的病虫害。早春温室揭膜前可以不喷农药，开始揭膜通风后，每隔 20d 喷 1 次等量式 200 倍波尔多液或 500 倍科博，预防各种真菌性病害的发生。果实采收后，仍要加强病虫防治，保护好叶片。当温室完全揭膜进入雨季后，要连续喷 2 次 800 倍百菌清或 500 倍 70％多菌灵、300 倍乙磷铝，2 次喷药间隔时间 15d 左右。为防止喷洒的波尔多液与其他农药之间的相互作用，使药剂失效或降低药效，喷洒波尔多液 20d 后，才能使用其他酸性农药。

4. 重视土壤管理

定植当年的葡萄植株较小，必须加强温室土壤管理才能促其加快生长，为第二年开花结果打下良好的基础。因此，管理上要注意经常进行地面中耕松土、清除地面杂草、改良土壤通气状况，为幼树和幼根生长创造良好的条件。设施内种植间作物时，要留出宽1m的树盘，作为葡萄根系生长的营养空间。种植间作物的种类，要以不影响葡萄生长为先决条件，不能只为了增加当年的收入，种植过多的或不适宜的间作物从而影响葡萄的生长。

2.2 设施葡萄的整形和修剪

2.2.1 葡萄整形修剪的重要意义

葡萄为多年生藤本攀缘植物，干性弱，不能像其他灌木、乔木那样直立生长。在自然界，它靠攀缘在其他植物上才能正常生长。在栽培条件下，大多情况下要有支架，它才能正常地生长和结果。葡萄年生长量大，1年生枝可长达数米，而且枝蔓可多级次生长，即有二次枝、三次枝，甚至有四次枝。因此，整形修剪格外重要，稍不注意便会枝蔓重叠、树形紊乱，造成树冠郁闭，通风透光不良，无效叶增多，枝蔓成熟度低，花芽难以分化，不仅影响果实发育，而且影响翌年的产量。同时，下部枝条迅速枯死，结果部位外移，树体很大，而产量很低，质量很差，经济效益低下。进而引起病虫害滋生，给生产造成很大损失。

不进行整形修剪或整形修剪不当的树，树体过大，枝条重叠，给田间管理造成很大不便，如冬季覆土越冬区。在秋末覆土时，要用土很多，甚至形成无土可取的尴尬局面，往往会因覆土不严密，加上枝条本身不够充实健壮，从而使树体不能安全越冬。夏季喷洒药剂防治病虫害时，也难以均匀周到，致使病虫害得不到及时有效的防治。

整形修剪对于葡萄栽培的重要性超过其他落叶果树修剪的重要性，如不进行，或技术掌握不好，则会严重地影响葡萄的产量和质量。通过整形修剪，可以使葡萄在各种不同生态条件下都可以正常生长结果，减少或避免不良环境对生产的影响。通过整形修剪，可以使枝条在架面上分布均匀，光照良好，树体紧凑，叶片光合作用效率高，树体生长与结果矛盾缓和，枝条充实，越冬性好，花芽分化良好，病虫害减少，产量高而稳定，品质优良，管理方便，经济效益提高。

2.2.2 葡萄整形修剪的要点

2.2.2.1 葡萄整形修剪的时间和任务

整形和修剪是两个概念。整形是指要把树体造成一定形状，使葡萄的枝蔓合理分布于架面，充分利用空间和光照，既保证通风透光，又可多留果穗，达到高产优质的目的。修剪则是在整形的基础上，维持各部分平衡生长，调整生长与结果的关系，改善光照条件，增加有效光合面积，减少养分浪费的技术措施。葡萄整形修剪，按操作时间分为冬季修剪和夏季修剪。

2.2.2.2　葡萄整形修剪的依据

1. 生态条件

根据不同生态条件，要采取不同的栽培模式。如冬季覆土越冬区，要采用低干小冠树形，以便于秋后下架埋土。在多雨高温的南方地区，宜采用高干树形，以利于通风，减轻病害。

2. 品种特性

必须根据不同品种的生长、结果习性来考虑架式、树形以及相应的修剪方法。对生长势强旺的品种，如龙眼、红地球等品种，以大架面、大树冠、长梢修剪为宜；而生长势弱的品种，如玫瑰香、葡萄园皇后等品种，以小架面、小树冠、中短梢修剪为宜。

3. 栽培条件

在机械化程度高的地区，栽植方式和整形方式要便于机械作业。土壤肥沃、肥水条件好的地区，可采用大架面、大树冠整形；土壤瘠薄、肥水条件差的地区，要采用小架面、小树冠、短梢修剪的栽培模式。大架面前期投资大，而小架面前期投资小。密植的早期产量高，稀植的前期投资少，这要视经济状况而定。

2.2.2.3　葡萄整形修剪的特点

1. 要用支架

葡萄为匍匐生长的攀缘植物，在生产中要用支架。因此，葡萄整形修剪时，要将架式、树形、修剪三者综合考虑，统一安排进行。

2. 整形方式有多种

葡萄树形可塑性强。葡萄可以适应多种整形方式。但不论采用何种方式整形，都要努力做到充分利用土地资源，充分利用太阳光能，便于管理作业和符合其品种的生物学特性。

3. 葡萄树体更新快

由于生长量大，结果部位外移迅速，因此为了保证架面的结果部位稳定，保证产量和质量的稳定和提高，在植株进入结果期后，必须经常注意枝蔓的更新。

2.2.3　葡萄整形修剪技术的发展趋向

葡萄的整形修剪技术和其他果树的整形修剪技术一样，也在经历着由简到繁、由繁到简的过程。目前，葡萄整形修剪技术显示了以下几个特点：

（1）技术简化。覆土越冬区，为了追求葡萄的早期产量，随着育苗水平的提高，苗木价格的下降，栽培方式也由稀植大冠形向密植小冠形方向发展。因此，广泛应用的多主蔓扇形，逐渐被一条主蔓的龙干形代替。树体变小，除扩大树冠的延长枝采用长梢修剪外，其余多采用短梢修剪，修剪技术逐步简化。在不覆土越冬区，"高、宽、垂"栽培方式因通风透光良好，管理简便，逐渐成为主流。

（2）控制产量。为了向社会提供优质产品，必须对产量有所限制。应改变片面追求高产的生产习惯，向优质生产转变。将产量目标改变为效益目标。特别是用于酿酒的葡萄，对质量要求更为严格，因而对单位面积的产量控制也更为严格。

（3）重视果穗管理。树体管理重点由枝蔓管理转向果穗管理。随着市场国际化，对鲜食品种果穗的大小、形状、松紧度、整齐度的要求日益提高，果穗管理越来越精细，投工也越来越多，当然效益也越来越好。

2.3　葡萄主要架式适宜的树形培养及整形过程

葡萄必须依附架材支撑去占领空间。所以每年要通过人工整枝造形，才能使枝蔓合理地布满于架面，充分利用生长空间，增加光照，达到立体结果，以形成优质、丰产的优良树形。

2.3.1　单臂篱架采用的树形及培养

2.3.1.1　无主干多主蔓扇形树形

无主干多主蔓扇形树形又称自由扇形树形，其特点是无粗硬的主干，而是在地面上分生出 2～3 个主蔓，每个主蔓上又分生 1～2 个侧蔓，在主蔓侧、蔓上直接着生结果枝组和结果母枝，这些枝蔓在架面上呈扇形分布，如图 2.2 所示。树形皤养过程：定植当年苗木萌发后，选出 2～3 个粗壮枝，培养主蔓；当主蔓数不足时，选 1 粗壮新梢留 3～4 片叶摘心，促发副梢，选其中 2 个壮枝培养补充主蔓；当主蔓长到 1m 左右时，留 0.8～1.0m 摘心，促进加粗和充实，其上副梢除顶精 1～2 个延长生长外，

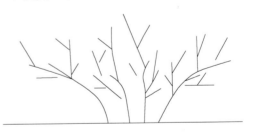

图 2.2　无主干多主蔓扇形树形

其余副梢均留 1 片叶反复摘心，顶端掏延长梢留 5～6 片叶摘心，其上副梢均留 1 片叶摘心，并抠涂副梢上的腋芽防止再生；冬剪时按枝蔓成熟度和粗度决定剪留长度，成熟蔓粗度达 1cm 以上时，一般蔓长 0.8～1.0m，留饱满芽剪截。

第 2 年春季主蔓萌发后，首先，将主蔓基部 50cm 的芽抹掉，再在主蔓顶端留 1 个粗壮的新梢，去掉花序，培养延长枝；其次，在主蔓两侧的新梢按间隔 20～25cm，选较粗壮的新梢培养结果母枝，其中粗壮的枝可留 1 个花序，中庸枝不留，以调节结果母枝间长势，使其均衡；再次，在夏剪时，主蔓延长枝的摘心应按树形要求进行，一般延

长到第 3 道至第 4 道铁丝后，长约 1.0m 进行摘心。结果枝在花序上留 5～6 片叶摘心，其他培养结果母枝的新梢，在达到 2～3 道铁丝以上时摘心副梢管理：①在花序下的副梢要及早从基部抹除；②新梢摘心后顶端的副梢留 5～6 片叶摘心，第 2 次副梢留 1 片叶摘心，并掐除腋芽，以防止再抽副梢；③新梢中部的副梢多采用留 1 片叶摘心，并掐除腋芽，防止再生。

冬剪时，主蔓延长梢要按枝条粗度和成熟度决定留枝长短，一般延长梢粗度达 0.8cm 以上时留 0.8～1.0m，留饱满芽剪截。其余作为结果母枝的新梢按树形要求剪截，如空间较大，可长留作侧蔓；空间小者，要采用中、短梢剪留，做结果母枝。

第 3 年春，通过抹芽、定枝，在主蔓、侧蔓上选好延长枝，继续培养树形。粗壮结果枝留 1～2 个花序，中庸枝留 1 个花序，弱枝不留，以抑强助弱，调节全树长势均衡，立体结果。夏季管理与第 2 年相同。3 年生树树形培养基本完成，以后每年主要进行结果枝组的更新修剪。

2.3.1.2　水平型树形

1. 单臂单层水平型树形培养过程

在单臂篱架上，当年定植的苗木培养 1 个粗壮的新梢做主蔓，直立引绑在架面上，如株距 2.0～2.5m，则当年留 1.2～1.5m 摘心，促进主蔓加粗生长。副梢管理：主蔓顶端 1～2 个副梢长放，在 8 月中旬摘心；在地面上 50cm 的副梢从基部抹掉，中部的副梢留 1 片叶反复摘心，并将副梢上的腋芽抠掉；冬剪时，在茎粗 0.8cm 左右处留 1.0～1.2m，选留饱满芽剪截，并剪除全部副梢，即完成单臂主蔓的培养任务。

第 2 年春季上架时，将主蔓顺着行向统一弯曲引绑在第 1 道铁丝上，形成单臂单层水平型树形。通过抹芽、定枝，在主蔓单臂上每隔 25cm 左右选留 1 个向上生长的新梢，培养结果母枝，引绑在第 2 道、第 3 道铁丝上。在主蔓顶端选 1 个粗壮新梢培养延长枝，达到株间距时摘心。在结果母枝中，粗壮的新梢可留 1 个花序结果，全株留 2～4 个果穗即可，多余的花序疏掉，以便集中营养培养树形的骨架。当新梢长到 40～60cm 时，引绑在第 3 道、第 4 道铁丝上，并进行摘心。副梢处理均留 1 片叶反复摘心即可。冬剪时，主蔓延长梢视株间距剪留，一般经 2 年完成单臂主蔓的培养任务，其上培养 2～3 个结果母枝，冬剪时，结果母枝留 3～5 个芽短截。

第 3 年春季，将主蔓引绑在第一道铁丝上，萌芽后，在结果母枝上选留大而扁的主芽，将其副芽和不定芽抹掉，当新梢抽出 15～20cm、可识别花序时，每个结果母枝选留 2～3 个有花序的新梢为结果新枝，无花序的为营养枝，每个结果母枝上留 1～2 个结果枝，1 个预备枝（即靠近主蔓的营养枝）。如全株花序数按负载量平均够用，将预备枝上的花序疏掉，以促进预备枝粗壮，为下年的结果母枝打好基础。冬剪时，延长枝按结果母枝留芽量 7～8 个芽剪截，对结果母枝上的结果枝和预备枝各留芽 3～5 个短截，作新的结果母枝，与老结果母枝形成结果枝组。

第 4 年管理与第 3 年相同，以后每年主要是调整结果枝组。

单臂单层水平型树形如图 2.3 所示。

 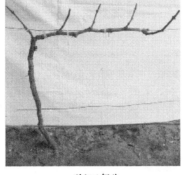 

(a)一年生　　　　　　　　　　　(b)二年生　　　　　　　　　　　(c)三年生

图 2.3　单臂单层水平型树形

2. 双臂单层水平型树形

双臂单层水平型树形（图 2.4）是由单臂单层水平型发展而来的。与单臂单层树形不同之处主要是：在 1 株苗木培养 2 条新梢，或者每个定植坑里定植 2 株苗，各培养 1 条新梢，共培养 2 条主蔓，直立地引绑在第一道至第二道铁丝上，长到 1.2～1.5m 时摘心，延长枝上和中部的副梢处理与单臂单层树形相同。

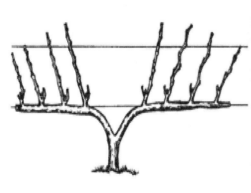 

(a)　　　　　　　　　　　　　　　　　　(b)

图 2.4　双臂单层水平型树形

第 2 年春季上架时，将 2 条主蔓与篱架面略呈倾斜向相反方向引绑在第 1 道铁丝上。其他管理如抹芽、定枝、摘心、留花序、副梢管理和冬剪方法均与单臂单层水平型树形相同。

第 3 年春季上架后，在主蔓臂上间隔 25cm 左右的结果母枝上，要选留 2～3 个新梢，上边选两个有花序的作结果枝管理，靠近主蔓的留作预备枝，将花序摘掉，变为营养枝，如预备枝较粗壮，可留花序结果。其他管理与单层水平型相同。

单臂单层水平型树形和双臂单层水平型树形适用于长势中庸的品种和较矮的单

臂架。

3. 单臂双层水平型树形

在高 2.2m 的篱架上，第 1 年主蔓培养过程与双臂单层水平型基本相同，只是选 2 条略粗壮的新梢，冬剪时留 1.5m 左右剪截，另一条主蔓留 1.2m 左右剪截。在第 2 年春季，将较粗壮、较长的主蔓呈水平引绑在第 3 道铁丝上，将另一条较细弱的主蔓水平一般在第一道铁丝上。二者延伸方向相同，即形成单臂双层水平型树形的骨架。其上延

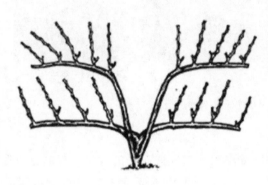

长枝、结果母枝选留及夏季管理与单臂单层水平型树形相同。冬剪的方法也与前二者相同。

4. 双臂双层水平型树形

双臂双层水平型树形（图 2.5）由两个单臂双层水平型蔓组成，只是两组水平蔓弯曲的方向不同，多用在长势强的品种和高 2.2m 的篱架上。主要是每个定植坑上定植苗木 2 株或 4 株。如定植 2 株时，当年每株培养 2 条主蔓，通过抹芽、摘心

图 2.5　双臂双层水平型树形

及副梢管理，当年都能达到长度、粗度要求，完成 4 条主蔓培养任务。第二年春季上架时，选 2 个粗壮较长的主蔓引绑在第三道铁丝上，二者朝相反方向水平延伸。另外 2 条主蔓引绑在第一道铁丝上，二者也朝相反方向水平引绑，其上的新梢（结果枝和营养枝）均引绑在上一层铁丝上，使其架面平整，通风透光良好。结果枝、延长枝、营养枝的摘心、副梢管理和冬剪留的长度与单臂单层水平型树形相同。

单臂双层水平型树形和双臂双层水平型树形适用于高篱架和长势强的品种。其优点是成形快、结果早、品质好、产量高，其缺点是用苗量较多，仅适用于不下架防寒地区。

2.3.2　双十字 V 形架采用的树形及培养

葡萄双十字 V 形架的叶幕呈 V 字形，与棚架和单篱架相比较，具有叶幕层受光面积大、光合效率高、萌芽整齐、新梢生长均衡以及通风透光好等优点（不足的是产量略低于棚架）。生产实践证明，这种架式具有先进性，是现今国内外新型的实用架式，有良好的推广应用前景。

1. 双十字 V 形架的优点

（1）早成形、早结果、早丰产。无论扦插苗、嫁接苗或营养袋苗，只要苗壮、根系好并认真管理，栽苗当年双十字 V 形架的骨架就可以基本形成，翌年结果每亩产量可达 500kg。

（2）光照充足，可防止日烧。为防止果穗日烧，当前主要采用套袋法。但篱架上的

果穗多数暴露在阳光下，中午和午后 2：00—3：00 的高温烈日，使得架面西边和西南方向的果穗即使套上纸袋也难免发生日烧，而双十字 V 形架上的果穗因为枝叶遮阳而不会发生日烧。此外，双十字 V 形架枝条分布均匀，互不重叠，通风透光良好，可减轻病虫危害，提高商品率。

（3）便于机械和人工作业。双十字 V 形架行株距宽，便于机械和人工深翻施肥、中耕除草、喷药。传统的水平棚架主干高，冬剪及生长期间的副梢处理、整穗、疏果套袋等，都必须高举双手操作，劳动强度大。而双十字 V 形架由于结果部位较低，需要手工精细操作的技术都可在胸前完成。

（4）冬季埋土防寒安全省工，老干易更新。棚架主干高，架面大，在寒冷地区冬前的下架、开沟、埋土是周年树体管理中的重要工作。如果主干粗壮，不仅埋土难度更大，还易造成主干基部折伤，引发根瘤病、蔓割病等。无论是单干双臂还是单干单臂 V 形架，由于主干较低，不仅埋土防寒方便，而且多年生老干更新也容易，只要前一年在老干基部预留 2 个发育良好的新梢并注意培养，翌年就能替换老树结果，对单株产量影响较小。

2. 双十字 V 形架的结构

双十字 V 形架的整形多采用双臂单层的水平整形，由于这一形式修剪量较大，故适应于土壤瘠薄或生长势较弱的品种。

架形适宜于行距 2.5～3.0m，株距 1.5m，主干高 0.8～1.0m，南北行栽植。支柱高出地面 1.7m，支柱顶端架 1 根长 1.5～1.7m 的横担，在长横担与第一道钢丝中间再架 1 根长 0.8～0.9m 的短横担，两个横担的两端各拉 1 道钢丝。整个架面共有 3 层 5 道钢丝，就构成双十字 V 形架，如图 2.6 所示。

3. 双十字 V 形架树形培养

第 1 年，以株距 1m 栽植葡萄苗木。要求植株当年培养 4 条主蔓。当新梢长到 15～20cm 时，选留长势好的一条蔓。当蔓高 50cm 时，

图 2.6 双十字 V 形架结构

对新梢摘心，促其顶端发出副梢。当植株长到 70cm 长时摘心，亦是四条主蔓。当这四条主蔓长到 150cm 左右时，进行摘心，促其增粗。对所发出的副梢留一片叶摘心。冬季修剪时，根据已形成主蔓的粗度进行修剪，剪口径粗 0.8～1.0cm。对长势好、特别长的枝蔓，剪口粗度可以放宽，较细枝蔓的剪口粗度可放至 0.7cm。水平部分枝蔓长度为 40～50cm，即以绑缚在底层铁丝上时，两株的蔓相碰为宜。修剪后，绑缚的第一道铁丝上，呈 T 字形。

　　第 2 年以后，根据品种来决定结果枝的距离。藤稔葡萄及多数欧美杂种葡萄植株，每隔 50cm 留 1 条结果枝，主干附近留 4 条枝，以留 5～7 个芽进行中梢修剪；无核白鸡心葡萄植株，每隔 30cm 左右留 1 条结果枝，主干附近留 6～7 条结果枝，进行留 7～9 个芽的中梢修剪。夏季将结果枝分别绑缚到上部的铁丝上，呈 V 字形，如图 2.7 所示。

(a) 树形　　　　　　　　　　　　　　(b) 人工绑缚

图 2.7　双十字 V 形架树形

2.3.3　高、宽、垂架采用的树形及培养

　　高、宽、垂树形（图 2.8）的培养，主蔓在底层拉丝下 40cm 处第 1 次摘心或剪梢，培育 2 条副梢主蔓，底层拉丝下 20cm 处第 2 次摘心或剪梢，培育 6 条副梢主蔓上架。少数植株生长幅慢，可摘心 1 次培育 2 条副梢主蔓，或摘心 2 次培育 3～4 条副梢主蔓，使全园植株主蔓生长高度大致上保持均衡。

图 2.8　高、宽、垂树形

　　主蔓培育定位上架后，副梢主蔓长至架上摘心，架后在架面上 30cm 处和 60cm 处摘心或剪梢共 3 次；长势较弱的可在 30cm 处、70cm 处摘心或剪梢 2 次，使大量营养集中积累在摘心或剪梢下部的主蔓及冬芽上，促使冬芽花芽分化。以后顶端发出的副梢留 1 条或 2 条（生长旺盛的主蔓）再长至 40～50cm 摘心。以后发出的副梢已进入秋季，视情况剪除部分。

副梢处理：第 1 次摘心或剪梢的以下副梢可分批全部抹除或留 1 叶绝后摘心；其上副梢均留 1 叶绝后摘心，增加冬芽的营养积累。

2.4 葡萄修剪技术

完成整形以后，每年进行修剪，并及时进行结果枝组和骨干枝的更新。时期应在落叶后树体养分充分回流之后至翌年树液开始流动前。葡萄的修剪可以分为冬季修剪和夏季修剪。

2.4.1 冬季修剪

冬季修剪的目的对幼树来说主要是为了培养成一定的树形和促使早结果，对成龄树则主要是维持已培养成了的树形、调节树体各部分之间的平衡、调节生长与结果间的矛盾、及时更新复壮和保持结实能力。

2.4.1.1 冬季修剪时期

在埋土防寒地区应在落叶后或第一次早霜降临前后进行冬剪，如果栽培面积较大，往往因埋土防寒开始较早而提前进行修剪。在不埋土防寒地区，冬剪应在后半期枝条养分伤流开始前 1 个月左右的时期内进行。在我国中部地区，大田栽培的葡萄多在 1 月至 2 月上旬内冬剪。

冬剪过迟易造成伤流。因此，在临近伤流开始期和整个伤流期内不宜进行修剪和复剪，并忌造成新的伤口。

2.4.1.2 冬季修剪的技术

1. 短梢修剪和超短梢修剪

为了防止结果部位的外移而远离主枝或侧枝，冬季修剪时，对成熟的一年生枝留 1～5 节修剪的方法，称作短梢修剪，适合于龙干形整枝的修剪。在日本冈山等地，对白玫瑰香、先锋、康拜尔早生等品种仅留一个芽或基芽修剪，这种极重修剪又称为超短梢修剪。短梢修剪具有简单易学，便于普及的优点，但修剪极重，翌年新梢势力容易过强，引起落花落果。

（1）成龄树结果枝。对结果母枝上所发的结果枝留第一芽短截，为了防止剪口干燥导致芽干枯，在前一芽的节下部剪，剪口要平齐。树龄大，主枝上常常出现结果母枝缺损，造成局部空干时可进行 2 芽甚至 5 芽短截，以确保结果枝数量（图 2.9 和图 2.10）。

（2）幼龄树结果枝。前一年主枝延长枝上长出的结果母枝第一节往往较长，为了防止结果部位远离主枝，在基底芽发育充实时，可行基底芽修剪，即在第一芽的节下部剪短截。基底芽修剪，发芽稍微迟缓，容易造成新梢势力的不丝衡，需谨慎使用。

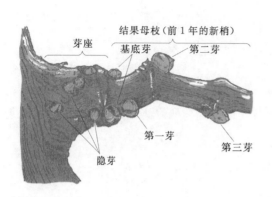

图 2.9　各部位名称

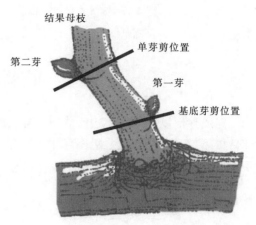

图 2.10　短稍修剪方法

2. 中长梢修剪

中长梢修剪冬季修剪时，对成熟的一年生枝留 4 芽以上的修剪称为中长梢修剪，适合于篱壁形整枝和 X 形整枝的修剪方法。其中，留 4～6 芽的修剪称为中梢修剪，留 6～9 芽的修剪称为长梢修剪。在日本山梨、长野和爱知等葡萄产区，对先锋、巨峰等四倍体品种采用超长梢修剪，一般中庸枝留 10～15 芽修剪，对一些粗壮的一年生枝，甚至留 50～35 芽修剪。

冬季修剪时，对成熟的一年生枝留 4 芽以上的修剪称为中长梢修剪，适合于篱壁形整枝和 X 形整枝的修剪方法。其中，留 4～6 芽的修剪称为中梢修剪，留 6～9 芽的修剪称为长梢修剪。在日本山梨、长野和爱知等葡萄产区，对先锋、巨峰等四倍体品种采用超长梢修剪，一般中庸枝留 10～15 芽修剪，对一些粗壮的一年生枝，甚至留 50～35 芽修萌。

主枝延长枝的修剪也不能剪留过长，以避免形成无结果枝的空干，一般剪留长度尽量控制在 20 芽左右，对延长枝上的副梢一般留 1 芽短截。

中长梢修剪后的状况如图 2.11 所示，24 年生的长梢修剪（巨峰）如图 2.12 所示。

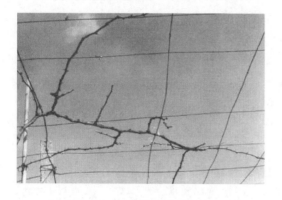

图 2.11　中长梢修剪后的状况

图 2.12　24 年生的长梢修剪（巨峰）

中长梢修剪与短梢修剪相比，前者具有可以增大植株结果负载量，翌年结果枝多，容易选结果母枝，提高结实能力；具有较大的增产潜力，但萌芽不整齐、后部易出现光秃、生长不均匀、前强后弱的现象。短梢修剪更新容易，结果部位紧凑；不易远离主蔓，树形易于维持，抽生的结果枝数量一定，产量稳定，容易保持健壮树势，修剪简单。缺点是基部芽眼的花序百分率往往偏低；在强枝上抽生的新梢生长势较难控制和调整，因此有必要实行长、中、短梢相结合的修剪长梢修剪和短梢修剪的优缺点见表2.1。

表 2.1　　　　　　　　　　　　　长梢修剪和短梢修剪的优缺点

修剪技术	长 梢 修 剪	短 梢 修 剪
优点	(1) 树冠扩展迅速，及早布满架面。 (2) 可根据树体长势强弱，自由调节剪枝强度。 (3) 可均衡利用整个架面。 (4) 可自由选定结果母枝和新梢。 (5) 可保持树体生长旺盛，产量高	(1) 结果部位较低，树形不乱。 (2) 新梢长势整齐，果穗大小均匀，容易调节，便于收获上市。 (3) 结果枝数量固定，不会造成结实过多，产量稳定，容易保持树势。 (4) 容易进行修剪和新梢的引绑
缺点	(1) 树形容易混乱。 (2) 容易造成结实果多。 (3) 容易发生多余的枝，使树龄缩短。 (4) 难以协调根系发育与地上部之间的均衡性。 (5) 整枝、剪枝方法难以掌握和理解	(1) 幼树期容易造成树冠的扩展推迟。 (2) 不能按树体长势强弱自由调整剪枝长度。 (3) 在引绑时或因强风等容易将新梢折断。 (4) 萌芽较晚，容易徒长，果粒着色成熟较晚。 (5) 果穗小，果粒密集，有的品种容易发生裂果，使果实品质降低

长度在生产上，结果母枝的修剪长度通常以节数或留芽量来计算（表2.2）。混合修剪是在同一株树采用长、中、短梢修剪方法。葡萄结果母枝剪留的长度依据芽眼异质性、修剪需要、品种特性而定。

表 2.2　　　　　　　　　　　　一年生枝条的修剪长度与留芽量

剪 留 长 度	留 芽 量	剪 留 长 度	留 芽 量
极短梢修剪	1 芽	长梢修剪	9～13 芽
短梢修剪	2～3 芽	超长梢修剪	15 芽以上
中梢修剪	4～8 芽		

冬剪对剪留结果母枝的长度，主要决定于葡萄一年生枝上各级芽眼异质性。通常一年生枝的基部芽眼结果能力较低，中、上部的芽眼结果能力较强，而枝条先端不充实部分的芽眼的结果能力逐渐下降。葡萄的芽眼异质性受品种、外界气候条件、树龄、枝条生长势、夏季摘心和引缚栽培管理等因素的影响（表2.3）。

据多年生产经验，适于长梢修剪为主的品种有龙眼、牛奶、无核白、黑鸡心、巨峰、白雅等；适于中长梢修剪为主的品种有玫瑰香、黑汉、白玫瑰、佳丽酿、金皇后、北醇等；适于中梢修剪为主、短梢为辅的品种有品丽珠、贵人香、雷司令、康拜尔早生、康太、藤稔、红香蕉、白香蕉等。

表 2.3　　　　　　　　　　　　　　影响葡萄芽眼异质性的因素

影响因素	影 响 方 式
品种	东方品种群（龙眼、牛奶、无核白等）枝条中上部，芽眼的结果能力比基部的显著提高，而黑海品种群（如白羽、晚红蜜、白玉等）及西欧品种群（玫瑰香、黑汉、黑后等）枝条中上部结果能力比基部稍高，但差异不如东方品种群显著。在修剪上，东方品种群的品种原则上采用中、长梢修剪方式；西欧品种群的品种采用短、中梢修剪。在巨峰系品种中的藤稔枝条基部芽眼结实力显著高于巨峰
环境条件	在气候温暖、水分充足的地区，新梢生长旺，枝条基部芽分化的质量通常较差，不成花或成花不理想。枝条中、上部的芽结实力高；在气候干旱地区或干旱年份，枝条中下部芽成花能力较弱。这样，就出现了我国南方地区葡萄花芽分化节位比较高的特点
枝梢的生长势	同一株树上不同长势的枝条其不同节位的芽成花结实能力有异，中庸、健壮、停长早的枝条的下部芽结实力较高；而强旺、停长迟的枝条其下部芽结实力则较弱；徒长枝一般只有较上部位及其副梢梢上分化充分才有较好的结实能力；故冬剪时一般强壮枝留长，弱枝短留，徒长枝不加利用或利用副梢。成年树一般生长中庸，停止生长早，靠近枝条下部芽眼结实力强；幼树枝条一般停止生长晚，枝条靠近上面的芽结实力强
栽培管理水平	主梢和副梢的多次摘心能促使摘心部位以下的枝芽充实和花芽分化。相反不摘心的枝条基部的芽眼结实力低。偏施氮肥，灌水不合理促使枝旺长，造成枝条下部花芽质量分化不好

　　冬剪留芽量是葡萄单株或一定栽培面积上所有植株在冬剪时剪留的总芽数。留芽量决定了下一年生长周期内植株的生长量和产量。生产上考虑的只是成龄结果树的留芽量。

　　具体确定留芽量时应首先根据管理水平、树体状况 定出单位架面的产量指标，再依据所栽品种的萌芽率，结果枝百分率，每果枝平均果穗数和穗重，通过计算得出预定产量要求下的单位架面留芽量，进而算出整个架面或一定栽培面积上所有植株的总留芽量，据此还可估算出来年的总产量。

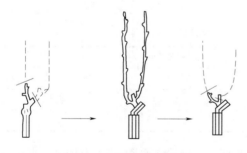

图 2.13　葡萄单枝更新

3. 更新修剪

　　葡萄是一种极性生长很强的植物，枝蔓后部容易光秃，结果部位易外移。修剪时必须采用一定的更新措施来保证结果部位的相对稳定和均匀结果。

　　（1）结果母枝更新修剪。常用的结果母枝的修剪方法有单枝更新和双枝更新两种。

　　1）单枝更新（图 2.13）。冬季修只留一个当年生枝，一般行中长稍修剪；翌年春天萌发后，尽量选留基部生长良好的一个新梢，以便冬剪作为翌年的结果母枝。用长枝单枝更新，可结合弓形引缚，使各节萌发新梢均匀，有利于翌年的回缩。

　　2）双枝更新。冬季修剪时，在每个结果母枝上都留 2 个靠近老蔓的充分成熟的 1 年生枝，上面一个适当长留作来年的结果母枝，下面一个短留用作预备枝。翌年冬剪时将上部结果部位疏除，从下部预备枝上所抽生的枝梢中选近基部的 2 个枝梢，其中上面

1 枝作下一年的结果母枝上长留，下引枝作预备枝短留，每年均照此法修剪（图 2.14）。

单枝更新法简便易于掌握，要求第二年春天认真做好抹芽定枝的夏管工作；双枝更新流芽量大，易丰产。

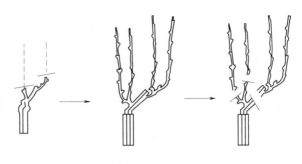

图 2.14　葡萄双枝更新

（2）衰老树的更新修剪。随着树龄的增加，树势逐渐变弱，结果能力逐渐变差，因此有必要对多年生主侧蔓进行必要的更新，更新可分为结果枝组更新、延长枝更新与小更新、大更新、全更新等。结果枝组更新是指结果部位（枝组）老化后重新培养的新结果部位的更新修剪。延长枝更新是指植株延长头部分衰弱或过度外延时，通过回缩修剪培养后面的枝条为新的延长头的更新修剪。小更新是指局部枝条枝组，枝蔓的更新修剪。更新范围涉及主蔓的为大更新，涉及全株的为全更新。

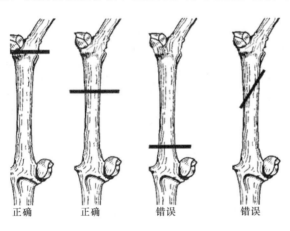

图 2.15　葡萄剪枝正确的下剪位置

2.4.1.3　冬季修剪的操作方法

截枝时要截在节间的中间，或中间以上，不可在中间以下或离芽顶太近，以免削弱顶芽生长或以防失水干枯（图 2.15）；剪口应成平茬而且光滑，不要剪成斜茬和马蹄形；疏去一年生枝时应接近基部疏，但不要太靠，疏大枝应分两次疏除，第一次要保留 1～2cm 的短橛，第二次要在 6 月新梢生长旺期，靠近母枝将木橛疏除、以利于伤口愈合；缩枝时也不要缩得太靠近母枝，一般留橛，以免伤面太大。细枝可留长 1～2cm，粗枝长度不少于 3cm。

修剪用的剪和锯要锋利，疏缩粗枝时一定要用锯，锯后要平光锯口，使上面光滑。

2.4.1.4　修剪原则

据品种特性、树形要求、树体长势、管理水平、预期产量等因素制定修剪方案；结果母枝应选中庸健壮、充分成熟、芽眼饱满的枝条留枝时宜留下不留上、留强不留弱、留后不留前。忌留用细弱枝和徒长枝作结果母枝或预备枝；强枝轻剪，弱枝重剪，延长枝长留，其余枝短留；幼树、旺树轻剪长留枝，弱树重剪短留枝；随时注意更新，但结果枝组和老蔓的更新要分年度进行，以免影响产量过大棚架栽培不宜一次放条过长，否则后部易脱空。

2.4.1.5　冬季修剪的步骤及注意事项

1. 修剪步骤

葡萄冬季修剪步骤可用四字诀概括为：一"看"、二"疏"、三"截"、四"查"，具体如下：

看：即修剪前的调查分析。要看品种，看树形，看架式，看树势，看与邻株之间的关系，以便初步确定植株的负载能力，以大体确定修剪量的标准。

疏：指疏去病虫枝、细弱枝、枯枝、过密枝、需局部更新的衰弱主侧蔓以及无利用价值的萌蘖枝。

截：根据修剪量标准，确定适当的母枝留量，对一年生枝进行短截。

查：经过修剪后，检查一下是否有漏剪、错剪，因而称为复查补剪。

总之，看是前提，做到心中有数，防止无目的动手就剪；疏是纲领，应根据看的结果疏出个轮廓；截是加工，决定每个枝条的留芽量；查是查错补漏，是结尾。

2. 修剪注意事项

在修剪操作中，应当注意以下事项：

（1）剪截一年生枝时，剪口宜高出枝条节部 3～4cm，剪口向芽的对面略倾，以保证剪口芽正常萌发和生长。在节间较短的情况下，剪口可放至上部芽眼上。

（2）疏枝时剪、锯口不要太靠近母枝，以免伤口向里干枯而影响母枝养分的输导。

（3）去除老蔓时，锯口应削平，以利愈合。不同年份的修剪伤口，尽量留在主蔓的同一侧，避免造成对口伤。

2.4.1.6　绑蔓

冬剪后，枝蔓要按树形和修剪要求及时进行绑蔓，注意补空档，使之均匀分布在架面上。骨干枝要根据树形确定绑缚方向和位置。结果母枝的绑缚，按整形要求进行直立倾斜或水平绑蔓等。实际上，冬季修剪的意图是否正确要通过合理绑缚来体现。葡萄蔓的引缚固定常用猪蹄扣捆绑法（图 2.16），它既可使绑扎材料牢固

图 2.16　猪蹄扣捆绑法

地绑在架面上，又为新梢的加粗生长留有空间。

2.4.2　夏季修剪

葡萄的夏季修剪是在整个生长期内进行，其目的是调节养分的流向、调整生长与结果的关系、保持一定的树形、改善通风透光条件、减少病害、提高果实品质。夏

季修剪包括抹芽和定梢、新梢摘心、副梢处理、新梢引缚、去除卷须、摘除老叶等措施。

1. 抹芽和定梢

抹芽是在芽萌发时进行，去除双芽或多芽中的弱芽与多余芽，只保留一个已萌发的主芽（图 2.17）。同时也要将多年生蔓上萌发的隐芽除留作培养预备枝以外全部抹除。抹芽应因树龄、树势品种不同区别对待。幼龄树主要是扩大树冠，除去易发生竞争枝，干扰树形的芽及过瘪的芽必须抹除外，应该尽量少抹芽。成年树比幼树抹芽要多些，老龄树抹芽要重。树势偏旺抹芽要轻些，树势偏弱抹芽要重些。

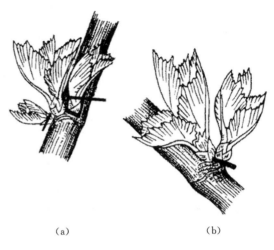

(a)　　　　　　　　　(b)

图 2.17　葡萄抹芽示意图

定梢是在新梢已显露花序时进行，过早分不出结果枝，过晚必消耗大量养分。定梢就是要选定当年要保留的全部发育枝。故有人将此次夏剪技术称为除梢。注意抹除徒长性新梢，因为它剧烈争夺养分，叶大遮阴，将会影响整个树体生长和树形结构，使良好的新梢进入营养劣势和荫蔽地位。这些徒长性新梢常常发生于棚篱架上。

通过抹芽定梢，树体上保留一定数量的新梢，即留梢量。就一株树、一亩地而言，一般来讲，对于篱架栽培的葡萄，新梢留量为在架面上每隔 5～10cm 留一个新梢为宜；对于棚架栽培的葡萄新梢留量为 8～25 个/m²。新梢留量必须有个适度范围，如果新梢留量过多，则叶幕封闭，通风透光不良。开花前不除梢，会影响授粉坐果，病虫害发生，也影响以后的品质，如果新梢留量过少，叶面积不足，产量减少，浪费架面空间。

2. 新梢摘心

新梢即摘除新梢先端嫩尖，也称去顶打尖、打头。主要作用是调节生长与结果之间的矛盾，促进新梢加粗生长和花芽分化。因此，及时摘心对防止落花落果，提高坐果率效果很好。摘心更有促进花芽分化、枝蔓充实和改善通风透光条件的作用。

（1）新梢摘心时期。新梢的花前摘心一般在花前一周至始花期进行。

（2）新梢摘心方法。新梢花前摘心强度主要依据新梢的生长势，一般认为在最上花序前强枝留 6～9 片叶摘心为宜，中壮枝留 4～5 片叶，弱枝留 2～3 片叶。对生长势强的品种强枝摘心轻一些；或在摘心口处多留副梢。发育枝的摘心类似对结果枝的处理，因不考虑结果可适应放轻，弱枝可不摘心。

3. 副梢处理

副梢生长量大，抽生次数多，它的处理是众多管理中的一项繁杂而重要的工作。新梢的每个夏芽都可以发生副梢，尤其是摘心以后，副梢生长更加旺盛。副梢有利的一面是能利用副梢加速幼树成形，提早结果。有些品种植株负载量不足时利用副梢结二次结果，可增加一部分产量；不利的一面是，幼嫩的副梢生长时要耗用很多物质，影响葡萄坐果，其次增大对主梢遮阴，影响光合作用，造成花芽分化不良，枝条成熟差，不仅影响当年产量和品质，还影响第二年的产量。

目前在生产上对副梢的处理方法主要有以下几种：

（1）顶端保留，其余去掉。只留顶端 1～2 个副梢，并留 4～6 片叶摘心，再发副梢再摘心，以下副梢全部去掉。此法省工、省事，适用于叶大果小及副梢生长迅速的品种。但由于功能叶片减少，容易影响葡萄的产量和品质。

（2）花穗以下的副梢全部去掉，花穗以上的副梢留 1～2 叶摘心，顶端一个副梢留 4～6 片叶摘心，以后抽发的副梢反复进行 3～4 次。这种处理能健壮树势，促进果粒增大，提早成熟，且有利于主梢上花芽分化，对产量和品质均有良好的作用。

（3）保留全部副梢，但须及时摘心。在副梢的延伸生长期间保留 1～2 片叶摘心；顶端副梢可留 2～4 叶摘心。此法比较费工，但适用于叶片少而较小，架面叶幕较薄，果实易患日烧病的品种。

4. 新梢绑缚

新梢绑缚就是生长季节将新梢合理绑缚在架面上，使之分布合理均匀，一方面使架面通风透光；另一方面能调节新梢的生长势。据枝蔓的强弱，强枝要倾斜，特强枝可水平或弓形引绑，这样可以促进新梢基部的芽眼饱满；绑缚弱枝稍直立。小棚架独龙干树形的弓形绑缚。绑缚时要防止新梢与铅丝接触，以免磨伤。新梢要求松绑，以利于新梢的加粗。铅丝处要紧扣，以免移动。绑缚新梢的材料有塑绳、稻草等。一般采用双套结绑缚，结扣在铅丝上不易滑动。

5. 除卷须、摘除老叶

卷须是无用器官，消耗养分，它影响葡萄绑蔓、副梢处理等作业。幼嫩阶段的卷须摘去其生长点就行，卷须经木质化后除去就麻烦一些。葡萄老叶黄化后失去了光合作用的效能，影响通风透光，易于病虫害的传播应及时除去。

2.5　葡萄花穗、果穗的管理

花穗、果穗的管理是使穗形、粒形整齐，着色美观均一的重要技术环节，并可以促进果粒的膨大。

2.5.1　疏穗

对生长势力弱、在开花期便即将停止生长的结果枝，其花穗即使保留也不能获得品质良好的果实，应及早疏除。疏穗一般在 4～6 叶时进行。一个结果枝一般有两个花穗，原则上要疏除其中的一个。只要发育正常，没有畸形，穗轴粗壮，第一花穗、第二花穗都可选留。但一般来说中庸新梢留第一花穗，强旺新梢留第二花穗。结果枝的花穗选留指标是强旺结果枝1新梢留2穗或2新梢留5穗；中庸梢1新梢留1穗；弱新梢不留花穗或2~3新梢留1花穗。对玫瑰露等小穗型品种，每一新梢可留2~3穗。

2.5.2 花穗整形

为了获得穗形整齐美观、果粒大小均一的葡萄，需对花穗进行整形。去除多余的花蕾，还可以减少养分的浪费，促进花蕾发育，减少落花落果。

1. 有核结实时花穗的整形

在开花一周前，首先剪除影响穗形的歧穗，花穗肩部的1~2个小穗，如果伸长过度，影响穗形，也可以疏除，或将小穗的顶端去除，其他小穗若有扰乱穗形之嫌，只留基部的小花，顶端部分同样切除，如图2.18所示。如果花穗伸长不足，小穗过于密挤，可以间疏其中一部分小穗。到开花前7d左右，选留花穗基部的12~15个小花穗（长约9~10cm，小花数约300~350个）。

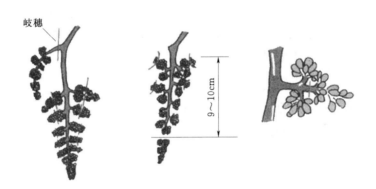

图2.18 有核结实时花穗的整形

2. 无核结实时花穗的整形

无核结实大多通过赤霉酸处理获得，其花穗整形也与有核结实有些区别。不同品种整穗方法也有差异。

对先锋等巨峰系品种而言，首先在开花前一周前，尽早疏除歧穗，肩部过大的小穗也尽早疏除，在开花前3d至开花当天，留花穗顶端5.0~3.5cm长度，其余全部疏除，在花穗中上部，可留两个小花穗，作为识别标志，在进行无核处理和果粒膨大处理时，每次去除一个小穗，避免遗漏或重复处理。

而对蓓蕾玫瑰等品种，在盛花前16~20d前后进行花穗整形，首先切除花穗尖部少部分小花，由穗尖向基部选留12~14个小花穗后，上部的小花留两个小穗作无核处理和果粒膨大处理的标志，其余小穗全部疏除，如图2.19所示。

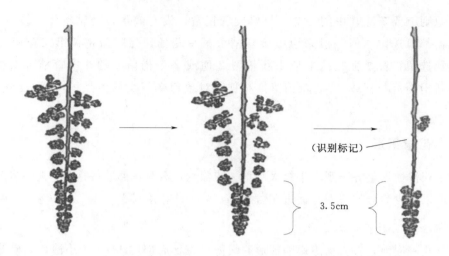

（识别标记）

3.5cm

图 2.19 无核结实时花穗的整形

2.5.3 无核处理

无核葡萄食用时无吐籽的不便，深受消费者的欢迎，已经作为国外葡萄生产的常规技术，得到广泛应用。我国葡萄今后的发展方向也将是无核化生产。无核处理效果因气候、树势等而异，以下方法仅供参考，大面积应用时应先做小试验，确定具体葡萄园的效果良好后，再进行大面积的推广。常用的处理方法如下。

1. 先锋、红伊豆等巨峰系品种

（1）无核处理。在花穗所有花都开放后的 4d 内用赤霉酸（GA5）25ppm（1ppm＝$1/10^6$）的水溶液浸蘸或喷布花穗，或用上海交通大学农业与生物学院研究开发的生物无核 1 号 200ppm 和生物无核 2 号 50ppm 的混合液在开花前一周至开花 5d 内浸蘸或喷布花穗。

无核处理的注意事项如下：

1）园内花穗开花早晚不同，应分批分次进行，特别是用 GA5 处理时，时期要严格掌握。

2）赤霉酸的重复处理（4～5d 内）或高浓度处理是穗轴硬化弯曲及果粒膨大不足的主要原因，要注意防止。当然浓度不足时又会使无核率降低，并导致成熟后果粒的脱落。

3）为了预防灰霉病的危害，应将黏着在雌蕊柱头上的干枯花冠用软毛刷刷掉后再进行无核处理。

（2）果粒膨大处理。无核处理后，果实无种子分泌产生的激素的刺激难以膨大，需作膨大处理。在盛花后 10～15d 用 GA5 25ppm 或 CPPU 5～7ppm 浸蘸或喷布果穗。浸蘸后要震动果穗使果粒下部黏着的药液掉落，否则会诱发药害。果穗间的发育没有一周以上的差别时，可以一次处理，处理尽可能在药液能很快干的晴天进行。用 CPPU 处理时，促进果粒膨大的效果更强，切忌再提高浓度，并控制好果穗上的果粒数，否则会使果粒上色推迟或上色不良。

2. 蓓蕾玫瑰

（1）无核处理。在盛花前的 14～12d，用赤霉酸（G－A）100ppm 或上海交通大学农业与生物学院开发的生物无核 1 号和 2 号的混合液处理，效果良好，混合液的浓度为 1 号 200ppm 加 2 号 100ppm。处理的适宜时期的判断非常重要，除了参照往年的花期外，还可用其他物候指标判断，大体上的适宜时期的展叶数在 12～15 枚，花穗的歧穗与穗轴成 90°展开，花穗顶端的花蕾稍稍分开，此时的花冠长度应在 2.0～2.2mm，花冠的中心耶有微小的空洞。

无核处理的注意事项如下：

1）对一些坐果不良的树，可以添加 BA 100ppm 或 CPPU 3～5ppm 促进坐果。

2）气温超过 30℃或低于 10℃时，不利于药液的吸收，而处理前提高空气湿度，可促进药液的吸收，因此处理应避开中午，在早晚进行为好。

3）无核液不能和碱性农药混用，也不能在无核处理之前 7d 至处理后 2d 使用波尔多等碱性农药。

4）处理后 8h 以内遇 20mm 以上的降水后需再次处理。

5）在避雨设施下，处理效果更好。

（2）果粒膨大处理。在盏花后 10～13d 内，用 GA5 100ppm 加 CPPU 5ppm 浸蘸或喷布果穗。应注意药液长时间黏着在果实表面易形成药害，处理后要抖落残留的药液珠；添加 CPPU，果粒上色迟缓，应避免结实过多。

3. 玫瑰露

（1）无核处理。盛花前 10～14d 期间，用 GA5 100ppm 浸蘸花穗，也可加 CPPU 1～5ppm 后浸蘸处理，对单粒膨大有利，处理适宜时期的新梢生长有 10～11 枚展开叶，花穗的长度 3～5cm，花穗顶端 1.5～2.0cm 的部分花蕾开始分离，从侧面可以看到 2～5 处的间隙透过穗的另一面，花冠长度 1.8～2.0mm。

无核处理的注意事项如下：

1）花蕾非常小且紧密着生，浸蘸时要轻轻振动花穗，使内部的花蕾都能浸到药液。

2）生长健壮的树，处理适宜时期相对较长，无核效果也好，但幼树及有徒长的成年树，不仅适宜时期短暂，无核效果也差。

3）在注意树体物候进程的同时，还要注意气温变化，并和历年比较预测盛花期。每年记载盛花日数，对确定处理适宜期非常有利。

4）气温不高于 30℃时，对处理效果没有特别影响。在盛花期露地用 CPPU 2～5ppm 浸蘸花穗，温室用 5～10ppm 可防止落花落果。

（2）果粒膨大处理。在盛花后的 8～15d 用 GA5 100ppm 或盏花 10d 后加用 CPPU 5～5ppm，浸蘸或喷布果穗。注意：①玫瑰露无核果粒的膨大处理适宜时期较宽，可以选择好天气实施；②处理后果粒下部聚集的药液珠会产生药害，处理后要抖落残留的药液珠；③处理后马上降水会降低效果，处理后 8h 内有 10mm 以上的降水时，要用 GA5 50～80ppm 药液再度处理，处理后的毛毛细雨，不造成对花穗的淋洗，不影响处理效果。

2.5.4　果穗整形

经过花穗的整形，虽然穗形已大体确定，但为了能保持更好的穗形，盛花后两周内要进一步对果穗的长度、果粒稀密程度进行调整，使果穗能成为上下粗细一致，着粒密度均的圆柱体。

1. 打小穗尖

对果穗基部的小穗，如果形状不好，可疏除；对过大的小穗，采用疏果剪掉小穗的顶端，使果穗的上下粗细一致。对无核处理的先锋来说，在盛花后的 10～15d 期间，果粒膨大药剂处理后，可将第一小穗着生处到穗尖的穗轴长控制在 5～6cm（图 2.20），这样成熟后的果穗易于装箱销售。

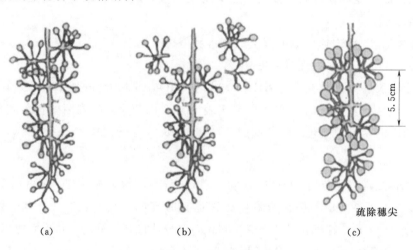

图 2.20　果穗整形方式

2. 疏粒

为了能生产统一规格的果穗及数量一致、外观美丽的果粒，需进行两次疏粒。首先在坐果后能够判断果粒发育好坏时进行第一次疏粒，选留果梗粗壮的果粒，疏除小粒、内向果粒、伤痕果粒，果穗的中部留粒要适当稀疏，而肩部和果尖部适当密些。选留果粒数，因品种而异。巨峰、白玫瑰等大粒系品种，每穗留果 40～50 粒左右，其他果粒小的品种则可适当多留些。巨峰系品种成熟后的果穗重量调整在 400～600g 间较好，留果粒不宜太多，否则不仅影响风味，而且对果粒大小、色泽都会有不良影响。第一次疏粒尽量在盛花后 10～16d 内基本完成，拖延了不仅影响果粒膨大、果粉形成，而且还会由于果粒增大、粒间密着无间隙，增加疏除难度，费工费时。

第二次疏粒也即最后疏粒，在果粒稍稍紧密时进行，疏除嵌入柱形果穗内侧的果粒。果粒着生太紧密或由于第二次疏粒过迟、难以疏除时，可沿穗轴由下至上螺旋状疏除一列果粒，可以维持穗形（图2.21）。适宜的着粒密度是在上色软化期，粒间紧密但可以轻微活动。最终的目标着粒数对先锋、白玫瑰香等大粒品种为45～55粒，小粒品种可适当增加，成熟后的穗重400～600g时即为合适穗重，留粒不宜太多，穗重不宜过高，否则不仅影响大小，还会影响风味、上色、果粒的产生。

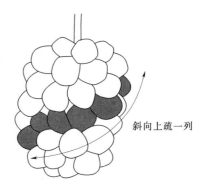

斜向上疏一列

图2.21 果穗疏粒方式

3. 转粒

为了保持果穗的形状和果粒的均匀着色，在进行第二次疏粒的同时要转动果粒，减少果粒在果穗表面的凹凸，形成完美的穗形。具体做法是将凹入果穗中间的果粒通过改变方向拉出至柱形果穗的表面，将交叉的果粒变顺，如图2.22所示。转粒也有助于判断果粒是否梳除。

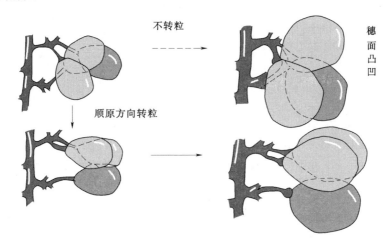

图2.22 转粒方法

4. 采前疏穗

在盛花2周后至果粒软化期间，根据新梢生长势力、每一新梢叶面积的多少及果粒膨大、上色状况，及时进行果穗的疏除。在着色初期新梢开始停止生长的情况下，1kg果穗正常成熟需要8000～10000cm²叶片。葡萄适宜的叶面积系数是2.2～2.5，即架面有22000～25000cm²/m²的叶片，可负担2.2～2.5kg的果实，每亩的挂果量约在1.4～1.6t间。由于架形、管理等原因，一般叶片不太能够完全合理地充满架面，也即有效叶面积难以达到理想的22000～25000cm²，因此产量控制在每亩1.5t是合理的。采前疏穗主要是疏除畸形果穗，主要是疏除部分果粒膨大乏力、果粒大小不一的果穗，及叶面积在5500cm以下结果枝的果穗。

果粒着色（软化）开始后，疏除叶面积不足、上色不良的果穗，虽然对留在树上的果穗的上色促进作用不大，但却可以促进糖的积累（约每周2°）。

5. 套袋

为了减少果穗病害，促进着色，果穗要套袋。套袋要及早进行，在第二次疏粒后即可实施，红紫色品种用透光高的白色袋为好，绿色、黄色品种则宜用深色（棕色）袋。据著者的研究发现，先锋等紫红色品种，套一层纸袋，果皮内花素合成关键酶—苯丙氨酸解氨（PAL）活性在成熟前大幅提高，花氰素含量增加，上色鲜艳。

葡萄套袋后直到采收一般不去掉袋，装箱销售前才取掉袋子，这样可以避免采收过程中手触摸果穗破坏果面的果粉层，但采收2周前需要将袋的底部撕开，增加散射光进入，上色更好。

6. 采收销售

葡萄要适期采收，不宜过早，否则糖度不足、酸度过高，降低品质。我国目前普遍存在葡萄早采的习惯，要坚决克服。葡萄采收的标准是看果粒的TSS含量。巨峰、白玫瑰香等采收标准是TSS含量16%以上，滴定酸含量为0.5%。葡萄的采收尽量在温度较低的早上进行。采收和分级包装过程中，要尽量不破坏果面的果粉。葡萄适宜的包装方式是纸质盒子或泡沫塑料盒。

参考文献

［1］　李道德. 葡萄副梢的管理 ［J］. 果农之友，2014（4）：36，48.

［2］　陈现伟. 葡萄副梢的利用与处理 ［J］. 北京农业，2009（16）：25.

［3］　罗国光. 葡萄整形修剪与架设 ［M］. 2版. 北京：中国农业出版社，2005.

［4］　刘恩璞，李莉. 保护地葡萄丰产配套栽培技术 ［M］. 北京：中国农业出版社，1997.

［5］　楚燕杰，宋鹏. 旱地葡萄优质丰产栽培 ［M］. 北京：中国劳动社会保障出版社，2003.

［6］　贺普超. 酿酒葡萄不同整形方式的研究 ［J］. 果树科学，1994（1）：14-18.

［7］　牟鹏，张必取. 葡萄改良式双篱架研究初报 ［J］. 葡萄栽培与酿酒，1992（2）：17-20.

［8］　张大鹏. 葡萄栽培研究中冬剪最适留芽量的确定方法 ［J］. 葡萄栽培与酿酒，1989（1）：36-38.

［9］　晁无疾，李欣. 葡萄极短梢修剪成花效应分析 ［J］. 中国果树，2000（4）：20-22.

［10］　晁无疾，王铮. 葡萄品种高节位花芽分化观察研究 ［J］. 中国果树，2002（2）：23-25.

［11］　王俊刚. 巨峰葡萄冬季修剪研究 ［J］. 西北园艺，1994（4）：13-14.

［12］　贺普超，葡萄学 ［M］. 北京：中国农业出版社，2000.

［13］　孟新法，陈端生，王坤范. 葡萄设施栽培技术问答 ［M］. 北京：中国农业出版社，2006.

［14］　王世平，张才喜. 葡萄设施栽培 ［M］. 上海：上海教育出版社，2005.

［15］　晁无疾，刘俊. 葡萄设施栽培 ［M］. 郑州：中原农民出版社，2000.

［16］　严大义. 葡萄保护设施栽培 ［M］. 沈阳：辽宁科学技术出版社，1999.

第3章 设施栽培葡萄病虫害防治

设施栽培葡萄是近年在甘肃省发展起来的，以其生长快、结果早、效益高，而受到广大果农的青睐。然而，设施栽培葡萄管理中，温室内温度较高，湿度较大，容易导致各种病虫害的发生。病虫害已经是影响设施葡萄生长、生产及进入市场的一个重要因素。因此在葡萄生长的各个阶段需要加强对设施栽培葡萄病虫害的防治，根据设施栽培葡萄遭遇的病虫害，以栽培经验和科学方法相结合给出识别和防治技术。

3.1 病虫害主要预防过程

坚持以防为主、对症用药、合理混配、科学用药。防治对象即各种越冬病虫害，为防止病虫害侵入，在没有发生某种病虫害时，应该采取措施，不让此病虫害传播到本区。通过植物检疫、种植脱毒苗木、苗木消毒等预防措施。

3.1.1 减少病原基数，降低菌势

葡萄病虫害发生的种类较多，如炭疽病、黑痘病、蔓枯病、灰霉病、透翅蛾、介壳虫、螨类和夜蛾等。如何帮助农户科学、合理地选择好农药、防治好病虫害，是提高葡萄效益的重要环节。可以总结为以防为主、对症用药、合理混配、科学用药。减少自然因素的影响，从本身因素改善（土壤、架势）让其通风透光使其不利于发病。

在生产中，最实用、最理想、最有意义的防治工作是减少病源基数、降低菌势。大部分虫子来源于苗子自身（如红蜘蛛、白蜘蛛、蚜虫等），所以要杀死苗子上的病菌、虫卵，预防其过冬，所以应认真做好冬季清园工作，做好越冬期病虫的防治：一是清洁田园，结合冬季修剪，清除带病虫的干枯枝蔓，老皮和病皮，病枝、病果、残叶等要彻底剪除，带出园外集中焚烧；二是喷3～5波美度石硫合剂，降低越冬病菌基数；三是结合翻土，深施基肥，果实采收后，应即时使用肥料（底肥）并结合进行深耕、浇水等；四是注意周围容易寄生虫子的草壳，可做到预防周围昆虫迁徙，才能充分减少病源或虫源的基数，降低菌势、虫量。病源和虫源数量很少时，病虫害只能零星见到，才可对生产没有真正影响。不进行预防或预防措施不够或预防措施不对，是目前优质葡萄生产中遇到的最大问题。

3.1.2 病虫害爆发后的减少和降低措施

由于不进行预防或预防措施不够或预防措施不对造成病虫害已经严重发生，或将要

大面积发生，必须采取措施，不能让病虫害成灾。同时不能让病虫害进入区域是病虫害防治的基础，减少病虫源基数，降低菌势、虫量是病虫害防治的根本。以防为主，明白预防比防治更重要，治理加预防。

1. 生物防治

葡萄生物防治的主要措施是利用发展性激素防治虫害多用性诱剂，即大量诱杀雄性昆虫，减轻本身的危害，导致雌雄性比例失调，使雌性不可正常交配、产卵，减轻种群繁衍及下一代危害。生物防治较简单，杀死成虫，虫卵少，起到防治作用。

2. 物理防治

用太阳能杀虫灯或频振式杀虫灯来诱杀害虫，或有颜色的粘板。

（1）频振式杀虫。利用害虫趋光的特性引诱成虫扑灯灯外配以频振式高压电网触杀，使害虫落入灯下的杀虫袋内，可诱杀金龟子等。

（2）粘板。害虫飞近就会被粘住，如黄板可诱杀叶蝉蚜虫，蓝板可杀蓟马、种蝇等。

3. 化学防治

这时最为重要的措施是病虫害的化学防治，不能盲目使用大剂量农药。对于病虫害防治，利用保护性杀菌剂和内吸治疗性杀菌剂的配合使用，是科学的施药措施。但是注意对症下药后不可重复喷洒，比如在温室中，螨虫、蚜虫在温室温度较好、无天敌时比陆地繁衍快，易产生抗虫体，若单用一种药，浓度无变化，效果会减弱，药效降低所以因该合理混配，科学用药。若是病虫害极少发生对于大棚内葡萄温度及湿度的合理调节控制必不可免。在温度控制方面提倡滴灌，且雨前要及时关闭通风口，保持设施内环境适合葡萄生长发育。在温度控制方面应及时通风降温，保障合适温度。

3.1.3　科学、合理使用药剂

科学、合理使用药剂的目的是以病虫害的预防为主，综合防治措施，简单、经济、及时、准确地消灭病虫，最大限度降低葡萄生产的成本，生产出优质、安全无污染的绿色产品。

1. 时段性

病虫害发生时段不同，葡萄园杀菌剂只能在某一时期具有杀死特定虫害的作用。例如，清园时用树医生 3 件套或用波尔多液等量式 200 倍，能有效杀死园内各种病虫害。而果实成熟期在叶片喷入波尔多液即碱式硫酸铜（铜制剂有良好的保护作用）。

2. 安全性

首先对树体安全，其次对人、畜、环境及其种作土壤安全，能有效保护生态环境，且保证喷洒农药后的产品对人体无危害。在葡萄开始发芽后就进行不间断的药剂保护，故葡萄中各农药元素的含量有待鉴定。

3. 时效性及实效性

时效性及实效性是在特定时段表现出的效果。

3.2　葡萄常见病虫害

葡萄设施栽培能够拓宽产期，调节市场供应；相比露天栽培，葡萄设施栽培病虫害较少，有利于安全食品生产和生态环境保护；避雨栽培和防雹栽培还够有效防灾、减灾，确保丰收；葡萄设施栽培能够扩大葡萄种植区域；提高栽培效益。鉴于葡萄设施栽培独特的优势，近些年来，葡萄设施栽培发展很快，并呈继续扩大之势。采用葡萄设施栽培，病虫害的发生及防治出现明显变化，主要病虫害为灰霉病、穗轴褐枯、炭疽病、白粉病、叶蝉、蓟马等。葡萄设施栽培与葡萄露地栽培相比，生产环境发生了变化。因此，病虫害的防治有较大区别。防治按照"预防为主，综合防治"的方针，以农业综合防治为基础，以病害早防、早治为重点。根据葡萄生长周期的 7 个关键防治节点，制订设施葡萄植保方案。

3.2.1　葡萄白粉病

白粉病主要危害叶片、枝梢及果实等部位，以幼嫩组织最敏感，我国各葡萄产区都有发生，尤其北方干旱种植区发生较重。

1. 主要症状

（1）果实受害。先在果粒表面产生一层灰白色粉状霉，擦去白粉，表皮呈现褐色花纹，最后表皮细胞变为暗褐。葡萄白粉病发病后果实呈暗褐色，受害幼果容易开裂。

（2）叶片受害。在叶表面产生一层灰白色粉质霉，逐渐蔓延到整个叶片，严重时病叶卷缩枯萎。

（3）新枝蔓受害。初呈现灰白色小斑，后扩展蔓延使全蔓发病，病蔓由灰白色变成暗灰色，最后呈黑色（图 3.1 和图 3.2）。

图 3.1　葡萄白粉病发病果实　　　　图 3.2　葡萄白粉病发病叶片

2. 发病特点及规律

葡萄白粉病病菌称为葡萄钩丝壳菌，属子囊菌亚门真菌。闭囊壳直径 $84\sim100\mu m$，附属丝 $10\sim30$ 根，多隔膜，顶端卷曲。子囊 $4\sim6$ 个，椭圆形，大小（$50\sim60$）$\mu m\times$（$25\sim35$）μm，子囊孢子 $4\sim6$ 个，椭圆形，大小（$20\sim25$）$\mu m\times$（$10\sim12$）μm。无性阶段称托氏葡萄粉孢霉，属半知菌亚门真菌。

白粉病菌以菌丝体在被害组织上或芽鳞片内越冬，来年春季产生分生袍子，借风力传播到寄主表面；菌丝上产生吸器，直接伸入寄主细胞内吸取营养，菌丝则在寄主表面蔓延，果面、枝蔓以及叶面呈暗褐色，主要受吸器的影响。病害一般在 7 月上旬、中旬至 9—10 月均可发生。

白粉病菌以菌丝体在被害组织上或芽鳞内越冬。第二年条件适宜时产生分生孢子，分生孢子借气流传播，侵入寄主组织后，菌丝蔓延于表皮外，以吸器伸入寄主表皮细胞内吸取营养。分生孢子萌发的最适温度为 $25\sim28℃$，最高温度为 $35℃$，空气相对湿度较低时也能萌发。葡萄白粉病一般在 6 月中旬、下旬开始发病，7 月中旬渐入发病盛期。夏季干旱或闷热多云的天气有利于病害发生。葡萄栽植过密、枝叶过多、通风不良时利于发病。

3. 防治方法

（1）清除菌源。秋后剪除病梢，清扫病叶、病果及其他病菌残体，集中烧毁。

（2）加强栽培管理。注意及时摘心绑蔓，剪除副梢及卷须，保持通风透光良好。雨季注意排水防涝，喷磷酸二氢钾等叶面肥和根施复合肥，增强树势，提高抗病力。

（3）在葡萄芽膨大而未发芽前喷 $3\sim5$ 波美度石硫合剂或 45% 晶体石硫合剂 $40\sim50$ 倍液 6 月开始每 15d 喷 1 次波尔多液，连续喷 $2\sim3$ 次进行预防；发病初期喷药防治，3 亿 CFU/g 哈茨木霉菌可湿性粉剂 300 倍喷雾，10% 氟硅唑 1500 倍喷雾、70% 甲基硫菌灵可湿性粉剂 1000 倍液，乙嘧酚控白 800 倍液，40% 多·硫悬浮剂 600 倍液，50% 硫悬浮剂 $200\sim300$ 倍液，醚菌酯控白 $8000\sim1000$ 倍液，200/0 三唑酮硫三唑酮·硫黄悬浮剂 2000 倍液。56% 嘧菌酯百菌清 600 倍液。硫制剂对白粉病有良好的防效。

3.2.2　葡萄霜霉病

葡萄霜霉病是一种世界性的葡萄病害。我国各葡萄产区均有分布，尤其在多雨潮湿地区发生普遍，是葡萄主要病害之一，1834 年在美国野生葡萄中发现。我国 1899 年记载本病的发生。发病严重时，叶片焦枯早落，新梢生长不良，果实产量降低、品质变劣，植株抗寒性差。

1. 主要症状

葡萄霜霉病主要危害叶片，也能侵染新梢、幼果等幼嫩组织。

（1）叶片被害。初生淡黄色水渍状边缘不清晰的小斑点，以后逐渐扩大为褐色不规则形或多角形病斑，数斑相连变成不规则形大斑。天气潮湿时，于病斑背面产生白色霜霉状物，即病菌的孢囊梗和孢子囊。发病严重时病叶早枯早落。

（2）嫩梢受害。形成水渍状斑点，后变为褐色略凹陷的病斑，潮湿时病斑也产生白色霜霉。病重时新梢扭曲，生长停止，甚至枯死。卷须、穗轴、叶柄有时也能被害，其症状与嫩梢相似。

（3）幼果被害。病部褪色，变硬下陷，上生白色霜霉，很易萎缩脱落。果粒半大时受害，病部褐色至暗色，软腐早落。果粒着色后不再侵染。

葡萄霜霉病如图 3.3 和图 3.4 所示。

图 3.3 葡萄霜霉病发病果实　　　　　　图 3.4 葡萄霜霉病发病叶片

2. 发病特点及规律

葡萄霜霉病的病原为葡萄霜霉菌，属鞭毛菌亚门，卵菌纲霜霉目，单轴霉属。葡萄霜霉菌以卵在病组织中越冬，或随病叶残留于土壤中越冬。翌年在适宜条件下卵孢子萌发产生芽孢囊，再由囊产生，借游动孢子传播，自叶背气孔侵入，进行初次侵染。经过 7～12d 的潜育期，在病部产生孢囊梗及孢子囊，孢子萌发产生游动孢子进行再次侵染。

气候条件对发病及其流行影响很大。该病多在秋季发生，是葡萄生长后期病害，冷凉潮湿的气候有利发病。病菌卵孢子萌发温度范围为 13～33℃，适宜温度为 25℃，同时要有充足的水分或雨露。孢子囊萌发温度范围为 5～27℃，适宜温度为 10～15℃，并要有游离水存在。孢子囊形成温度为 13～28℃，15℃左右形成的孢子囊最多，要求相对湿度为 95%～100%。游动产出孢子温度范围为 12～30℃，适宜温度为 18～24℃，须有水滴存在。试验表明：孢子囊有雨露存在时，21℃萌发 40%～50%，10℃时萌发 95%；孢子囊在高温干燥条件能存活 4～6d，在低温下可存活 14～16d；游动孢子在相对湿度 70%～80%时能侵入幼叶，相对湿度 80%～100%时老叶才能受害。因此秋季低温、多雨多露，易引致该病的流行。果园地势低洼、架面通风不良、树势衰弱时，有利于该病害发生。

3. 防治方法

（1）清除菌源。秋季彻底清扫果园，剪除病梢，收集病叶，集中深埋或烧毁。

（2）加强果园管理，及时夏剪，引缚枝蔓，改善架面通风透光条件。注意除草、排水、降低地面湿度。适当增施磷钾肥，对酸性土壤施用石灰，提高植株抗病能力。

（3）选用无滴消雾膜做设施的外覆盖材料，并在设施内全面积覆盖地膜，降低其空气湿度和防止雾气发生，抑制孢子囊的形成、萌发和游动孢子的萌发侵染。

（4）节室内的温湿度，特别在葡萄坐果以后，室温白天应快速提温至 30℃ 以上，并尽力维持在 32～35℃，以高温低湿来抑制孢子囊的形成、萌发和孢子的萌发侵染。16：00 左右开启风口通风排湿，降低室内湿度，使夜温维持在 10～15℃，空气湿度不高于 85％，用较低的温湿度抑制孢子囊和孢子的萌发，控制病害发生。

（5）避雨栽培。在葡萄园内搭建避雨设施，可防止雨水的飘溅，从而有效切断葡萄霜霉病原菌的传播，对该病具有明显防效。

（6）农业防治。一是重病田要实行 2～3 年轮作，施足腐熟的有机肥，提高植株抗病能力；二是合理密植，科学浇水，防止大水漫灌，以防病害随水流传播，加强放风，降低湿度；三是发现被霜霉病菌侵染的病株要及时拔除，带出田外烧毁或深埋，同时，撒施生石灰处理定植穴，防止病源扩散，收获时，彻底清除残株落叶，并将其带到田外深埋或烧毁。

（7）药剂防治。可以在发病初期用 75％ 百菌清可湿性粉剂 500 倍液喷雾，发病较重时用 58％甲霜·锰锌可湿性粉剂 500 倍液或 69％烯酰·锰锌可湿性粉剂 800 倍液喷雾。隔 7d 喷一次，连续防治 2～3 次，可有效控制霜霉病的蔓延。同时，可结合喷洒叶面肥和植物生长调节剂进行防治，效果更佳。

4. 预防方案

（1）萌芽前半个月，使用溃腐灵 60～100 倍液加上有机硅进行全园喷施，杀灭病菌，营养树体。

（2）展叶开花期，使用靓果安 300 倍液与沃丰素 600 倍液加上有机硅喷雾 2 次，每次间隔 10d。

（3）第一次生理落果期，使用靓果安 300～500 倍液加上沃丰素 600 倍液加上有机硅喷雾。

（4）果实生长期，使用靓果安 300～500 倍液和沃丰素 600 倍液加上有机硅进行定期喷雾，基本每次间隔 10～15d。（雨季为霜霉病、白粉病、炭疽病、褐斑病病害高发期）

（5）秋季采果后：使用溃腐灵 200～300 倍液和沃丰素与 600 倍液和有机硅进行喷雾 1 次。

（6）落叶 2/3 后，使用溃腐灵 60～100 倍液加上有机硅进行全园喷施，杀灭病菌，营养树体。

3.2.3 葡萄灰霉病

葡萄灰霉病俗称烂花穗，又称葡萄灰腐病，病原菌为灰。葡萄灰霉病是目前世界上发生比较严重的一种病害，在所有贮藏发生的病害中，它所造成的损失最为严重。

1. 主要症状

花序、幼果感病，先在花梗和小果梗或穗轴上产生淡褐色、水浸状病斑，后病斑变褐色并软腐，空气潮湿时，病斑上可产生鼠灰色霉状物，即病原菌的分生孢子梗与分生孢子。空气干燥时，感病的花序、幼果逐渐失水、萎缩，后干枯脱落，造成大量的落花、落果，严重时可整穗落光。

新梢及幼叶感病，产生淡褐色或红褐色、不规则的病斑，病斑多在靠近叶脉处发生，叶片上有时出现不太明显的轮纹，后期空气潮湿时病斑上也可出现灰色霉层。不充实的新梢在生长季节后期发病，皮部呈漂白色，有黑色菌核或形成孢子的灰色菌丝块。果实上浆后感病，果面上出现褐色凹陷病斑，扩展后，整个果实防腐烂，并先在果皮裂缝处产生灰色孢子堆，后蔓延到整个果实，最后长出灰色霉层，如图3.5所示。有时在病部可产生黑色菌核或灰色的菌丝块。

图3.5 葡萄灰霉病发病果实及叶片

2. 发病特点及规律

葡萄灰霉病病菌以菌核、分生孢子及菌丝体随病残组织在土壤中越冬。有些地方，病菌秋天在枝蔓或僵果上形成菌核越冬，也可以菌丝体在树皮和冬眠芽上越冬。菌核和分生孢子抗逆性很强，越冬以后，翌年春天条件适宜时，菌核即可萌发产生新的分生孢子，新老分生孢子通过气流传播到花序上，在有外渗物作营养的条件下，分生孢子很易萌发，通过伤口、自然孔口及幼嫩组织侵入寄主，实现初次侵染。

葡萄灰霉病病原称为灰葡萄孢霉，属半只菌亚门真菌。分生孢子梗自寄主表皮、菌丝体或菌核上长出、密集。孢子梗细长分枝，浅灰色。顶端细，胞膨大，上生许多小梗，其上着生分生孢子，聚集呈葡萄穗状。分生孢子呈圆形或椭圆形，单胞，色或淡灰，大小（9～15）μm×（6～18）μm。菌核黑色不规则片状1～2mm，外部为疏丝组织，内部为拟薄壁组织。有性组织称福克尔核盘菌，属子囊亚门菌真菌。灰葡萄孢霉是一种寄主范围很广的兼性寄生虫，能侵染多种水果、蔬菜和花卉。

灰霉菌主要以菌核和分生孢子越冬，其抗逆性强。翌年春季温度回升、遇雨或湿度大时从菌核上萌发产生分生孢子，或是其他寄主上的分生孢子借气流传播到花穗上。分生孢子在清水中几乎不萌发，在花器上有外渗物刺激时很容易萌发侵染，发病后产生大量分生孢子，借风雨传播蔓延进行多次再侵染。

葡萄灰霉病要求低温、高湿条件，菌丝生长和孢子萌发适温为21℃。相对湿度为92%～97%，pH值为3～5对侵染后发病最有利。在糖类或酸类物质刺激下，很快萌发。侵入时间与温度有很大关系。16～21℃、18h可完成侵入，温度过高或过低都会延长侵入期，4℃时约需36～48h，2℃时则需要72h。葡萄花期，气温不太高，若遇连阴雨，空气湿度大常造成花穗腐烂脱落。另一个易发病期是果实成熟期，与果实糖分转化、水分增高、抗性降低有关。管理粗放、施磷钾肥不足、机械伤、虫伤较多的葡萄园易发病，地势低洼、枝梢徒长、郁闭、通风透光不足的果园发病重。

葡萄不同品种对灰霉病抗性不同，红加利亚、黑罕、黑大粒、奈加拉等为高抗品种，白香蕉、玫瑰香、葡萄园皇后等中度抗病，巨峰、洋红蜜、新玫瑰、白玫瑰、胜利等属于高感品种。

3. 葡萄灰霉病防治方法

（1）利用现代化绿色无公害生物防治，重点是预防，时期为花期、幼果期。

（2）细致修剪，剪净病枝蔓、病果穗及病卷须，彻底清除于室（棚）外烧毁或深埋，以清除病原。

（3）清扫落叶，并结合施肥，把落叶和表层土壤与肥料掺混深埋于施肥沟内。

（4）选用无滴消雾膜做设施的外覆盖材料，设施内地面全面积地膜覆盖，降低室（棚）内湿度，抑制病菌孢子萌发，减少侵染；提高地温，促进根系发育，增强树势，提高抗性；阻挡土壤中的残留病菌向空气中散发，降低发病率。

（5）注意调节室（棚）内温湿度，白天使室内温度维持在 32～35℃，空气湿度控制在 75％左右，夜晚室（棚）内温度维持在 10～15℃，空气湿度控制在 85％以下，抑制病菌孢子萌发，减缓病菌生长，控制病害的发生与发展。

（6）夏季不要撤掉棚膜（可开大顶风口与底风口），以便防止病菌借雨水传播，诱发枝蔓、叶片发病。

（7）合理施肥，施腐熟农家肥为主的基肥。在葡萄生长期增施磷钾肥，补施硼锌等微肥。防治偏施氮肥，植株过密而徒长，影响通风透光，降低抗性。

（8）果穗套袋，消除病菌对果穗的危害。

实际分析认为，由于湿度比较大，温度稍低，在这种湿度与温度之下灰霉病比较严重，所以早期在无法调控温度的情况下须调控好湿度，所以需要滴灌，滴灌后棚里温度相比之下很低且好控制，漫灌湿度大且难以控制，会使得灰霉病严重，一发不可收拾，如果天气状况不好连续阴雨加上草帘遮盖，阳光无法破坏其繁衍环境，环境极其适合蔓延，若正逢开花，会减产严重。

3.2.4　葡萄白腐病

葡萄白腐病又称腐烂病，是葡萄生长期引起果实腐烂的主要病害，在全国各葡萄园地发生较普遍，果实损失率在 10％～15％，在严重的年份里可损失 60％以上，甚至失收，高温高湿季节，该病危害相当严重。

1. 主要症状

葡萄果梗和穗轴上发病处先产生淡褐色水浸状近圆形病斑，病部腐烂变褐色，很快蔓延至果粒，果粒变褐软烂，后期病粒及穗轴病部表面产生灰白色小颗粒状分生孢子器，湿度大时由分生孢子器内溢出灰白色分生孢子团，病果易脱落，病果干缩时呈褐色或灰白色僵果。枝蔓上发病，初期显水浸状淡褐色病斑，形状不定，病斑多纵向扩展成褐色凹陷的大斑，表皮生灰白色分生孢子器，呈颗粒状，后期病部表皮纵裂与木质部分离，表皮脱落，维束管呈褐色乱麻状，当病斑扩及枝蔓表皮一圈时，其上部枝蔓枯死。叶片发病多发生在叶缘部，初生褐色水浸状不规则病斑，逐渐扩大略成圆形，有褐色轮纹。葡萄白腐病发病果实及叶片如图3.6和图3.7所示。

图3.6　葡萄白腐病发病果实

图3.7　葡萄白腐病发病叶片

2. 发病特点及规律

葡萄白腐病病菌为无性态为白腐垫壳孢，半只菌亚门垫壳孢属。病部长出的灰白色小粒点，即病菌的分身孢子器。分生孢子器呈球形或扁球形，壁较厚，灰褐色至暗褐色，大小为$(118\sim164)\mu m\times(91\sim146)\mu m$。分生孢子器底部壳壁凸起呈丘形，其上着生不分枝、无分隔的分生孢子梗，长$12\sim22\mu m$。分生孢子梗顶端着生单胞、卵圆形至梨形一端稍尖的分生孢子，大小为$(8.9\sim13.2)\mu m\times(6.0\sim6.8)\mu m$。分生孢子初无色，随成熟度的增长而逐渐变为淡褐色，内含$1\sim2$个油球。有性阶段为白腐卡尼囊壳，属于子囊菌亚门卡尼囊壳，我国尚未发现。此外，病菌有的还能产生一种小型分生孢子器，有人称为性孢子器，其中产生小型分生孢子，大小为$(4\sim6)\mu m\times1.5\mu m$，无色，短棒状，中部膨大。还有一种孢子类型，不生在孢子器中，直接产生在无色、分枝且很长的分生孢子梗上（长$180\sim200\mu m$）。这种分生孢子$[(6\sim8)\mu m\times(3\sim4)\mu m]$的形态和分生孢子器内的分生孢子相似。白腐葡萄病的病原物是一种半知菌侵害葡萄引起。

葡萄白腐病病菌发育最适温度为$25\sim30℃$，最高$35℃$，最低$5\sim12℃$。分生孢子在$13\sim34℃$间均能萌发，在空气湿度达饱和状态下，萌发率可达80%。分生孢子器内的分生孢子在自然界比较干燥的情况下，能保持生命力$8\sim10$个月；如果保藏于实验室内，能保持生命力达7年之久。故分生孢子对于不适宜的环境条件，有着很强的抵抗力。孢子萌发需要少量糖分的刺激，所需糖分最低含量为0.01%，最适为2%，在0.001%的糖量中不能萌发。

葡萄白腐病发生与雨水有密切的关系。雨季来得早，病害发生也早，雨季来迟，病害发生也迟。果园内发生此病后，往往每逢雨后，就会出现一度发病高峰。一般高温多雨有利于病害的流行。

由于葡萄白腐病菌是从伤口侵入的，所以一切造成伤口的条件都有利于发病。如风害、虫害及摘心、疏果等农事操作，均可造成伤口，有利病菌侵入。特别是风害的影响更大，每次暴风雨后常会引起葡萄白腐病的盛行。

同时，葡萄白腐病病害的发生与寄主生育期关系密切。果实进入着色期与成熟期，其感病程度亦逐渐增加。

另外，果穗的部位与发病也有很大的关系。据调查，有 80% 的病穗发生在距地面 40cm 以下的果穗上，其中 20cm 以下的又占 60% 以上。这是由于接近地面的果穗，易受越冬后病菌的侵染，同时下部通风透光差，湿度大、容易诱发病害。

葡萄白腐病病菌以分生孢子器及菌丝体在病组织中越冬。果园表土中和树上的果穗、叶片和枝蔓的病残体，都可成为病害的初次侵染源。在土壤中越冬的病菌，一般以在地表面和表土 20cm 以内的土壤中为多。病果落地后一般不完全腐烂，其上病菌有些可以存活四五年。干燥病果的基部有一个结构紧密的菌丝体，称为壳座，这种器官对不良环境有很强的抵抗力。壳座越冬后，能形成新的分生孢子器及分生孢子。分生孢子通过风雨传播，经伤口侵入引起初次发病。以后又于病斑上产生分生孢子器，散发分生孢子引起再次浸染。该病菌在 28~30℃，大气湿度在 95% 以上时适宜发生。高温、高湿、多雨的季节病情严重，雨后出现发病高峰。在北方，自 6 月至采收期都可发病，果粒着色期发病增加，暴风雨后发病出现高峰。在南方，1991 年在苏州调查，谢花后 7d（6 月 10 日前后）始见病穗，出现第一次高峰；成熟前 10d（7 月 10—15 日）进入盛发期，为第二次高峰，以后随果实成熟度的增加，每次雨后便可出现一次高峰。近地面处以及在土壤黏重、地势低洼和排水不良条件下病情严重。杂草丛生、枝叶密闭或湿度大时易发病，偏旺和徒长植株易发病。

3. 防治方法

（1）加强田间管理。

1）选择抗病品种。在病害经常流行的田块，尽可能避免种植易感品种，选择抗性好、品质好、商品率高的高抗和中抗品种。

2）增施有机肥。增施优质有机肥和生物有机肥，培养土壤肥力，改善土壤结构，促进植株根系发达，生长繁茂，增强抗病力。

3）升高结果部位。因地制宜采用棚架式种植，结合绑蔓和疏花蔬果，使结果部位尽量提高到 40cm 以上，可减少地面病源菌接触的机会，有效地避免病源菌的传染发生。

4）疏花疏果。根据葡萄园的肥力水平和长势情况，结合修剪和疏花疏果，合理调节植株的挂果负荷量，避免只追求眼前取得高产的暂时利益，从而削弱葡萄果树生长优势，降低葡萄的抗病性能。

5）精细管理。加强肥水、摘心、绑蔓，摘副梢、中耕除草、雨季排水及其他病虫的防治等经常性的田间管理工作。

6）搞好田间清洁卫生。生长季节搞好田间卫生，清除田间病源污染和侵染物，结合管理勤加检查，及时剪除早期发现的病果穗、病枝体，收拾干净落地的病粒，并带出园外集中处理，可减少当年再侵染的菌源，减轻病情和减缓病害的发展速度。

（2）药剂防治。在发病初期，使用相关杀菌农药稀释喷雾，每 5~7d 喷施 1 次，喷药次数视病情而定。病情严重时，加入 15mL，兑水 15kg 进行全株均匀喷雾，3d 一次，连用 2～3 次。

1）用药倍数及用药次数。在发病前使用广谱药进行植株全面喷施。用药次数根据具体情况而定，一般间隔期为 7～10d 喷施 1 次。

2）对重病果园要在发病前用 50％福美霜粉剂、硫黄粉 1 份、碳酸钙 1 份三药混匀后撒在葡萄园地面上，每亩撒 1～2kg，或 200 倍五氯酚钠、福美砷、退菌特，喷洒地面，可减轻发病。

3）生长期的喷药防治。开花前后以波尔多液、科博类保护剂为主，以后根据病情及天气情况，每隔 7～15d 喷一次。第一次喷药应掌握在病害的始发期，一般在 6 月中旬开始，以后每隔 7～10d 喷一次，连续喷 3～5 次，直至采前 15～20d 停止。喷药时要仔细周到，重点保护果穗。喷药后遇雨，应于雨后及时补喷。广谱药剂有 50％退菌特可湿性粉剂 600～800 倍液、70％可湿性福美霜粉剂 700 倍液、50％扑海因可湿性粉剂 1500 倍液等。最新药剂选用控白 800～1200 倍；30％嘧菌酯 1200 倍液，75％百菌清 500～600 倍液；56％嘧菌酯白菌清 1000 倍液，70％代森锰锌和 64％杀毒矾 700 倍。必须在发病前 1 周左右开始喷第一次药，以后每隔 10～15d 喷 1 次，多雨季节防治 3～4 次。

3.2.5 葡萄穗轴褐枯病

葡萄穗轴褐枯病主要危害葡萄果穗幼嫩的穗轴组织。发病初期，先在幼穗的分枝穗轴上产生褐色水浸状斑点，迅速扩展后致穗轴变褐坏死，果粒失水萎蔫或脱落。

1. 主要症状

葡萄穗轴褐枯病有时病部表面生黑色霉状物，即病菌分生孢子梗和分生孢子。该病一般很少向主穗轴扩展，发病后期干枯的小穗轴易在分枝处被风折断脱落。幼小果粒染病仅在表皮上生直径 2mm 圆形深褐色小斑，随果粒不断膨大，病斑表面呈疮痂状。果粒长到中等大小时，病痂脱落，果穗也萎缩干枯别于房枯病痂脱落，果穗也萎缩干枯别于房枯病，如图 3.8 和图 3.9 所示。

图 3.8 葡萄穗轴褐枯病发病果实

图 3.9 葡萄穗轴褐枯病发病叶片

2. 发病特点及规律

葡萄穗轴褐枯病病原称葡萄生链格孢霉，属半知菌亚门真菌。分生孢子梗数根。丛生，不分枝，褐色至暗褐色，端部色较淡。分生孢子单生或 4～6 个串生，个别 9 个串生在分生孢子梗顶端，链状。分生孢子倒棍棒状，外壁光滑，暗褐至榄褐色，具 1～7 个横隔膜、0～4 个纵隔，大小（20.0～47.5）μm×（7.5～17.5）μm。

葡萄穗轴褐枯病病菌以分生孢子在枝蔓表皮或幼芽鳞片内越冬，翌春幼芽萌动至开花期分生孢子侵入，形成病斑后，病部又产出分生孢子，借风雨传播，进行再侵染。人工接种，病害潜育期仅 2～4d。该菌是一种兼性寄生菌，侵染决定于寄主组织的幼嫩程度和抗病力。若早春花期低温多雨，幼嫩组织（穗轴）持续时间长，木质化缓慢，植株瘦弱，病菌扩展蔓延快，随穗轴老化，病情渐趋稳定。老龄树一般较幼龄树易发病，肥料不足或氮磷配比失调者病情加重；地势低洼、通风透光差、环境郁闭时发病重。品种间抗病性存有差异。高抗品种有龙眼、玫瑰露、康拜尔早、密而紫，玫瑰香则几乎不发病。其次有北醇、白香蕉、黑罕等。感病品种有红香蕉、红香水、黑奥林、红富士、巨峰最感病。

3. 防治方法

（1）选用抗病品种。

（2）结合修剪，搞好清园工作，清除越冬菌源。葡萄幼芽萌动前喷 3～5 波美度石硫合剂或 45％晶体石硫合剂 30 倍液、0.3％五氯酚钠 1～2 次保护鳞芽。

（3）加强栽培管理，用靓果安 300 倍喷雾，控制氮肥用量，增施磷钾肥，同时搞好果园通风透光、排涝降湿，也有降低发病的作用。

（4）药剂防治，葡萄开花前后喷 75％百菌清可湿性粉剂 600～800 倍液或 70％代森锰锌可湿性粉剂 400～600 倍液、40％克菌丹可湿性粉剂 500 倍液、50％扑海因可湿性粉剂 1500 倍液。在开始发病时或花后 4～5d，喷洒比久 500 倍液，可加强穗轴木质化、减少落果。

3.2.6 葡萄黑痘病

葡萄黑痘病又名疮痂病，俗称鸟眼病，是葡萄上的一种主要病害。主要危害葡萄的绿色幼嫩部位如果实、果梗、叶片、叶柄、新梢和卷须等。

1. 主要症状

叶受害后初期发生针头大褐色小点，之后发展成黄褐色直径 1～4mm 的圆形病斑，中部变成灰色，最后病部组织干枯硬化，脱落成穿孔。幼叶受害后多扭曲，皱缩为畸形。

果粒在着色后不易受此病侵染。绿果感病初期产生褐色圆斑，圆斑中部灰白色，略凹陷，边缘红褐色或紫色似"鸟眼"状，多个小病斑联合成大斑；后期病斑硬化或龟裂。病果味酸，无食用价值。

新梢、叶柄、果柄、卷须感病后最初产生圆形褐色小点，以后变成灰黑色，中部凹陷成干裂的溃疡斑，发病严重的最后干枯或枯死，如图 3.10 所示。

2. 发病特点及规律

葡萄黑痘病病原菌是葡萄痂囊腔菌，属子囊菌亚门痂囊腔菌属，我国尚未发现。无性阶段为葡萄痂圆孢菌，属半知菌亚门痂圆孢菌属，在病菌的无性阶段致病。病菌在病斑的外表形成分生孢子盘，半埋生于寄生组织内。分生孢子盘含短小、椭圆形、密集的分生孢子梗。顶部生有细小、卵形、透明的分生孢子，大小 $(4.8\sim11.6)\mu m\times(2.2\sim2.7)\mu m$，具有胶黏胞壁和 $1\sim2$ 个亮油球。在水上分生孢子产生芽管，迅速固定在基物上，

图 3.10 葡萄黑痘病发病果实

秋天不再形成分生孢子盘，但在新梢病部边缘形成菌块即菌核，这是病菌的主要越冬结构。春天菌核产生分生孢子。

子囊在子座梨形子囊腔内形成，尺寸为 $(80\sim800)\mu m\times(11\sim23)\mu m$，内含 8 个黑褐色、四胞的子囊孢子，尺寸为 $(15.0\sim16.0)\mu m\times(4.0\sim4.5)\mu m$。子囊孢子在温度 $2\sim32℃$ 萌发，侵染组织后生成病斑，并形成分生孢子，这就是病菌的无性阶段。

葡萄黑痘病病菌主要以菌丝体潜伏于病蔓、病梢等组织越冬，也能在病果、病叶痕等部位越冬。病菌生活力很强，在病组织可存活 $3\sim5$ 年之久。第二年四五月间产生新的分生孢子，借风雨传播。孢子发芽后，芽管直接侵入幼叶或嫩梢，引起初次侵染。侵入后，菌丝主要在表皮下蔓延。以后在病部形成分生孢子盘，突破表皮，在湿度大的情况下，不断产生分生孢子，通过风雨和昆虫等侵染。

葡萄黑痘病对葡萄幼嫩的绿色组织进行重复侵染，温湿条件适合时，$6\sim8d$ 便发病产生新的分生孢子。病菌远距离的传播则依靠带病的枝蔓。

分生孢子的形成要求 25℃ 左右的温度和比较高的湿度。菌丝生长温度范围为 $10\sim40℃$，最适为 30℃。潜育期一般为 $6\sim12d$，在 $24\sim30℃$ 温度下，潜育期最短，超过 30℃，发病受抑制。新梢和幼叶最易感染，其潜育期也较短。

气候、田间管理技术和品种是影响葡萄黑痘病发病的主要因素。

首先，黑痘病的流行和降雨、大气湿度及植株幼嫩情况有密切关系，尤以春季及初夏（4—6 月）雨水多少的关系最大。多雨高湿有利于分生孢子的形成、传播和萌发侵入。同时，多雨、高湿，又造成寄主幼嫩组织的迅速成长，因此病害发生严重。天旱年份或少雨地区，发病显著减轻。黑痘病的发生时期因地区而异。

华南地区 3 月下旬至 4 月下旬，葡萄开始萌动展叶时，温度条件已达到病菌活动的范围，又值梅雨季，病害开始出现。6 月中下旬，温度上升到 $28\sim30℃$，经常有降雨、湿度大，植株长出大量嫩绿组织，发病达到高峰，病害潜育期在最适条件下约 $6\sim10d$。7—8 月以后温度超过 30℃，雨量减少，湿度降低，组织逐渐老化，病情受到抑制，秋

季如遇多雨天气，病害可再次严重发生。

华北地区一般 5 月中下旬开始发病，6—8 月高温多雨季节为发病盛期，10 月以后，气温降低，天气干旱，病害停止发展。

华东地区于 4 月上中旬开始发病，梅雨季节气温升高，多雨、温度高，为发病盛期，7—8 月高温干旱，病情受抑制，9—10 月如秋雨多，病情再度发展。

其次，葡萄栽培管理对黑痘病发病有主要影响。地势低洼、排水不良的果园往往发病较重。栽培管理不善、树势衰弱、肥料不足或配合不当等都会导致病害发生。特别是对冬季果园卫生工作不重视，园内遗留大量的病残体，则为病菌越冬和第二年的传播创造了条件。

同时，葡萄品种与黑痘病发病有密切关系。东方品种及地方品种易感该病，个别西欧品种也易感该病，但绝大多数西欧品种及黑海品种抗该病，欧美杂交种很少感该病。其中感该病严重品种有季米亚特、羊奶、大粒白、无籽露、沙尔其、松小珍珠、红焰无核葡萄、龙眼、无核白、保尔加乐；中度感该病品种有葡萄园皇后、玫瑰香、新玫瑰、意大利、黑坡托、马福鲁特、小红玫瑰等；轻微感该病品种有落巴珍珠、上等玫瑰香、法兰西兰、佳里酿、吉母沙等；抗该病品种有纽约玫瑰、早生高墨、黑奥林、巨峰、先锋、红富士、黑皮诺、特大号、贵人香、康拜尔、玫瑰露、仙索、白香蕉、巴柯、赛必尔 2003、赛必尔 2007、水晶、金后、黑虎香等。

3. 防治方法

（1）苗木消毒。由于葡萄黑痘病的无距离传播主要通过带病菌的苗木或插条，因此，葡萄园定植时应选择无病的苗木，或进行苗木消毒处理。常用的苗木消毒剂有：①10%～15% 的硫酸铵溶液；②3%～5% 的硫酸铜液；③硫酸亚铁硫酸液（10% 的硫酸亚铁加 1% 的粗硫酸）；④3～5 波美度的石硫合剂等。方法是将苗木或插条在上述任一种药液中浸泡 3～5min 取出即可定植或育苗。

（2）彻底清园。由于葡萄黑痘病的初侵染主要来自病残体上越冬的菌丝体，因此，做好冬季的清园工作，减少翌年初侵染的菌源数量和减缓病情的发展有重要的意义。冬季进行修剪时，剪除病枝梢及残存的病果，刮除病、老树皮，彻底清除果园内的枯枝、落叶、烂果等。然后集中烧毁。再用铲除剂喷布树体及树干四周的土面。常用的铲除剂有：①3～5 波美度的石硫合剂；②80% 五氯酚原粉稀释 200～300 倍水，加 3 波美度石硫合剂混合液；③10% 硫酸亚铁加 1% 粗硫酸。喷药时期以葡萄芽鳞膨大，但尚未出现绿色组织时为好。过晚喷洒会发生药害，过早效果较差。

（3）利用抗病品种。不同品种对黑痘病的抗性差异明显，葡萄园定植前应考虑当地生产条件，技术水平，选择适于当地种植，具有较高商品价值，且比较抗病的品种。如巨峰品种，对黑痘病属中抗类型，其他如康拜尔、玫瑰露、吉丰 14、白香蕉等也较抗病黑痘病，可根据各地的情况选用。

（4）加强管理。除搞好田间卫生，尽量减少菌源外，应抓紧田间管理的各项措施，尤其是合理的肥水管理。葡萄园定植前及每年采收后，都要开沟施足优质的有机肥料，保持强壮的树势；追肥应使用含氮、磷、钾及微量元素的全肥，避免单独、过量施用氮肥,平地或水田改种的葡萄园,要搞好雨后排水,防止果园积水。行间除草、摘梢绑蔓等田间管理工作都要做得勤、快、及时,使园内有良好的通风透光状况,降低田间温度。这些措施都利于培强植株的抗性,而不利于病菌的侵染、生长和繁殖。在搞好清园越冬防治的基础上,在生长季节的开花前后各喷 1 次的波尔多液或 500~600 倍的百菌清液,对控制黑痘病有关键的作用。此后,每隔半月喷 1 次硫酸铜、石灰和水之比为1∶1∶200 的波尔多液,可有效地控制葡萄黑痘病的发展。喷药前如能仔细地摘除病梢、病叶、病果等则效果更佳。

3.3 虫 害

3.3.1 葡萄红蜘蛛

葡萄红蜘蛛是对葡萄生产威胁性很大的害虫之一。由于它世代重叠,整个生长期都能为害,造成葡萄早期落叶,浆果着色不良,糖分低,品质下降,甚至不能成熟,严重时造成普遍落果,大幅度减产,新梢成熟不良,易受冻害。

1. 主要特征

葡萄红蜘蛛虫体小,要用放大镜才能辨认。成虫鲜红色或橙黄色,虫体中央稍隆起;足 4 对,粗短;幼虫鲜红色,足 3 对;若虫淡红色或灰白色,足 4 对,体末端周缘具 8 条叶片状刚毛;卵橙红色,椭圆形,有光泽。

以若虫和成虫(图 3.11)为害葡萄。新梢基部和叶柄受害时,其表面有褐色颗粒突起,以手摸之如癞皮状。叶片受害时,先以叶脉基部开始,叶脉两侧呈现黑褐色颗粒状斑块,叶失绿变黄,焦枯脱落。卷须被害,表面粗糙而易落。果粒受害,前期呈浅褐色锈斑,尤以果肩为多,果面粗糙,硬化纵裂;后期则影响着色,有色品种有灰白斑。

(a)　　　　　　　　　　　　　　　　(b)

图 3.11　葡萄红蜘蛛

2. 发生规律

红蜘蛛在江南水乡和低丘红壤地区尚未发现,但在上海为害较重。以雄成虫在枝蔓老皮裂缝内、芽痕间以及松散的鳞片绒毛内群集越冬，翌年 4 月中下旬即开始为害新梢基部第一叶的背面及嫩梢基部，以后逐渐向上发展。

5 月上旬雌虫开始产卵，在上海代数不明，在 7—9 月高温季节里，如雨水多，湿度大，则繁殖最快，10 月底向叶柄及叶脉转移，11 月中下旬早霜来临前越冬。

3. 防治方法

(1) 冬季清园时，对老蔓剥皮，并集中残枝败叶烧毁。

(2) 芽萌动绒球期（约 3 月下旬），喷布 3 波美度石硫合剂。

(3) 在葡萄生长期间，可喷硫黄悬胶剂 500 倍液。据试验效果达 91.20%。

(4) 用 0.3～0.4 波美度石硫合剂。

3.3.2 葡萄短须螨

葡萄短须螨为真螨目细丝虫螨科短须螨属的一种螨虫。该虫在中国北方分布较普

图 3.12 葡萄短须螨为害叶片症状

遍，南方葡萄产区也有发生。以若虫、成虫为害嫩梢、叶片、幼果等。叶片、嫩梢受害后，呈现黑色斑块，严重时焦枯脱落，如图 3.12 所示。果穗受害呈黑色，变脆易折断。果粒受害，果皮变成铁锈色，粗糙易裂，影响产量和品质。

1. 主要特征

螨体微小，一般在 0.32mm × 0.11mm，体路褐色，眼点红色，腹背中央红色。体背中央呈纵向隆起，体后部末端上下扁平。背面体壁有网状花纹，

背面刚毛呈披针状，4 对足皆粗短多皱纹，刚毛数量少，附节有小棍状毛 1 根，如图 3.13 所示。

(a) 短须螨   (b) 为害幼蔓症状

图 3.13 葡萄短须螨及为害幼蔓症状

葡萄短须螨卵大小为(0.13～0.15)mm×(0.06～0.08)mm，体鲜红色，有足3对，白色。体两侧前后足各有2根叶片状的刚毛。腹部末端周缘有8条刚毛，其中第三对为长刚毛，针状，其余为叶片状。后期体淡红色或灰白色，有足4对。体后部上下较扁平，末端周缘刚毛8条全为叶片状。

2. 发生规律

葡萄短须螨一年发生6代以上。以雌成虫在老皮裂缝内、叶腋及松散的芽鳞绒毛内群集越冬。第二年3月中旬、下旬出蛰，为害刚展叶的嫩芽，半月左右开始产卵，卵散产。全年以若虫和成虫为害嫩芽基部、叶柄、叶片、穗柄、果梗、果实和副梢。10月下旬逐渐转移到叶柄基部和叶腋间，11月下旬进入隐蔽场所越冬。在葡萄不同品种上，发生的密度不同，一般喜欢在绒毛较短的品种上为害，如玫瑰香、佳利酿等品种。而叶绒毛密而长或绒毛少，很光滑的品种上数量很少，如龙眼、红富士等品种。葡萄短须螨的发生与温湿度有密切关系，平均温度在29℃，相对湿度在80%～85%的条件下，最适于其生长发育。因此，7月、8月的温湿度最适合其繁殖，发生数量最多。

3. 防治方法

(1) 冬季清园，剥除枝蔓上的老粗皮烧毁，以消灭在粗皮内越冬的雌成虫。

(2) 春季葡萄发芽时，用3波美度石流合剂混加0.3%洗衣粉进行喷雾。

(3) 葡萄生长季节喷0.2～0.3波美度石硫合剂，或40%乐果乳油1000～1500倍液，或50%敌敌畏乳油1500～2000倍液，或40%三氯杀螨醇乳油800倍液。

3.3.3　葡萄毛毡病

葡萄毛毡病主要为害叶片，也为害嫩梢、幼果及花梗。叶片受害时，最初叶背面产生许多不规则的白色病斑，逐渐扩大，其叶表隆起呈泡状，背面病斑凹陷处密生一层毛毡状白色绒毛，绒毛逐渐加厚，并由白色变为茶褐色，最后变成暗褐色，病斑大小不等，病斑边缘常被较大的叶脉限制呈不规则形，严重时，病叶皱缩、变硬，表面凹凸不平。枝蔓受害，常肿胀成瘤状，表皮龟裂，如图3.14所示。

1. 主要特征

葡萄毛毡病实际上是一种虫害锈壁虱寄生所致，但人们习惯列为病害。锈壁虱属节肢门，蛛形纲，壁虱目。虫体圆锥形，体长0.1～0.3mm，体具很多环节，近头部有2对软足，腹部细长，尾部两侧各生一根细长的刚毛。

2. 发病规律

壁虱以成虫在芽鳞或被害叶片上越冬。翌年春天随着芽的萌动，壁虱由芽内移动到幼嫩叶背绒毛内潜伏为害，吸食汁液，刺激叶片产生毛毡状绒毛，以保护虫体为害。

3. 防治方法

(1) 冬季修剪后彻底清洁田园，把病残收集起来烧毁。

图 3.14　葡萄毛毡病为害叶片症状

（2）发病初期及时摘除病叶并且深埋，防止扩大蔓延。

（3）芽开始萌动时，喷 1 次 3～5 波美度石硫合剂，以杀死越冬壁虱。

（4）历年发生严重的葡萄园，发芽后再喷 1 次 0.3～0.4 波美度石硫合剂或 25% 亚胺硫磷乳油 1000 倍液。

（5）从病区引进苗木时，必须用温汤消毒。方法是把苗木先放入 30～40℃ 温水中浸 3～5min，再移入 50℃ 温水中浸 5～7min，即可杀死潜伏的锈壁虱。

3.3.4　葡萄蓟马

葡萄蓟马主要是若虫和成虫以锉吸式口器锉吸幼果、嫩叶和新梢表皮细胞的汁液。幼果被害当时不变色，第二天被害部位失水干缩，形成小黑斑，影响果粒外观，降低商品价值，严重会引起裂果，如图 3.15 所示。

图 3.15　葡萄蓟马为害果实症状　　　　图 3.16　葡萄蓟马为害叶片症状

1. 主要特征

叶片受害因叶绿素被破坏，先出现褪绿的黄斑，后叶片变小，卷曲畸形，干枯，有时还出现穿孔，如图 3.16 所示。被害的新梢生长受到抑制。

2. 发生规律

葡萄蓟马因个体较小，常常隐藏于植物各部位，如嫩叶、花蕾等取食为害，造成叶片呈现大面积坏死斑点、萎缩，严重时枯死脱落。为害花时，造成植株不能孕穗、结果或果实后期形成大面积锈状斑点，影响产量和质量。蓟马为害症状早期不易被人们发现，往往当为害严重时才引起重视，但为时已晚。有些葡萄蓟马种类是病毒的传播媒介，其传播病毒造成的危害往往比其取食危害要大得多。

葡萄蓟马为害不仅影响葡萄的产量，同时也影响其品质，造成重大的经济损失。我国幅员辽阔，不同葡萄种植区气候、环境各异，其生物多样性也呈现多样化。对南宁明阳和罗文葡萄连片种植区的调查结果表明，在发生高峰期，葡萄蓟马为害严重的果园嫩叶受害率最高可达72％；在开花前后未采取防治措施的果园内，每串花序均可采集到葡萄蓟马，样本数量最多可达每串花30多头，发生率和果实受害率最高均可达100％。

3. 防治方法

（1）清理葡萄园杂草，烧毁枯枝败叶。

（2）在开花前1～2d喷10％吡虫啉2000～3000倍液，或50％马拉硫磷乳剂、40％硫酸烟碱、2.5％鱼藤精均为800倍液，都有较好的效果。

（3）庭院葡萄可喷低毒高效杀虫剂溴氰菊酯（敌杀死）2000～2500倍液，喷药后5d左右检查，如仍发现虫情较重时，立即进行第二次喷药。

（4）铺设防网虫防治叶甲、葡萄透翅蛾、丽金龟、白星花金龟。

3.4 粉 蚧 类

葡萄粉蚧主要以成虫和若虫在老蔓翘皮下及近地面的细根上刺吸汁液进行为害，被害处形成大小不等的丘状突起。随着植株的生长逐渐转向新梢、嫩枝、果梗等被害后，表面粗糙不平，并分泌一层似棉絮的白色黏物，常招来蚂蚁和黑色霉菌，污染果皮，影响果实外观和品质，如图3.17所示。被害树体生长不良，果粒变畸形，严重时，树势衰弱，产量下降。

图 3.17 葡萄粉蚧为害果实症状

1. 主要特征

葡萄粉蚧的雌成虫体长 4.5～4.8mm，宽 2.5～2.8mm，椭圆形，淡紫色，身被白色蜡粉，触角 8 节。雄成虫，体长 1～1.2mm，灰黄色，翅透明，在阳光下有紫色光泽，触角 10 节。各足胫节末端有 2 个刺，腹末有 1 对较长的针状刚毛。卵长 0.32mm，宽 0.17mm，椭圆形，淡黄色。刚孵化的若虫为淡黄色，体长 0.5mm，触角 6 节，上面有很多刚毛。体缘有 17 对乳头状突起，腹末有 1 对较长的针状刚毛。蜕皮后，虫体逐渐增大，体上分泌出白色蜡粉，并逐渐加厚。体缘的乳头状突起逐渐形成白色蜡毛，如图 3.18 所示。

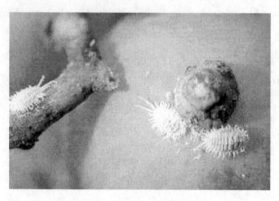

图 3.18　葡萄粉蚧形态特征

2. 发生规律

葡萄粉蚧每年发生 3 代，以包在棉球状卵囊中的卵在葡萄近地面的根部越冬。翌年 4 月上旬、中旬开始孵化第一代若虫，经 40～50d 蜕皮为成虫，5 月底至 6 月初开始产卵，卵期约 10d，6 月上旬、中旬孵化第二代若虫。8 月初第三代若虫发生，10 月上旬、中旬成虫开始产卵并越冬。

3. 防治方法

（1）冬季剥老皮，消灭越冬卵块。

（2）葡萄生长前期的 4—6 月在若虫孵化期喷 80％敌敌畏 1000～1500 倍防治。由于粉蚧体表有一层蜡粉，在药液中加展着剂效果更好。

（3）保持架面通风透光；浆果着色期发现被害果穗，可用上述药剂喷布果穗，以杀灭若虫。

3.5　生　理　性　病　害

3.5.1　日灼

葡萄日灼病是一种非侵染性生理病害。幼果膨大期强光照射和温度剧变是其发生的主要原因。在缺少荫蔽的情况下，受高温、空气干燥与阳光的强辐射作用，果粒幼嫩的表皮组织水分失衡发生灼伤。如图 3.19 所示。

1. 病因

由渗透压高的叶片向渗透压低的果穗争夺水分造成灼伤。红地球葡萄果实日灼病致病环境是幼果膨大期气温超过 30℃，空气湿度低于 30％，土壤含水量低于 40％田间最大持水量。发病程度与气候条件、架式、树势强弱、果穗着生方位及结果量、果实套袋

图 3.19　日灼为害葡萄果实症状

早晚及果袋质量、果园田间管理情况等因素密切相关。连续阴雨天突然转晴后，受日光直射，果实易发生日灼；植株结果过多，树势衰弱，叶幕层发育不良，会加重日灼发生；果树外围果穗、果实向阳面日灼发生重；套袋过晚或高温天气套袋，会使日灼加重；夏季新梢摘心过早，副梢处理不当，枝叶修剪过度，果帝不能得到适当遮阴，易发生日灼病。

2. 葡萄日灼病防治措施

（1）选用适宜架形。使用十字形架式栽培红地球葡萄，对防御日灼病有良好的效果。

（2）合理施肥灌水。增施有机肥，合理搭配氮、磷、钾和微量元素肥料。生长季节结合喷药补施钾、钙肥。葡萄浆果期遇到高温干旱天气及时灌水，降低园内温度，减轻日灼病发生。雨后或灌水后及时中耕松土，保持土壤良好的透气性，保证根系正常生长发育。

（3）科学管理枝蔓。搞好疏花疏果，合理负载。夏剪时果穗附近适当多留些叶片，及时转动果穗于遮阴处。在无果穗部位，适当去掉一些叶片，适时摘心、减少幼叶数量，避免叶片过多，与果实争夺水分。

（4）搞好果穗套袋。应于坐果稳定后尽早套袋。选择防水、白色、透气性好的葡萄专用纸袋，纸袋下部留通气孔。套袋前全园喷 1 次优质保护性杀菌剂，药液晾干后再开始套袋。注意避开雨后的高温天气和有露水时段，并要将袋口扎紧封严。果实采收前 10d 去袋，不要将果袋一次性摘除，应先把袋底打开。去袋时间宜在晴天 10：00 以前和 16：00 以后，阴天可全天进行。

3.5.2　气灼

1. 病因

简单来说，气灼病是水分失调造成的生理性病害，特殊天气下，叶片蒸腾耗水分过多，根系供水不足造成的果粒失水，没有传染性，一般发生在幼果期，从落花后 45d 左右至转色前均可发生，但大幼果期至封穗期发生最为严重，如图 3.20 所示。

（a）　　　　　　　　　　　　　　（b）

图 3.20　气灼为害葡萄果实和叶片症状

2. 葡萄气灼病防治措施

（1）叶片又多又大，根系弱，地上地下比例不协调的果园需去除过密枝，保持园间疏松透气，并调节土壤水分不要过大。

（2）高温天气喷药时间要控制在 8：00 之前或 17：00 之后进行，高温时间段喷药很容易在药滴处发生气灼，并且常误认为是药害。

（3）近期疏果工作最好在生理落果之后及时进行，不能及时疏果的果园要避免在高温时间段疏果。

（4）不要过早套袋，套袋过早易致袋内温度过高加重气灼病的发生。

（5）高温天气灌水要控制在傍晚进行，且灌水量不能过多。

（6）勤中耕松土，避免土壤板结。

3.5.3　葡萄裂果病

葡萄裂果除因白粉病的为害和果粒间排列紧密、挤压过甚造成裂果之外，还与土壤水分变化过大有关。这种现象主要发生在果实上浆之后。果粒开裂，有时露出种子，裂口处易感染霉菌腐烂，失去经济价值，如图 3.21 所示。

1. 病原

葡萄裂果病主要是因为在果实生长后期土壤水分变化过大、果粒膨压骤增所致。如葡萄生长前期比较干旱，果实近成熟期遇到大雨或大水漫灌，根从土壤中吸收水分，通过果刷输送到果粒，其靠近果刷的细胞生理活动和分裂加快，而靠近果皮的细胞活动

图 3.21 裂果病为害葡萄果实症状

比较缓慢，果粒膨压增大，至使果粒纵向裂开。

在灌溉条件差、地势低洼、土壤黏重、排水不良的地区或地块，发生裂果严重，裂口处易感染霉菌而腐烂，造成很大的经济损失。

2. 防治方法

（1）适时灌水、及时排水，经常疏松土壤，防止土壤板结，使土壤内保持一定的水分，避免土壤内水分变化过大。

（2）对果粒紧密的品种适当调节果实着生密度，如花后摘心，适当落果，使树体保持稳定的适宜的坐果量。

（3）增施有机肥料，改良土壤结构，避免土壤水分失调。

（4）果实生长后期土壤干旱需要灌水时，要防止大水漫灌。

3.6 自 然 灾 害 预 防

3.6.1 涝灾

1. 对葡萄的危害

（1）影响根系的正常生长。涝灾易使土壤板结、通透性差，根系呼吸产生的毒物难以排出，易造成烂根，影响根系对养分的吸收，严重时导致整株死亡。

（2）易造成落叶。涝灾发生后可引起叶片黄化，提早脱落，影响葡萄产量质量以及光合产物的积累。

（3）易造成裂果。降雨量过多，会加快果粒的膨大，容易造成葡萄裂果现象。

（4）易引起葡萄徒长。降雨频繁，降雨量大，易引起葡萄新梢徒长，使养分积累不足，影响葡萄正常越冬，降低葡萄抗寒性。

（5）易诱发病虫害。降雨过多可引起枝梢旺长，使果园郁闭，容易诱发病虫害，如葡萄白腐病、炭疽病和霜霉病等。

2. 灾后处理

（1）及时排水。雨后积水葡萄园，及时排出积水，做好开深沟排水工作，恢复葡萄根系的通气条件。对水淹较重，短期内又不能及时清理淤泥的果园，要在葡萄园行间挖排水沟，以降低地下水。

（2）中耕晾土。葡萄园水淹后，园地板结，造成根系缺氧，雨后在土壤稍干时，应抓紧时间中耕 1～2 次，促发新根。对涝灾重的葡萄园，排除积水后，可扒开树盘下的土壤，使水分尽快蒸发，让部分根系接触空气，恢复根系发育，根据天气状况，1～3d 后再重新覆土，以防根系曝晒受伤。

（3）补肥养树。葡萄园受涝后，根系受到损伤，吸收肥水的能力变弱，不宜立即进行根部施肥。雨停止后可进行叶面喷施高磷、高钾清液肥料，或 0.3％尿素溶液等；待树势恢复后，再土壤施肥如氮磷钾复合肥、腐熟的人畜粪尿和饼肥等，促进树势恢复。

（4）病虫防控。受淹后，树体抗病力减弱、伤口增多，是各种病害（如炭疽病、白腐病、房枯病、霜霉病、灰霉病等）流行高峰期，要及时喷药，进行全园消毒，涝后可选择晴好天气，全园喷施一次高效杀菌剂，防止病害滋生蔓延。

（5）科学修剪。由于受涝果树根系吸收肥水能力弱，为减少枝叶水分蒸发和树体养分消耗，应采取控上促下，保持地上部与地下部生长平衡。及时剪除断裂的枝蔓，清除落叶、病果和烂果。对伤根严重的树，及时疏枝、剪叶、去果，以减少蒸腾量，防止树体死亡。对幼树、衰弱树或病害严重树应摘去部分或全部果实，同时配合抹芽控梢，促发健壮秋梢促发健壮秋梢。

3. 防御

（1）挖好排水沟。汛期来临前挖好排水沟防涝。对于地势较低园区，挖排水坑，必要时准备抽水机。

（2）均衡树势。汛期到来前，应平衡树势，减少树体徒长。汛期后要及时疏枝、摘心夏剪，防止枝叶徒长，产生郁闭。

（3）加强病害防治。雨前尽量用波尔多液等内吸性保护剂，雨后波尔多液和杀菌剂交替使用。

（4）中耕除草，强化土壤管理。结合锄草、雨后翻地，保持土壤疏松，增加透气性，促进根系的正常生长。

3.6.2 冰雹灾害

葡萄受冰雹重创后，会出现枝断叶碎、花序果穗脱落，树体伤口较多以及免疫力下降等现象。加之灾区温度较高，冰雹过后持续阴天，空气湿度较大，很容易爆发霜霉病、白腐病、灰霉病等病害，农户必须及时做好灾后工作。

（1）对采收期的葡萄，应尽快采摘销售。若仍处于果实生长发育期，应迅速摘除被砸伤的穗粒，运出园外，减少病害感染。

（2）将枝蔓理顺、摆正在架面上，并绑缚牢固，及时收拾落地的残枝、残叶、残花序，清除出园。对已折断、劈裂的新梢，在伤口处剪平，以缩小伤口面积，促进伤口愈合和副梢萌发，对于已折断的花序，太短的从基部剪除，花序不整的缩剪到适宜分枝处，以减轻负载量，保持穗形完整美观。

（3）及时喷药防治病害，防止葡萄在遭冰雹袭击后染上霜霉病、灰霉病等近期天气高发病害。防治霜霉病，可用 25％甲霜灵·霜霉威可湿性粉剂或 55％烯酰吗啉·福美双可湿性粉剂进行喷雾；防治白腐病，可用 20％戊菌唑水乳剂或 32.5％苯甲·嘧菌酯悬浮剂进行喷雾；防治灰霉病，可用 60％甲硫·异菌脲可湿性粉剂进行喷雾。

（4）注重排水。雹灾后，土壤通气性差，地温偏低，根系活跃度降低，树势削弱，严重影响根系生长，不利于恢复树势。因此，可适当进行中耕松土，及时进行低洼处排水工作，增加土壤的通透性。

（5）保护枝蔓，增加叶片。适时从轻摘心打附梢，尽量多保留些好的叶片，以利于光合作用，促进植株各器官伤口的愈合。

（6）注重营养综合补充。可选择黄腐酸冲施肥，结合叶面喷施含有低聚糖素、海藻酸等成分的叶面肥来恢复树势。大棚葡萄也是如此，因为地温迅速降低，根系活跃度变差，营养吸收变慢。

3.7　葡萄生产中病虫害各阶段防治工作

3.7.1　萌芽前病虫害防治

萌芽前病虫害的防治对象是冬后残留病虫、黑痘病等。

早春温室内升温快、湿度大、通风条件差时极易诱发灰霉病、穗轴褐枯，日常管理中应注意温度、湿度和光照的调节。晴天揭膜放风，以降低棚内湿度，及时抹芽定梢，改善通风透光条件。由于湿度比较大，温度稍低，在这种湿度与温度之下灰霉病比较严重，所以早期在无法调控温度的情况下须调控好湿度，所以需要滴灌。滴灌后棚里温度算是很低且好控制，漫灌湿度大且难以控制，会使得灰霉病严重，一发不可收拾，若天气状况不好，连续阴雨加上草帘遮盖，阳光无法破坏其繁衍环境，极适合病害蔓延，若正逢开花，会减产严重。

3.7.2　萌芽期病虫害防治

第一次顶芽萌动时使用 5 波美度石硫合剂清园。注意：枝条也要喷入。为了更好地预防病虫害，可以在地面喷入，应注意地面是否干爽，若地面潮湿，可用波尔多液喷入石硫合剂喷枝干，因为潮湿的地面会减弱石硫合剂的药效。展叶后，葡萄 3～4 发出片叶子时，若发现绿盲椿，应及时混入杀菌剂及杀虫剂，甲维盐可有效地防治绿盲蝽。

3.7.3　新梢生长期病虫害防治

在新梢生长期应抓好黑痘病、霜霉病、灰霉病和透翅蛾的防治。黑痘病发生初期用50％使百克乳油1000倍液，间隔10d喷1次，连喷2次；霜霉病、灰霉病发病初期，选用80％大生M-45可湿性粉剂500~600倍液或50％速克可湿性粉剂，或68.75％易保水分散粒剂1000~1500倍液，或50％扑海因可湿性粉剂500~800倍液，每隔7~10d喷1次，连喷2~3次。发现透翅蛾，摘除虫枝，并加入敌百虫等药剂防治。注意药剂应交替使用。

3.7.4　葡萄花期及生长过程中的病虫害防治药剂措施

在葡萄花期及生长过程中应注意检查黑痘病、霜霉病、灰霉病、穗轴褐枯病、透翅蛾等。防治方法同新梢生长期，药剂要交替使用。

在花絮伸长之前应使用保护剂，在此之前杀菌剂、杀虫剂混合使用顺枝干喷嘧菌酯，在这过程中若有严重灰霉病也照喷不误，尽量用水溶性较好的如水分子颗粒剂。连着阴天，蒸腾作用弱，喷入药物不可良好循环，故必须喷入叶面肥促使循环。

防治葡萄霜霉病或白粉病，在落花后2~4d使用秀特1000倍液，10d1次，交替使用80％喷克800倍液，或三乙磷酸铝800倍液或1~2次波尔多液和普力克1200倍液；在7月使用翠泽3000倍液，交替使用己唑醇9000倍液，重点喷果穗防治白粉病的发生同时要保持通风透光。幼果期使用杀菌剂，套袋前混用相应杀菌剂及杀虫剂。保持通风透光，预防灰霉病，白粉病等病害。要配水分散颗粒剂避免对果粒造成伤害。在果实成熟期在叶片喷入波尔多液即碱式硫酸铜（铜制剂有良好的保护作用），应注意园间土壤保持不干、不湿，叶片密度要合适，预防高温气灼，增加土壤通透性。发现白粉病发病率3％时，去除病果粒后，要用药剂拿敌稳4000倍液和己唑醇4000倍液交替喷洒果穗，预防其他果粒感病。果子渐渐成熟，金龟子、果蝇寻味而来，利用糖浆诱杀金龟子，按酒、水、糖、醋1∶2∶3∶4的比例＋敌百虫300倍液，拌好放入盆中再放入种植场地，气味能有效吸引虫子，可有效地预防金龟子危害果实抠果（预防于果实开裂果蝇吸食及在果子产卵，果蝇在葡萄周围增多，果粒感染过多导致抠果），也可预防传染。害虫多时，用性诱剂、黄蓝板等。若不套袋，不必使用波尔多液，否则易造成果的灼伤。

3.7.5　果粒膨大期病虫害防治

在果粒膨大期继续开展黑痘病、炭疽病、灰霉病、霜霉病、介壳虫、金龟子、叶蜂、透翅蛾和螨类等病虫的防治。于天气晴好时，选择合适的袋进行葡萄套袋处理。葡萄套袋是提高葡萄品质，防治鸟类、蜂类、黑痘病、炭疽病危害的重要措施。套袋时，要求幼果期的葡萄基本无病和少发病。农药可用50％咪鲜胺锰盐、50％醚菌酯悬浮剂（翠贝）处理，采取整串葡萄处理后待药液滴干后再套袋，但仍要防治白腐病、白粉病和灰霉病，以及葡萄粉蚧。如发生虫害，可根据田间发生情况，加入15％扫螨净乳油2000～4000倍液或10％吡虫啉可湿性粉剂1500倍液喷雾。

3.7.6 果实着色至成熟期病虫害防治

果实着色至成熟期病虫害的防治对象是白腐病、炭疽病、霜霉病、白粉病、灰霉病、金龟子、夜蛾类等，药剂参考花期及幼果膨大期。夜蛾类为害时，选用10％除尽乳油2000倍液，或1％力虫晶乳油3000～5000倍液喷雾。注意：果实采收前15d停止用药。

灰霉病是引起花穗和果穗腐烂的主要病害，具有两个明显的发病期：第一次是在开花前及幼果期；第二次是在果实着色至成熟期。低温、多雨、空气潮湿时易发病，土壤黏重、枝叶过密、通风透光不良等促进发病，管理粗放，施肥不足发病重。

早春温室内湿度大、通风条件差时，极易诱发穗轴褐枯和灰霉病。

3.7.7 果实成熟期病虫害防治

果实成熟期病虫害的防治主要是葡萄采收前、后，埋土前病虫害的防治。葡萄进入成熟期是葡萄病虫害发生和流行的盛期。采收前的病虫害防治措施是先用预防灰霉病的药剂25％戴唑霉1000～1200倍液处理果穗后采收。使用1次治疗剂（霉多克1000倍液、三乙磷酸铝1200倍液、烯酰吗啉1000倍液等）。10月底或11月上中旬对修剪下的枝条、田间的枝叶、架上的卷须、叶片僵果等进行全面清扫，集中到葡萄园外统一处理，进行冬季修剪后埋土防寒。应保持通风透光。落叶后使用5波美度石硫合剂为翌年预防。注意石硫合剂的度数要严谨配置。

主要防治炭疽病、霜霉病、白粉病、灰霉病、金龟子、夜蛾类等。防治方法：一是选用80％大生M-45可湿性粉剂500～600倍液，或68.75％易保水分散粒剂1000～1500倍液或50％林海因可湿性粉剂500～800倍液，或50％速克灵可湿粉剂，应注意农药安全间隔期，果实采收前15d停止用药；二是夜蛾类为害时，选用10％除尽乳油2000倍液，或1％力虫晶乳油3000～5000倍液喷雾。

3.7.8 营养积累至落叶期病虫害防治

营养积累至落叶期重点防治霜霉病、锈病、叶斑病、叶蜂、天牛等，选用72％克露可湿性粉剂600～750倍液，或15％三唑酮可湿性粉剂1000倍液，或10％吡虫啉可湿性粉剂1500倍液等喷雾；发现天牛为害，及时剪除枯蔓，注意保护好叶片，防早衰。

3.7.9 采后清园期病虫害防治

果实采收后，应即时使用肥料（底肥）并结合进行深耕、浇水等，用树医生3件套或用波尔多液等量式200倍清园，能有效杀死园内各种病虫害。应将病枝、病果、残叶等彻底剪除，带出园外集中焚烧。

参考文献

［1］　孟新法，陈端生，王坤范 . 葡萄设施栽培技术问答［M］. 北京：中国农业出版社，2006.

［2］　王世平，张才喜 . 葡萄设施栽培［M］. 上海：上海教育出版社，2005.

［3］　晁无疾，刘俊 . 葡萄设施栽培［M］. 郑州：中原农民出版社，2000.

［4］　李红阳，陈志谊 . 设施栽培葡萄田间及保鲜期主要病害的发生与危害［J］. 现代农业科技，2010（20）：187 - 187，191.

［5］　李红阳，陈志谊，周步海，等 . 葡萄黑痘病无公害防治药剂筛选及控害技术研究［J］. 江西农业学报，2011，23（1）：108 - 109.

［6］　周步海，李红阳，陈志谊，等 . 葡萄霜霉病无公害防治药剂筛选及控害技术研究［J］. 江西农业学报，2011，23（11）：115 - 116.

［7］　陈仕艳 . 葡萄病虫害发生特点及防治措施分析［J］. 现代园艺，2012（24）：148.

［8］　崔志梅 . 新疆葡萄病虫害防治技术探析［J］. 农业与技术，2014（7）：74.

［9］　李红阳，陈志谊，周步海，等 . 设施葡萄病虫害防治规程［J］. 江苏农业科学，2013（2）：129 - 130.

［10］　李宗珍 . 无公害葡萄病虫害防治技术研究［J］. 北京农业，2014（12）：137.

［11］　蒙祥周，黄永林，潘洪涛 . 无公害山地生态水晶葡萄病虫害防治技术［J］. 广东科技，2014（10）：170 - 171.

［12］　孟巨会 . 无公害葡萄生产的病虫害综合防治技术［J］. 中国园艺文摘，2012（10）：164 - 165.

［13］　努尔江·努尔海依甫，夏吾开提·买买提 . 伊犁州直红地球葡萄病虫害防治的七个关键时期［J］. 新疆林业，2011（5）：38.

［14］　汤志峰 . 福安市避雨栽培葡萄病虫害的发生特点及防治措施［J］. 现代农业科技，2012（16）：142 - 143.

［15］　许淑桂 . 有机葡萄生产中施肥和病虫害防治研究［J］. 中国农业信息，2012（21）：103.

［16］　杨宝臣 . 红提葡萄日光温室栽培管理与病虫害防治技术［J］. 中国西部科技，2011（13）：50，68.

［17］　王忠跃，晁无疾 . 无公害葡萄生产中的病虫害综合防治技术［J］. 果农之友，2003（11）：43 - 45.

第4章 水分调控对设施栽培葡萄的生长影响研究

4.1 研究区概况与水分调控试验设计

4.1.1 研究区概况

试验于 2012—2014 年在甘肃省张掖市水务局灌溉试验中心进行,地理坐标为东经 $100°26'$、北纬 $38°56'$,海拔为 1482.70m,多年平均降水量为 125mm,多年平均蒸发量为 2047.9mm。供试的土壤主要为中壤土,pH 值为 7.8,土壤干密度为 $1.47g/cm^3$,体积比田间持水率为 22.8%,土壤有机质含量为 1.37%,碱解氮含量为 32.04mg/kg,速效磷含量为 27.8mg/kg,速效钾含量为 1137.4mg/kg。

4.1.2 试验材料

试验供试作物为 4~6 年生红提葡萄,选用当地主栽品种—红地球,采用单壁篱架栽培,头状整枝,中短梢混合修剪,株间距为 0.8m,行间距为 2m。葡萄延后栽培设施采用当地普遍采用的日光温室,选用相邻的 2 栋朝向、材料、规格均相同的温室进行栽培研究,单棚建筑面积为 8m×80m,随机布设试验小区。

4.1.3 试验布置方案

将设施栽培葡萄划分为五个生育期,萌芽期、新梢生长期、开花期、果粒膨大期、着色成熟期(表 4.1)。试验采用单因素完全随机试验,即在葡萄每个生育期设 1 个土壤含水率下限为田间持水率 $55\%\theta_f$ 的中度水分胁迫水平(表 4.2)。为细化研究不同水分胁迫水平对葡萄的影响,增设 1 个辅助试验,其土壤含水率下限为田间持水率的 $65\%\theta_f$(表 4.3),并在葡萄浆果膨大期增设 1 个高水分水平,即土壤水下限为 $85\%\theta_f$(表 4.3)。

表 4.1 葡萄生育期划分情况表(2012—2014 年)

生育期		萌芽期	新梢生长期	开花期	果粒膨大期	着色成熟期
2012 年	日期	5 月 15—27 日	5 月 28 日至 6 月 12 日	6 月 13—24 日	6 月 25 日至 9 月 3 日	9 月 4 日至 12 月 21 日
	天数/d	13	16	12	71	109

续表

生育期		萌芽期	新梢生长期	开花期	果实膨大期	着色成熟期
2013 年	日期	5 月 18—27 日	5 月 28 日至 6 月 13 日	6 月 14—25 日	6 月 26 日至 9 月 6 日	9 月 7 日至 12 月 17 日
	天数/d	10	17	12	72	102
2014 年	日期	5 月 3—17 日	5 月 18 日至 6 月 7 日	6 月 8—18 日	6 月 19 日至 8 月 27 日	8 月 28 日至 12 月 16 日
	天数/d	15	21	11	70	111

表 4.2　　　　　　　　　　　主 试 验 设 计 方 案　　　　　　　　　　　%

处理编号	水分胁迫处理名称	各阶段土壤含水率下限（占田间持水率的百分数）				
		萌芽期	新梢生长期	开花期	果粒膨大期	着色成熟期
GS	萌芽期中度水分胁迫	55	75	75	75	75
VS	新梢生长期中度水分胁迫	75	55	75	75	75
FS	开花期中度水分胁迫	75	75	55	75	75
ES	果粒膨大期中度水分胁迫	75	75	75	55	75
CS	着色成熟期中度水分胁迫	75	75	75	75	55
CK	全生育期充分供水（对照处理）	75	75	75	75	75

注　2012—2014 年开展了 3 年试验。

表 4.3　　　　　　　　　　　辅 助 试 验 设 计 方 案　　　　　　　　　　　%

处理编号	水分胁迫处理名称	各阶段土壤含水率下限（占田间持水率的百分数）				
		萌芽期	新梢生长期	开花期	果粒膨大期	着色成熟期
GM	萌芽期轻度水分胁迫	65	75	75	75	75
VM	新梢生长轻度水分胁迫	75	65	75	75	75
FM	开花期轻度水分胁迫	75	75	65	75	75
EM	果粒膨大期轻度水分胁迫	75	75	75	65	75
CM	着色成熟期轻度水分胁迫	75	75	75	75	65
EA	果粒膨大期高土壤水分水平	75	75	75	85	75
CK	全生育期充分供水（对照处理）	75	75	75	75	75

注　2013—2014 年开展了 2 年试验。

主试验和辅助试验均以全生育期土壤含水率下限为 $75\%\theta_f$ 为对照，其中主试验在 2012—2014 年开展，辅助试验于 2013—2014 年开展，主辅试验共 12 个水分调控处理，3 次重复，共 36 个小区，每个小区 2 行葡萄，面积 8m×4m。

试验小区采用滴灌系统进行灌溉，1 管 1 行控制模式，滴头流量为 $q=2.5$ L/h，间距 50cm，计划湿润层深度为 100cm，湿润比为 0.475。当小区实测土壤含水率占田间持水量的百分比达到试验设计对应的下限值（表 4.2、表 4.3）时灌水，灌水定额均为 270m³/hm²，用水表量水。所有小区施肥、修剪等农艺措施均相同。试验年度（2012—2014 年）葡萄栽培温室气温与土壤 5cm 和 25cm 温度如图 4.1 所示。

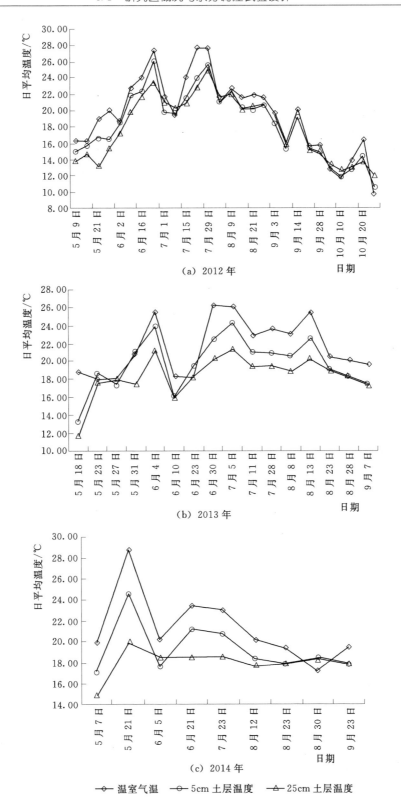

图 4.1 试验年度（2012—2014 年）葡萄栽培温室气温与土壤 5cm 和 25cm 温度

4.1.4　试验测定项目

1. 气象资料

降雨量、蒸发量、日照时数从灌溉试验站所设立的气象站获得，每天 20：00 观测一次；气温从温室中气温计获取。在所有试验小区安置 1 套地温计，分 5 个层次（5cm、10cm、15cm、20cm、25cm）分别测定地温。观测时间设两种：①在生育期内连续每天观测，具体观测时间为 8：00、14：00 和 20：00；②灌水后全天观测，8：00—20：00，每隔 2h 观测一次；③生育期地积温＝各个生育期各层土壤日平均地温×生育期持续天数；④生育期气积温＝生育期内日平均气温×相应生育期持续天数；⑤5cm 与 25cm 处地积温变化速率＝（各生育期 5cm 处地积温－相应生育期 25cm 处地积温）/该生育期 5cm 处地积温；⑥气地积温变化速率＝（气积温－5cm 处地积温）/气积温。

2. 土壤含水率测定

用土钻取样烘干法测定土壤含水率。在葡萄整个生育期内每隔 7d 取土一次，萌芽前、各次灌水前后、收后加测。每个小区的 2 行葡萄各选 1 个取样点，在首尾 0.5m，距植株 0.4m 分别取样，测定深度为 100cm，分 6 层，即 0～10cm、10～20cm、20～40cm、40～60cm、60～80cm、80～100cm。

3. 葡萄生长指标及产量的测定

（1）生育时期，注意观察、记录作物各个重要生育时期和该时期高峰出现的时间（注意对植物生育时期的准确判断）。

（2）果粒粒径的测定利用游标卡尺对葡萄浆果纵、横径进行测量。每个小区选定 5 穗，每穗按上、中、下顺序各选取 2 粒葡萄进行标记测定，测定周期为 7～10d。

（3）叶片氮含量和叶绿素含量的测定采用浙江托普仪器有限公司生产的 TYS-3N 型植物营养测定仪测定，每个小区选择 3 株葡萄 9 片叶定株测量，周期为 7～10d，选择天气晴朗的早晨测定。

（4）产量的测定是在葡萄成熟采摘季节，用电子秤分别称量各小区所有葡萄树各果穗的质量，最后将其相加后得到各小区产量。

4. 葡萄生理生化指标及相关酶和激素的测定

（1）取样方法：葡萄萌芽期—着色成熟期，当各处理土壤含水量占田间持水量的百分比达到或接近试验设计对应的下限值时即选取葡萄叶片样品，选取新稍第六位、第七节位的叶子，用纱布擦干，立即放置于液氮罐内，待冷冻后放置于超低温冰箱内保存。在果粒膨大期—着色成熟期，按上述方法选取葡萄果实样品。

（2）叶片游离脯氨酸（Pro）及丙二酸（MDA）含量采用邹琦等方法测定。

（3）叶片超氧化物歧化酶（SOD）活性采用高俊风和赵世杰的方法测定；过氧化物酶（POD）活性采用愈创木酚法测定。

（4）叶片脱落酸（Abscisic acid，ABA）采用高效液相色谱法测定。

（5）果实蔗糖合成酶采用分光光度计法测定。

5. 葡萄果实品质指标测定

（1）果实花青素含量测定。选取新鲜的葡萄皮为待测物，采用盐酸甲醇提取测定，每种测试项目都重复 3 次，然后取其平均值。

（2）果实可滴定酸含量测定。按照《水果蔬菜制品可滴定酸含量的测定》（GB 12293—1990）采用指示剂滴定法测定。

（3）果实 TSS 测定。将所取葡萄样品放入研钵捣汁，所捣汁液滴入手持便携式测糖仪，所读数值即为 TSS 含量。

（4）果实果糖、葡萄糖、蔗糖含量测定。按照《食品中果糖、葡萄糖、蔗糖、麦芽糖、乳糖的测定》（GB/T 22221—2008）用 HPLC 法测定。

（5）其余品质类指标采用游标卡尺、硬度计和电子天平等直接测定。

6. 土壤微生物测定

（1）细菌、真菌、放线菌的测定。各小区采取对角线取样法，选择 4 个采样点，用无菌小铁铲采集 0～20cm 土层土样。所采土壤样品充分混匀后，装入封口袋冷藏带回实验室内分析测定。将新鲜土样过 2mm 筛，剔除植物残体和其他杂物后分为 2 份，分别用来分析土壤微生物和养分含量等。采用培养基平板计数法。细菌分析用牛肉膏蛋白胨培养基；真菌用马丁氏孟加拉红培养基；放线茵用改良高氏一号培养基。

（2）土壤微生物量碳和微生物量氮测定。土壤微生物量碳采用熏蒸浸提—重铬酸钾容量法测定，土壤微生物量氮采用熏蒸浸提取法测定。

4.2 水分调控对设施栽培葡萄生长发育的影响

4.2.1 对葡萄果粒横径生长的影响

设施栽培葡萄果粒横径生长速度总体表现为先快后慢，有持续增大的趋势（图 4.2）。2013 年度，果粒膨大初期（膨大期第 12～19d）果粒横径生长很快（折线图斜率很大），随后生长速度逐渐降低，膨大期第 34d 左右跌入第 1 个低点，之后果粒横径生长速度再次加快，膨大期第 55d 左右达到第 2 个高点，之后再次逐渐降低。2014 年度与 2013 年度基本相同，进入膨大期后，葡萄果粒横径生长速度逐渐加快，膨大期第 12～17d 葡萄果粒横径生长速度最快，之后逐渐降低，膨大期第 33d 左右果粒横径生长速度降至第一个谷底；随后果粒横径生长速度再次加快，膨大期第 50d 左右达到 2 次高峰，之后再次降低。

计算得到果粒膨大期任意时段 ΔT 的葡萄果粒膨大速率为

$$v = \frac{D_2 - D_1}{\Delta T}$$

式中：v 为葡萄果粒横径或纵径膨大速率，mm/d；D_1 为时段初果粒纵径或横径，mm；D_2 为时段末果粒纵径或横径，mm；ΔT 为时段天数。

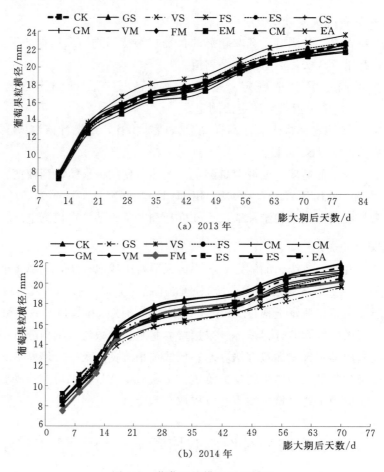

(a) 2013 年

(b) 2014 年

图 4.2　葡萄果粒横径生长情况

将葡萄果粒横径膨大速率的计算结果列于表 4.4 和表 4.5。从表 4.4 可以看出，2013 年，在葡萄果实的第一个快速膨大期中（7 月 8—15 日），所有处理间果粒膨大速率均不存在显著性差异，而随后时段 FS 处理果粒膨大速率最大，为 0.37mm/d，与 CK 间差异达到显著水平（$P<0.05$，P 表示方差分析的显著水平），其余处理与 CK 处理不存在显著差异（表 4.4），这可能源于 FS 处理在开花期水分胁迫后的复水补偿效应。随后，葡萄果粒横径膨大速率出现"下降—低点—第 2 个高点"（7 月 23 日至 8 月 20 日），各处理间不存在显著性差异。8 月 20—27 日（即第 2 次果粒快速膨大期后第 1 时段）VS 处理果粒横径膨大速率为 0.218 mm/d，比 CK 提高 65%，二者差异显著（$P<0.05$）；之后，葡萄果粒横径膨大速率不存在差异（表 4.4）。

2014 年，FS（开花期中度水分胁迫）果粒横径膨大速率在第 1 时段和 2 时段（6 月 22—26 日、6 月 26—30 日）达到 0.391mm/d，高于其他处理，这可能也源于 FS 处理在开花期水分胁迫后的复水补偿效应；而第 3 时段（6 月 30 日至 7 月 5 日）FS 处理果粒横径膨大速率显著低于 CK 处理（$P<0.05$），表现出了明显的复水补偿后的再减小过程（表 4.4）。第 4 时段和第 5 时段（7 月 5—21 日），葡萄果粒横径膨大速率逐步降低，且处理间不存在显著性差异。第 6 时段（7 月 21 日至 8 月 2 日），果粒膨大速率降低至最低点，各处理果粒平均膨大速率仅为 0.06mm/d，第 7 时段，葡萄果粒横径膨大速率出现了第 2 个高峰，果粒平均膨大速率达到 0.144mm/d，之后果粒横径膨大速率再次降低，不同水分胁迫处理的葡萄果粒横径膨大速率与 CK 处理之间不存在显著性差异（表 4.5）。

表 4.4   不同水分胁迫处理为葡萄果粒横径膨大速率的影响（2013 年）　　　单位：mm/d

处理编号	时 段								
	7 月 8—15 日	7 月 15—23 日	7 月 23—30 日	7 月 30 日至 8 月 7 日	8 月 7—12 日	8 月 12—20 日	8 月 20—27 日	8 月 27 日至 9 月 5 日	9 月 5—14 日
CK	0.751a	0.293cd	0.179a	0.076a	0.147a	0.211a	0.132b	0.082a	0.103a
GS	0.776a	0.296cd	0.199a	0.079a	0.101a	0.148a	0.154b	0.083a	0.134a
VS	0.730a	0.298bcd	0.223a	0.093a	0.089a	0.148a	0.218a	0.068a	0.099a
FS	0.769a	0.370a	0.206a	0.059a	0.107a	0.201a	0.193ab	0.078a	0.084a
ES	0.756a	0.351abc	0.188a	0.078a	0.128a	0.228a	0.160ab	0.082a	0.072a
CS	0.718a	0.291cd	0.177a	0.071a	0.197a	0.166a	0.153b	0.090a	0.070a
GM	0.795a	0.260de	0.176a	0.082a	0.116a	0.177a	0.132b	0.082a	0.070a
VM	0.716a	0.278de	0.179a	0.051a	0.170a	0.195a	0.153b	0.078a	0.052a
FM	0.711a	0.291cd	0.185a	0.088a	0.173a	0.241a	0.131b	0.104a	0.056a
EM	0.715a	0.262de	0.205a	0.050a	0.151a	0.248a	0.156b	0.081a	0.052a
CM	0.775a	0.222e	0.183a	0.080a	0.128a	0.223a	0.140b	0.085a	0.056a
EA	0.756a	0.305bcd	0.181a	0.058a	0.093a	0.183a	0.159ab	0.069a	0.048a
平均速率	0.747	0.293	0.190	0.072	0.133	0.197	0.157	0.082	0.075

注　a、b、c、d、e 为方差分析的字母标记，方差分析之后，同列数据后不同小写字母表示在 $P<0.05$ 时两个试验处理的观测数据之间在统计学意义上差异显著，相同小写字母表示差异不显著。

表 4.5   不同水分胁迫处理对葡萄果粒横径膨大速率的影响（2014 年）　　　单位：mm/d

处理编号	时 段								
	6 月 22—26 日	6 月 26—30 日	6 月 30 日至 7 月 5 日	7 月 5—14 日	7 月 14—21 日	7 月 21 日至 8 月 2 日	8 月 2—8 日	8 月 8—14 日	8 月 14—27 日
CK	0.359a	0.358a	0.653ab	0.238a	0.089a	0.059ab	0.136a	0.115a	0.051ab
GS	0.319a	0.320a	0.499bc	0.196a	0.078a	0.073ab	0.098a	0.085a	0.105a
VS	0.334a	0.340a	0.538abc	0.176a	0.083a	0.067ab	0.135a	0.118a	0.080ab
FS	0.391a	0.391a	0.482c	0.219a	0.087a	0.051b	0.131a	0.113a	0.095ab
ES	0.362a	0.368a	0.604abc	0.181a	0.092a	0.053b	0.185a	0.158a	0.080ab
CS	0.369a	0.371a	0.622abc	0.221a	0.095a	0.061ab	0.143a	0.123a	0.049ab
GM	0.347a	0.345a	0.559 abc	0.207a	0.084a	0.068ab	0.141a	0.122a	0.044b

续表

处理编号	时　段								
	6月22—26日	6月26—30日	6月30日至7月5日	7月5—14日	7月14—21日	7月21日至8月2日	8月2—8日	8月8—14日	8月14—27日
VM	0.368a	0.382a	0.550abc	0.217a	0.092a	0.061ab	0.176a	0.150a	0.080ab
FM	0.370a	0.368a	0.665a	0.245a	0.101a	0.053b	0.110a	0.094a	0.059ab
EM	0.350a	0.349a	0.562abc	0.181a	0.080a	0.095a	0.181a	0.158a	0.090ab
CM	0.376a	0.380a	0.682a	0.238a	0.092a	0.042b	0.151a	0.130a	0.093ab
EA	0.357a	0.327a	0.536abc	0.155a	0.076a	0.042b	0.140a	0.120a	0.080ab
平均速率	0.359	0.358	0.580	0.206	0.088	0.060	0.144	0.124	0.076

4.2.2　对葡萄果粒纵径生长的影响

图 4.3 所示为设施延后栽培葡萄果粒纵径膨大过程图。与果粒横径膨大过程相似，

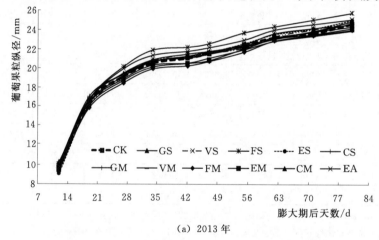

(a) 2013 年

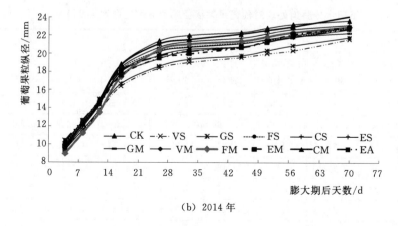

(b) 2014 年

图 4.3　葡萄果粒纵径生长情况

葡萄果粒纵径膨大过程也存在两个高峰期。其中，2013 年第 1 次果粒膨大高峰期出现在膨大期 12~19d，随后果粒纵径膨大速度逐渐降低，到果粒膨大期第 34d 左右降至第 1 个低点，之后膨大速度再次加快，膨大期第 55d 左右达到第 2 个高峰。2014 年，第 1 个果粒膨大高峰期出现在第 12~17d，随后果粒纵径生长逐渐减慢，膨大期第 33d 左右降至第 1 个低点；之后果粒纵径生长再次加快，第 50d 左右达到第 2 个生长高峰，而后生长速度再次减缓。2013 年，FS 处理的纵径在果粒膨大期第 27d 后明显高于其他处理 [图 4.3（a）]；2014 年，ES 处理葡萄果粒纵径在膨大中后期一直较小 [图 4.3（b）]。

水分胁迫对设施延后栽培葡萄各时段果粒纵径膨大速率的影响见表 4.6 和表 4.7。从表 4.6 可以看出，2013 年第一个果粒膨大高峰期（7 月 8—15 日），ES（胁迫）处理和 GS 处理果粒纵径膨大速率均超过 1mm/d，与轻度水分胁迫处理 FM 处理和 VM 处理存在显著差异（$P<0.05$）。同时，第 1 个果粒膨大高峰期纵径膨大速率为 0.886~1.026mm/d，比同时段果粒横径膨大速率快（表 4.4，表 4.6）。

第 2 时段（7 月 15—23 日）FS 处理果粒膨大速率最大，达 0.428mm/d，显著高于 CK（$P<0.05$）；VS 处理在第一时段和第二时段维持较高果粒膨大速率的基础上，在第 3（7 月 23—30 日）时段、第 4 时段（7 月 30 日至 8 月 7 日）的果粒膨大速率依次位居第二和第一，这可能都源于水分胁迫后的复水补偿效应。第 5 时段和第 6 时段，VS 处理果粒膨大速率均最小，第 7 时段中 FS 处理果粒膨大速率最小，出现了类似"复水补偿结束后的再减小过程"。葡萄在后续时段（8 月 12 日至 9 月 14）所有处理果粒纵径膨大速率不存在差异（表 4.6）。

表 4.6　　　　不同水分胁迫处理的葡萄果粒纵径膨大速率的影响（2013 年）　　　单位：mm/d

处理编号	时　段								
	7 月 8—15 日	7 月 15—23 日	7 月 23—30 日	7 月 30 日至 8 月 7 日	8 月 7—12 日	8 月 12—20 日	8 月 20—27 日	8 月 27 日至 9 月 5 日	9 月 5—14 日
CK	0.972 ab	0.328 b	0.202 ab	0.063 abc	0.100 a	0.109a	0.106 bc	0.051a	0.109a
GS	1.019 a	0.352 ab	0.207 ab	0.073 ab	0.052ab	0.077a	0.113 abc	0.077a	0.113a
VS	0.961 ab	0.356 ab	0.246 a	0.091 a	0.026b	0.060a	0.175 a	0.079a	0.089a
FS	0.992 ab	0.428 a	0.247 a	0.038 bc	0.074ab	0.141a	0.095 c	0.077a	0.080a
ES	1.026 a	0.362 ab	0.216 ab	0.064 abc	0.095a	0.113a	0.136 abc	0.069a	0.097a
CS	0.955 ab	0.332 b	0.228 ab	0.068 ab	0.092a	0.076a	0.123 abc	0.071a	0.092a
GM	0.976 ab	0.287 b	0.201 ab	0.036 bc	0.086ab	0.097a	0.112 abc	0.082a	0.060a
VM	0.896 b	0.316 b	0.205 ab	0.027 c	0.104a	0.111a	0.122 abc	0.060a	0.060a
FM	0.886 b	0.321 b	0.213 ab	0.040 bc	0.096a	0.120a	0.167 ab	0.064a	0.063a
EM	0.946 ab	0.331 b	0.201 ab	0.046 bc	0.064ab	0.152a	0.145 abc	0.052a	0.072a
CM	0.935 ab	0.324 b	0.191 b	0.057 abc	0.072ab	0.111a	0.165 ab	0.064a	0.040a
EA	0.946 ab	0.413 a	0.200 ab	0.053 abc	0.077ab	0.097a	0.148 abc	0.068a	0.056a
平均速率	0.959	0.346	0.213	0.055	0.078	0.105	0.134	0.068	0.078

从表 4.7 可以看出，2014 年，第一时段和第二时段（6 月 22—26 日、6 月 26—30 日）葡萄果粒纵径膨大速率较大，处理间不存在显著性差异。第三时段（6 月 30 日至 7 月 5 日）葡萄果粒纵径膨大速率达到最大值，平均膨大速率达到 0.694mm/d；另外，此时段中度水分胁迫处理 GS 和 VS 果粒膨大速率分别只有 0.566 mm/d 和 0.579 mm/d，显著低于 CK（$P<0.05$）。第 4 时段和第 5 时段（7 月 5—14 日、7 月 14—21 日）果粒纵径膨大速率逐步降低，不同水分胁迫处理果粒纵径膨大速率与 CK 处理不存在显著性差异。第 6 时段（7 月 21 日至 8 月 2 日）EM 处理膨大速率显著高于 CK 处理（$P<0.05$），这可能源于水分胁迫后的短暂恢复现象。第 9 时段（8 月 14—27 日）GS 处理果粒纵径膨大速率也显著高于 CK（$P<0.05$）。

表 4.7　　　不同水分胁迫处理的葡萄果粒纵径膨大速率的影响（2014 年）　　　单位：mm/d

处理编号	时段								
	6 月 22—26 日	6 月 26—30 日	6 月 30 日至 7 月 5 日	7 月 5—14 日	7 月 14—21 日	7 月 21 日至 8 月 2 日	8 月 2—8 日	8 月 8—14 日	8 月 14—27 日
CK	0.475a	0.476a	0.778a	0.279ab	0.096a	0.029b	0.075a	0.063a	0.032b
GS	0.405a	0.415a	0.566b	0.219ab	0.092a	0.047ab	0.063a	0.054a	0.093a
VS	0.440a	0.440a	0.579b	0.214ab	0.111a	0.033ab	0.092a	0.078a	0.070ab
FS	0.486a	0.489a	0.680ab	0.215ab	0.069a	0.034ab	0.060a	0.051a	0.080ab
ES	0.484a	0.488a	0.737ab	0.197b	0.098a	0.025b	0.084a	0.071a	0.070ab
CS	0.478a	0.479a	0.743ab	0.246ab	0.090a	0.034ab	0.084a	0.072a	0.037b
GM	0.448a	0.450a	0.664ab	0.195b	0.113a	0.040ab	0.095a	0.081a	0.030b
VM	0.490a	0.488a	0.696ab	0.240ab	0.066a	0.039ab	0.074a	0.064a	0.070ab
FM	0.450a	0.452a	0.785a	0.331a	0.092a	0.027b	0.081a	0.068a	0.047ab
EM	0.458 a	0.459a	0.636ab	0.214ab	0.068a	0.057a	0.120a	0.103a	0.067ab
CM	0.490a	0.499a	0.815a	0.262ab	0.072a	0.047ab	0.074a	0.063a	0.080ab
EA	0.444a	0.464a	0.651ab	0.175b	0.072a	0.037ab	0.096a	0.084a	0.070ab
平均速率	0.462	0.467	0.694	0.232	0.087	0.037	0.083	0.071	0.062

4.2.3　果粒横径和纵径膨大速率关系分析

表 4.8 为 2013 年设施延后栽培葡萄各阶段果粒横径和纵径膨大速率相关分析结果。从表 4.8 可以看出，第 1～第 6 时段（7 月 8 日至 8 月 20 日）、第 8～第 9 时段（8 月 27 日至 9 月 14 日）葡萄果粒横向膨大速率与同时段的果粒纵径膨大速率极显著正相关（$P<0.01$），且相关系数在同一时段内均为最高。第 7 时段（8 月 20—27 日）葡萄果粒横向膨大速率与同时段的果粒纵径膨大速率达到了显著正相关（$P<0.05$），但相关系数 $r=0.41$，在该时段中并不高，说明该时段果粒纵径生长和横径生长一致性不强。这可能是葡萄果粒横径的第 2 次膨大高峰期在第六时段（8 月 12—20 日），而果粒纵径的第 2 次膨大高峰在第 7 时段（8 月 20—27 日）所引起。

表 4.8 设施栽培葡萄各阶段果粒横径和纵径膨大速率相关分析结果（2013 年）

各阶段纵径 \ 各阶段横径	7月8—15日	7月15—23日	7月23—30日	7月30日至8月7日	8月7—12日	8月12—20日	8月20—27日	8月27日至9月5日	9月5—14日
7月8—15日	0.48②	0.38①	0.35①	0.30	−0.43②	−0.25	0.19	0.29	0.34①
7月15—23日	0.06	0.72②	0.53②	0.14	−0.31	−0.33	0.45②	0.27	0.21
7月23—30日	−0.32	0.61②	0.66②	0.28	−0.11	−0.30	0.52②	0.05	0.06
7月30日至8月7日	0.07	0.28	0.46②	0.64②	−0.21	0.18	0.31	0.30	0.29
8月7—12日	0.03	−0.12	−0.46②	−0.09	0.69②	0.48②	−0.37①	0.15	−0.34①
8月12—20日	0.03	−0.34①	−0.14	−0.24	0.60②	0.87②	−0.17	−0.38①	−0.58②
8月20—27日	−0.02	−0.20	0.13	−0.01	0.12	0.35②	0.41②	−0.06	−0.35①
8月27日至9月5日	0.39①	0.30	0.22	0.24	−0.08	−0.17	0.50②	0.51②	0.21
9月5—14日	0.04	0.34①	0.32	0.05	−0.41①	−0.49②	0.26	0.23	0.85②

① 0.05 显著水平（两尾测验）。
② 0.01 显著水平（两尾测验）。

2014 年设施延后栽培葡萄各阶段果粒横径膨大速率与纵径膨大速率的相关分析结果见表 4.9。从表中统计结果可以看出，相同时段内葡萄果粒横径膨大速率与纵径膨大速率极显著正相关（$P<0.01$），且除第 7 时段（8 月 2—8 日）外，其余时段正相关系数在同一时段内均为最高，说明葡萄果粒纵径生长和横径生长一致性很强。

表 4.9 设施栽培葡萄各阶段果粒横径和纵径膨大速率相关分析结果（2014 年）

各阶段果粒纵径膨大速率 \ 项目	膨 大 速 率								
各阶段果粒横径	6月22—26日	6月26—30日	6月30日至7月5日	7月5—14日	7月14—21日	7月21日至8月2日	8月2—8日	8月8—14日	8月8—27日
6月22—26日	0.84②	0.85②	0.04	−0.22	0.08	−0.23	−0.22	−0.22	0.02
6月26—30日	0.82②	0.83②	0.11	−0.10	0.11	−0.24	−0.20	−0.20	0.01
6月30日至7月5日	0.29	0.26	0.85②	0.64②	0.44②	−0.29	−0.09	−0.09	−0.24
7月5—14日	−0.10	−0.17	0.71②	0.86②	0.18	−0.23	−0.01	−0.01	−0.36①
7月14—21日	0.01	−0.01	0.55②	0.47②	0.48②	−0.21	−0.02	−0.01	−0.29
7月21日至8月2日	−0.20	−0.22	−0.47②	−0.06	0.12	0.43②	0.60②	0.60②	0.12
8月2—8日	−0.19	−0.20	−0.09	0.17	−0.05	0.09	0.77②	0.77②	−0.31
8月8—14日	−0.19	−0.20	−0.09	0.18	−0.05	0.09	0.78②	0.77②	−0.31
8月14—27日	0.06	0.07	−0.35①	−0.20	−0.43②	−0.01	−0.19	−0.19	0.98②

① 0.05 显著水平（两尾测验）。
② 0.01 显著水平（两尾测验）。

4.3 水分调控对设施栽培葡萄生理生化指标的影响

4.3.1 对叶片叶绿素含量的影响

叶绿素是一类与光合作用有关的最重要的色素，它在光合作用的光吸收中起核心作用。从表 4.10 可以看出，2013 年葡萄叶片叶绿素含量在新梢生长初期（6 月 1 日）较高，之后迅速减小，这可能是新梢生长期摘心、打副梢等农艺措施导致叶绿素降解速度大于合成速度，使叶片叶绿素含量下降所引起。开花期（6 月 23 日）叶绿素含量又开始抬升，开花期末（6 月 30 日）葡萄叶片叶绿素含量达到最大值，这可能是该时期光照强度较高、植物营养供应超过消耗量的缘故。随着果粒膨大期的推进，叶绿素含量又逐渐降低，其中 7 月 24 日出现一个最低点，这可能是葡萄经过 7 月 8—15 日、7 月 15—23 日两个果粒快速膨大期后，营养消耗过大所引起。

从不同水分胁迫处理对叶绿素含量的影响来看，新梢生长期轻度胁迫处理 VM 在该时期的叶绿素含量均较低，其中 6 月 8 日叶绿素含量显著低于 CK 处理（$P < 0.05$），而中度胁迫处理 VS 叶绿素含量与 CK 不存在显著差异；开花期轻度和中度胁迫处理 FM、FS 在该生育期（6 月 23 日）叶绿素含量趋于中等，与其他处理差异不显著；在果粒膨大初、中期（6 月 30 日至 7 月 24 日），果粒膨大期轻度、中度及高土壤水分处理 EM、ES、EA 处理与 CK 处理并不存在显著性差异，说明果粒膨大期水分调控对叶绿素含量的影响不明显。着色期（10 月 15 日）各处理叶绿素含量差异不显著，表明该时期水分调控对叶绿素含量也不会产生显著影响。

表 4.10　　　　　　　不同水分胁迫处理对叶片叶绿素含量（2013 年）　　　　　　单位：SPAD

处理编号	日　期								
	6 月 1 日	6 月 8 日	6 月 23 日	6 月 30 日	7 月 10 日	7 月 17 日	7 月 24 日	7 月 31 日	10 月 15 日
CK	17.47a	14.47ab	16.80b	19.04ab	18.43abc	15.34ab	13.62bc	15.51c	14.99a
GS	17.75a	15.50a	16.77b	19.16ab	18.72abc	14.85b	13.03c	16.16bc	14.97a
VS	18.17a	15.72a	17.71ab	20.26a	19.24ab	15.43ab	13.58bc	17.09abc	14.67a
FS	19.21a	16.46a	18.49ab	20.60a	19.45ab	15.86ab	13.71abc	18.02a	15.80a
ES	18.90a	16.04a	17.99ab	20.23a	19.70a	15.86ab	14.23abc	17.60ab	16.29a
CS	18.85a	15.77a	19.01a	20.12a	19.10a	15.61ab	13.59bc	17.04abc	15.67a
GM	17.99a	11.04c	17.76ab	19.12ab	18.51abc	15.99ab	15.21a	16.93abc	16.50a
VM	17.41a	11.29c	17.53ab	18.45b	17.86c	16.01ab	14.88ab	16.74abc	16.10a
FM	18.77a	11.65c	17.48ab	19.28ab	18.60abc	15.54ab	14.24bc	15.88bc	15.88a
EM	18.57a	12.55bc	17.57ab	19.74ab	18.28bc	15.96ab	14.19abc	15.87bc	15.80a
CM	18.41a	12.70bc	17.52ab	19.12ab	18.44abc	15.57ab	14.32abc	15.94bc	15.86a
EA	18.22a	14.71ab	18.28ab	20.43a	19.66a	16.15a	14.44abc	17.33ab	15.54a

从表 4.11 可以看出，与 2013 年结果类似，2014 年葡萄叶片叶绿素含量在果粒膨大初期（6 月 22 日、7 月 7 日）也相对较低，这可能也是葡萄经过 6 月 22—26 日、6 月 26—30 日、6 月 30 日—7 月 5 日等 3 个果粒快速膨大期后，营养消耗过大所引起的。果粒膨大中期（7 月 24 日、7 月 28 日）葡萄叶片叶绿素含量逐渐达到最大值，这可能是该时期果粒膨大速率跌入谷底（7 月 21 日至 8 月 2 日）导致影响消耗降低所致（表 4.5、表 4.7）。果粒膨大末期（8 月 7 日）葡萄叶片叶绿素含量再次降低，这可能是葡萄果粒膨大速率进入第 2 个高峰（8 月 2—8 日）后，营养消耗过大所引起的。

从不同生育期水分胁迫对叶片叶绿素含量的影响结果来看，6月22日、7月7日、7月24日、7月28日、8月7日等5个时间点内不同水分胁迫处理对叶片叶绿素含量与CK处理并不存在显著性差异，说明2014年葡萄单生育期轻度或中度水分胁迫对叶片叶绿素含量的影响不明显。

表4.11　　　　　　不同水分胁迫处理的叶片叶绿素含量（2014年）　　　　单位：SPAD

处理编号	日期				
	6月22日	7月7日	7月24日	7月28日	8月7日
CK	14.95a	15.94a	16.32a	16.57a	16.08a
GS	14.02a	15.97a	16.00a	16.14a	15.75a
VS	13.60a	15.83a	15.56a	16.51a	15.81a
FS	14.34a	15.88a	16.07a	16.77a	16.34a
ES	13.70a	15.64a	15.87a	16.71a	15.75a
CS	13.84a	15.63a	15.48a	16.63a	15.80a
GM	13.92a	16.00a	15.87a	17.19a	16.15a
VM	13.85a	16.02a	16.39a	17.22a	15.70a
FM	14.02a	15.87a	16.25a	17.36a	16.44a
EM	14.21a	15.91a	15.94a	16.33a	16.08a
CM	14.60a	15.75a	15.53a	16.38a	16.19a
EA	13.75a	15.26a	15.22a	16.81a	15.63a

4.3.2　对叶片氮含量的影响

从表4.12可以看出，2013年葡萄叶片内氮含量在主要生长期内也表现出"高（6月1日）—低（6月8—23日）—再高（6月30日至7月17日）—再降低（7月24日至10月15日）"的过程，这与叶片叶绿素变化规律一致。

表4.12　　　　　　不同水分胁迫处理的叶片氮含量（2013年）　　　　单位：mg/g

处理编号	日期								
	6月1日	6月8日	6月23日	6月30日	7月10日	7月17日	7月24日	7月31日	10月15日
CK	1.33a	1.17abc	1.26abc	1.30cd	1.27abc	1.31ab	0.96abc	1.15abc	1.21b
GS	1.29abc	1.29a	1.32a	1.35abcd	1.29abc	1.22ab	0.89c	1.19abc	1.19b
VS	1.24c	1.22ab	1.22bc	1.39ab	1.32ab	1.48a	0.92bc	1.17abc	1.21b
FS	1.32abc	1.42a	1.27abc	1.42a	1.33ab	1.09b	0.95abc	1.24abc	1.28ab
ES	1.29abc	1.14abcd	1.23abc	1.39abc	1.35a	1.38ab	1.01abc	1.20abc	1.32ab
CS	1.30abc	1.31a	1.31ab	1.38abc	1.30abc	1.35ab	0.93bc	1.26ab	1.32ab
GM	1.33ab	0.76f	1.22bc	1.32bcd	1.27abc	1.14ab	1.19a	1.29a	1.38a
VM	1.25bc	0.77ef	1.19c	1.26d	1.22c	1.35ab	1.05abc	1.26ab	1.32ab
FM	1.29abc	0.80def	1.20c	1.33abcd	1.28abc	1.32ab	1.04abc	1.21abc	1.29ab
EM	1.27abc	0.85cdef	1.23abc	1.35abcd	1.25bc	1.32ab	1.08abc	1.08c	1.28ab
CM	1.25bc	0.93bcdef	1.20c	1.31bcd	1.27abc	1.28ab	1.16ab	1.12bc	1.28ab
EA	1.26abc	1.11abcde	1.25abc	1.40ab	1.34ab	1.43a	1.14abc	1.23abc	1.26ab

叶片氮含量与水分调控之间的响应规律比叶绿素好，且在每个时段内处理间都存在显著性差异。具体表现为：在新梢生长初期（6 月 1 日）中度水分胁迫处理 VS 叶片氮含量最低，轻度胁迫处理 VM 次之，都与 CK 处理存在显著性差异（$P<0.05$）；VM 在新梢生长中期（6 月 8 日）氮含量也只有 0.77mg/g，与 CK 差异显著（$P<0.05$），说明新梢生长期水分胁迫显著降低叶片氮含量。在开花期（6 月 23 日），轻度胁迫处理 FM 叶片氮含量很低，仅有 1.20mg/g，与 CK 差异显著（$P<0.05$），说明开花期轻度水分胁迫对叶片氮含量也有显著的抑制作用。在葡萄果粒膨大期内轻度水分胁迫处理 EM 叶片氮含量维持较低水平，尤其是 7 月 10 日和 7 月 31 日的氮含量显著低于同时期最高处理，高土壤水分处理 EA 叶片氮含量明显高于轻度胁迫 EM，且普遍高于中度胁迫处理 ES。着色期（10 月 15 日）轻度和中度水分胁迫处理 CM、CS 叶片氮含量中等，与其他处理差异不显著（表 4.12），表明着色成熟期水分胁迫对葡萄叶片氮含量影响不明显。

表 4.13 可以看出，2014 年葡萄叶片内氮含量在果粒膨大期内表现为"由低（6 月 22 日）—到高（7 月 7—28 日）—再降低（8 月 7 日）"的过程，这与葡萄果粒横径和纵径的两个膨大高低峰周期变化规律相互匹配，即果粒快速膨大总会伴随着叶片氮含量的明显下降。另外，2014 年各生育期水分胁迫对葡萄叶片氮含量的影响不明显，在每个时段内各处理的叶片氮含量与 CK 处理都不存在显著性差异。

表 4.13　　　　　　　　**不同水分胁迫处理的叶片氮含量（2014 年）**　　　　　　单位：mg/g

处理编号	日　　期				
	6 月 22 日	7 月 7 日	7 月 24 日	7 月 28 日	8 月 7 日
CK	1.24a	1.30a	1.32a	1.36a	1.30a
GS	1.15a	1.30a	1.30a	1.33a	1.28a
VS	1.13a	1.28a	1.27a	1.35a	1.28a
FS	1.16a	1.28a	1.31a	1.36a	1.34a
ES	1.19a	1.27a	1.29a	1.36a	1.28a
CS	1.17a	1.30a	1.28a	1.35a	1.28a
GM	1.14a	1.31a	1.27a	1.41a	1.30a
PM	1.14a	1.29a	1.33a	1.43a	1.27a
FM	1.17a	1.29a	1.31a	1.42a	1.34a
EM	1.17a	1.30a	1.31a	1.32a	1.31a
CM	1.20a	1.29a	1.27a	1.33a	1.31a
EA	1.13a	1.26a	1.24a	1.34a	1.27a

4.3.3　对 SOD 活性的影响

超氧化物歧化酶 SOD 是一种生物体内普遍存在的参与氧化代谢，能消除生物体在新陈代谢过程中产生的有害物质。SOD 是植物体内影响植物衰老及抗逆性的重要保护性酶之一。

2013 年，在测定分析叶片保护酶活性时，主要选取了萌芽期、果粒膨大期、着色成熟期等 3 个较长生育期的水分胁迫处理（GM、GS、EM、ES、CM、CS）和 CK 处理样本进行分析。从表 4.14 可以看出，GM（萌芽期轻度水分胁迫）处理叶片 SOD 活性最高，达 729.94u/(gFW·h)；EA 处理次之，其 SOD 活性为 727.20u/(gFW·h)；CS 处理叶片 SOD 活性也达到 723.73u/(gFW·h)，均显著高于 CK 处理（$P<0.05$）。ES 处理叶片 SOD 活性最低，仅为 632.11u/(gFW·h)，显著低于 CK 处理，表明葡萄果粒膨大期中度水分胁迫会导致后期叶片保护酶 SOD 活性急剧降低。

与葡萄叶片中 SOD 活性相比，着色成熟初期葡萄果实中 SOD 活性非常低，约为叶片活性的 1/5（表 4.14）。水分胁迫对葡萄果实中 SOD 活性也有一定的影响，GS 处理葡萄果实 SOD 活性最高，达 99.79u/(gFW·h)，显著高于 CK 处理；果粒膨大期轻度和中度水分胁迫处理（EM 和 ES）的果实 SOD 活性都很低，表明果粒膨大期长时间的轻度或中度水分胁迫降低果实内 SOD 活性，对葡萄果实的生长极为不利。

表 4.14　不同水分胁迫的葡萄果实及叶片 SOD、POD、MDA、Pro 等指标数据（2013 年）

处理编号	着色成熟初期				着色成熟末期			
	叶片 SOD /[u/(gFW·h)]	果实 SOD /[u/(gFW·h)]	叶片 POD /[u/(g·min)]	果实 POD /[u/(g·min)]	果实 SOD /[u/(gFW·h)]	果实 Pro /(μg/g)	叶片 Pro /(μg/g)	果实 MDA /[mg/(gFW·h)]
CK	666.31c	32.42b	12.31c	1.10ab	72.25bc	11.01a	11.79a	32.15abc
GS	675.61bc	99.79a	23.16bc	7.72ab	38.65c	12.58a	9.15a	35.30abc
VS					112.21abc	13.15a	13.31a	19.35bc
FS					33.64c	20.40a	11.09a	23.82abc
ES	632.11d	30.04b	13.23c	1.10ab	215.82a	17.52a	20.20a	18.33c
CS	723.71a	43.00ab	24.44b	2.02ab	87.87abc	14.57a	9.39a	43.03ab
GM	729.94a	34.54b	15.25bc	13.42a	29.70c	17.63a	13.47a	19.65bc
VM					173.70ab	16.90a	13.34a	19.71bc
FM					65.98bc	12.67a	20.07a	29.61abc
EM	667.00c	9.40b	15.81bc	3.86 ab	170.66ab	24.20a	24.37a	26.97abc
CM	704.49ab	46.33ab	38.04a	2.48ab	96.22abc	24.78a	13.75a	44.25a
EA	727.20a	43.63ab	18.01bc	0.37 b	84.10bc	20.07a	9.52a	37.44abc

2014 年不同水分胁迫对葡萄叶片 SOD 活性的影响见表 4.15。从表中可以看出，叶片 SOD 活性随葡萄生育期的推进表现为"由高变低、再升高又降低"的变化规律。5 月 29 日（新梢生长期）各处理葡萄叶片 SOD 活性均较高，且处理间不存在显著性差异。6 月 25 日（果粒膨大开始阶段）VM 处理叶片 SOD 活性最高，达 104.47u/(gFW·h)，其次为 FM 处理，其 SOD 活性为 101.41u/(gFW·h)，二者均显著高于 CK；相反，FS（开花期中度水分胁迫）处理 SOD 活性仅为 3.22u/(gFW·h)，VS 处理叶片 SOD 活性也只有 20.04u/(gFW·h)，表明水分胁迫对葡萄叶片 SOD 活性的影响具有

滞后性，新梢生长期、开花期轻度水分胁迫能提高叶片 SOD 活性，而中度水分胁迫反而降低叶片 SOD 活性。

7 月 4 日（果粒膨大初期）FS 处理叶片 SOD 活性依然保持最小，仅为 1.62u/(gFW·h)，显著低于 CK 处理（$P<0.05$）。8 月 1 日（果粒膨大后期）FS、ES 处理叶片 SOD 活性均显著低于 CK，说明开花期—果粒膨大期重度水分胁迫对叶片 SOD 活性也极为不利。10 月 22 日（着色成熟中期）CS 处理叶片 SOD 活性最小，仅为 10.28u/(gFW·h)，其次为 CM 处理，其叶片 SOD 活性为 16.27u/(gFW·h)，都显著低于 CK。11 月 25 日（着色成熟末期）EM 叶片 SOD 活性显著低于 CK 处理，CM 处理叶片 SOD 活性也很低，表明果粒膨大期或着色成熟期长期轻度水分胁迫也会对葡萄叶片 SOD 活性有不利影响。

综上所述，萌芽期水分胁迫对葡萄叶片 SOD 活性无显著影响；新梢生长期、开花期轻度水分胁迫有利于提高葡萄叶片 SOD 活性，而中度水分胁迫会急剧降低叶片 SOD 活性；果粒膨大期、着色成熟期生育期较长，轻度和中度水分胁迫都对葡萄叶片 SOD 活性存在不利影响。

表 4.15　　　　　不同水分胁迫的葡萄叶片 SOD 含量（2014 年数据）　　单位：u/(gFW·h)

处理编号	日　　期					
	5 月 29 日	6 月 25 日	7 月 4 日	8 月 1 日	10 月 22 日	11 月 25 日
CK	116.05a	14.67c	108.71ab	105.15a	68.35a	73.57ab
GS	101.99a	26.77c	82.54ab	50.13ab	38.55ab	68.89abc
VS	108.51a	20.04c	79.01ab	41.12ab	41.96ab	62.03abc
FS	94.64a	3.22c	1.62c	36.09b	61.08ab	85.48a
ES	94.50a	40.06bc	116.16a	40.50b	53.30ab	66.90abc
CS	91.59a	51.16abc	77.83ab	58.99ab	10.28b	62.21abc
GM	97.48a	30.06c	94.14ab	40.60b	35.57ab	93.66a
VM	102.23a	104.47a	91.67ab	51.50ab	46.60ab	47.60abc
FM	104.98a	101.41ab	57.09bc	80.53ab	78.06a	98.10a
EM	91.79a	33.97c	72.94ab	83.97ab	42.65ab	12.80c
CM	107.57a	62.26abc	103.55ab	90.87ab	16.27b	13.34bc
EA	116.85a	64.20abc	116.71a	56.97ab	29.59ab	76.28a

4.3.4　对 POD 活性的影响

过氧化物酶（Peroxidase，POD）是一种植物体内普遍存在的而且活性较高的酶，该酶在以 H_2O_2 为氧化剂的氧化还原中起到催化作用，可将 H_2O_2 还原为 H_2O，以此来清除植物细胞内的 H_2O_2，防止细胞受到破坏。POD 与植物的光合作用、呼吸作用及生长素的氧化等有关，随着植物生长环境极其生长发育的改变，POD 活性也随之发生变化，从而反映某一时期植物体内的抗逆性变化，也是被公认的植物抗病性生化指标。

2013 年数据表明（表 4.14），CM 处理叶片 POD 活性最高，达 38.04u/(g·min)，其次为 CS 处理，其叶片 POD 活性为 24.44u/(g·min)，二者均显著高于 CK，说明着色成熟期轻度或中度水分胁迫都能提高葡萄叶片 POD 活性。葡萄果实 POD 活性明显低于叶片，且各水分胁迫处理果实 POD 活性与 CK 处理不存在显著性差异。

2014 年试验数据（表 4.16）表明，5 月 29 日（新梢生长期）各处理葡萄叶片 POD 活性均很低，且处理间不存在显著性差异。6 月 25 日（果粒膨大开始阶段）葡萄叶片 POD 活性有所提高，但处理间 POD 活性也不存在显著性差异。7 月 4 日（果粒膨大初期）FS 处理叶片 POD 活性最高，达到 86.33u/(g·min)，显著高于 CK 处理（$P <$ 0.05）。8 月 1 日（果粒膨大后期）不同水分胁迫处理叶片 POD 活性与 CK 不存在显著性差异。10 月 22 日（着色成熟中期）ES 处理叶片 POD 活性最小，仅为 2.09u/(g·min)，显著低于 CK。11 月 25 日（着色成熟末期）CS（着色成熟期中度水分胁迫）叶片 POD 活性仅 1.07u/(g·min)，其次为 CM，其叶片 POD 活性为 1.48u/(g·min)，均显著低于 CK，表明果粒膨大期中度水分胁迫和着色成熟期轻度或中度水分胁迫对葡萄叶片 POD 活性有不利影响，这可能果粒膨大期中度亏水时 POD 保护酶超过了耐干旱的极限值，其活性反而降低。

表 4.16 　　　　不同水分胁迫的葡萄叶片 POD 含量（2014 年）　　　单位：u/(g·min)

处理编号	日 期					
	5 月 29 日	6 月 25 日	7 月 4 日	8 月 1 日	10 月 22 日	11 月 25 日
CK	0.32a	8.11a	23.03b	20.78ab	38.94ab	30.28a
GS	12.08a	18.36a	31.89ab	11.52b	23.78abc	4.99abc
VS	5.58 a	31.35a	48.75ab	5.37b	26.90 abc	10.15abc
FS	1.29a	11.81a	86.33a	35.60ab	55.17a	27.11ab
ES	2.20a	6.20a	55.14ab	10.52b	2.09c	24.05abc
CS	1.61a	3.87a	13.50b	12.13b	22.12bc	1.07c
GM	1.40a	6.93a	29.90ab	46.23ab	13.37bc	15.06abc
VM	6.17a	4.19a	9.66b	44.29ab	10.55bc	21.05abc
FM	1.02a	27.86a	11.44b	18.20ab	42.84ab	6.98abc
EM	6.07a	23.19a	8.38b	38.07ab	25.40abc	5.05abc
CM	0.54a	17.29a	49.93ab	65.39a	16.80bc	1.48bc
EA	0.21a	25.53a	5.85b	5.37b	17.56bc	14.17abc

4.3.5 对叶片 MDA 含量的影响

丙二醛 MDA 是膜脂过氧化作用的产物之一，其含量的高低代表膜脂过氧化程度的强弱，即 MDA 含量越高，膜脂过氧化程度越严重，膜透性就越大。

2014 年试验数据（表 4.17）表明，5 月 29 日（新梢生长期）VS 处理叶片丙二醛含量仅为 6.21μmol/g，显著低于 CK；6 月 25 日（果粒膨大开始时段）GS 处理 MDA

含量迅速提高，达到 30.69μmol/g，显著高于 CK；且 7 月 4 日（果粒膨大初期）VS 处理叶片 MDA 含量也增加幅度较大，表明水分胁迫对萌芽期—新梢生长期葡萄叶片 MDA 的不利影响影响具有明显的滞后性。7 月 4 日，开花期中度水分胁迫处理（FS）叶片 MDA 含量最小，仅有 11.50μmol/g，其次为轻度胁迫处理（FM），其叶片 MDA 含量为 11.64μmol/g，说明开花期对叶片丙二醛含量的影响较小。8 月 1 日（果粒膨大后期）ES 处理叶片 MDA 含量最高，达到 38.06μmol/g；10 月 22 日（着色成熟中期）ES 处理叶片 MDA 含量最高，达到 29.47μmol/g，显著高于 CK，说明果粒膨大期中度水分胁迫不仅会提高本阶段叶片 MDA，还会增高后期叶片 MDA，导致叶片膜脂过氧化程度很严重，对叶片产生不利影响。

表 4.17　　　　　　不同水分胁迫的葡萄叶片 MDA 含量（2014 年）　　　　单位：μmol/g

处理编号	日　期				
	5 月 29 日	6 月 25 日	7 月 4 日	8 月 1 日	10 月 22 日
CK	11.91a	15.28bcd	14.83bc	33.32a	14.30bc
GS	6.23b	30.69a	14.52bc	7.06d	9.35c
VS	6.21b	21.29abcd	27.41ab	30.19ab	8.44c
FS	8.41ab	23.96abcd	11.50c	19.56bc	9.28c
ES	7.09ab	27.83abc	22.45abc	38.06a	29.47a
CS	7.14ab	27.83abc	36.28a	14.00cd	8.25c
GM	5.93b	13.70cd	14.07bc	21.24bc	9.01c
VM	7.47ab	10.25d	21.57bc	28.10ab	9.89c
FM	7.95ab	10.59d	11.64c	15.35cd	10.58c
EM	6.78ab	19.41abcd	15.99bc	29.77ab	9.97c
CM	7.07ab	29.39ab	26.84ab	30.74ab	22.39abc
EA	6.60ab	12.63d	27.05ab	16.02cd	6.80c

4.3.6　对叶片 Pro 含量的影响

2013 年试验数据（表 4.14）表明，着色成熟末期所有水分处理的葡萄叶片脯氨酸 Pro 含量之间不存在显著性差异，果实 Pro 含量也不存在显著性差异；且葡萄叶片和果实中 Pro 含量差别也不大。

2014 年试验数据（表 4.18）表明，6 月 25 日（果粒膨大开始时段）FS 处理葡萄叶片 Pro 最高，达到 7.50μg/mL，这可能源于开花期短期的中度水分胁迫之后复水产生的补偿作用。7 月 4 日（果粒膨大初期）EM 处理 Pro 含量增长迅速，达到 8.31μg/mL，显著高于 CK 处理，表明果粒膨大期短期的轻度水分胁迫有利于葡萄叶片 Pro 的提高。8 月 1 日（果粒膨大中期）GS 处理和 VM 处理叶片 Pro 含量较高，与 CK 处理之间存在显著性差异，而 EM、ES 等其余处理与 CK 处理之间不存在显著性差异。8 月 28 日（果粒膨大期结束时刻）ES 处理 Pro 含量仅为 4.55μg/mL，显著低于 CK 处理，表明果粒膨大期长时间的中度水分胁迫对葡萄叶片 Pro 含量有显著的不利影响；另外，VS 处理 Pro 含量也仅有 $4.10\mu g/mL$，显著低于 CK，其 6 月 25 日含量也很低，表明新梢生长期中度水分胁迫对后期葡萄叶片 Pro 含量也有不利影响。10 月 22 日（着色成熟中期）各处理葡萄叶片 Pro 含量不存在显著性差异。

4.3.7　对叶片 ABA 含量的影响

2014 年试验数据（表 4.18）表明，6 月 25 日（果粒膨大开始时段）FS 处理葡萄叶片脱落酸 ABA 含量最高，达到 $218\mu g/L$，这可能源于开花期短期的中度水分胁迫之后复水产生的补偿作用。7 月 4 日（果粒膨大初期）EA 处理 ABA 含量降低较多，仅为 $70\mu g/L$，显著低于 CK，表明果粒膨大期土壤含水率过高对葡萄叶片 ABA 有不利影响。

表 4.18　　　不同水分胁迫处理的葡萄叶片 Pro 含量和 ABA 含量（2014 年）　　　单位：$\mu g/L$

处理编号	各时期叶片 Pro					各时期叶片 ABA				
	6 月 25 日	7 月 4 日	8 月 1 日	8 月 28 日	10 月 22 日	6 月 25 日	7 月 4 日	8 月 1 日	8 月 28 日	10 月 22 日
CK	6.08ab	5.04bcd	5.35c	8.11a	5.58a	122abcd	171ab	99bc	108abcd	96abc
GS	5.94ab	4.63cd	8.87a	6.94ab	7.78a	47d	80bc	133ab	92bcd	105abc
VS	3.91b	7.61abc	6.44abc	4.10c	8.52a	120bcd	144abc	58cd	169ab	149abc
FS	7.50a	6.65abcd	5.68bc	6.09abc	6.78a	218a	90bc	168a	58d	126abc
ES	6.04ab	5.07bcd	6.37abc	4.55bc	5.97a	162abc	148abc	92bcd	121abcd	78c
CS	4.88ab	8.13ab	4.13c		7.51a	106bcd	191a	136ab		87bc
GM	6.14ab	5.84abcd	4.57c	6.60 abc	6.21a	80cd	108abc	60cd	129abcd	96abc
VM		4.19d	8.00ab	6.50abc	5.31a		97abc	93bcd	138abc	187ab
FM		6.32bcd	4.87c	6.84abc	6.02a		145abc	103bc	98bcd	170abc
EM	5.03ab	8.31a	5.35c	6.16abc	7.97a	155abc	153abc	54cd	185a	199a
CM	6.41ab	6.75abcd	5.78bc		5.20a	187ab	132abc	65cd		139abc
EA	5.04ab	7.61abc	6.74abc	5.11bc	6.02a	140abcd	70c	33d	66cd	178abc

8 月 1 日（果粒膨大中期）EA 处理叶片 ABA 含量依旧很低，仅为 $33\mu g/L$，显著低于 CK。8 月 28 日（果粒膨大期结束时刻）EM 处理 ABA 含量达到最高，为 $185\mu g/L$，显著高于 CK，表明果粒膨大期长时间的轻度水分胁迫对葡萄叶片 ABA 含量的提高有积极作用。10 月 22 日（果粒膨大中期）EM 处理葡萄叶片 ABA 含量仍很高，达到 $199\mu g/L$，而 ES（果粒膨大期中度水分胁迫）处理仅为 $78\mu g/L$，显著低于 EM，表明果粒膨大期轻度水分胁迫不仅对本阶段 ABA 有利，而且对后期（着色成熟期）也存在一定的复水补偿作用；但果粒膨大期长时间的中度水分胁迫对会影响后期 ABA 含量。

4.3.8　对果实蔗糖合成酶活性的影响

2013 年着色成熟末期数据（表 4.14）表明，ES 处理葡萄果实蔗糖合成酶活性最小，仅为 $18.33mg/(g\cdot h)$；着色成熟期轻度水分胁迫 CM 处理蔗糖合成酶活性最大，达到 44.25mg/(g·h)，显著高于 ES 处理，表明着色成熟期轻度水分胁迫有利于提高葡萄果实蔗糖合成酶活性，而果粒膨大期中度水分胁迫显著降低蔗糖合成酶活性，对葡萄果实糖分积累不利。

2014 年试验数据（表 4.19）表明，果粒膨大初期（7 月 4 日）FM 处理葡萄果实蔗糖合成酶活性达到 41.81mg/(g·h)，显著高于 CK 处理；而果粒膨大后期（8 月 1 日）FM 处理减小至 9.70mg/(g·h)，显著低于 CK 处理，表明开花期轻度水分胁迫处理在果粒膨大初期复水后果实蔗糖合成酶活性表现出了明显补偿效应，在果粒膨大后期出现了补偿后的再减小过程。GS 处理和 GM 处理蔗糖合成酶活性也显著低于 CK 处理。

表 4.19 不同水分胁迫处理的葡萄果实蔗糖合成酶含量（2014 年） 单位：mg/(g·h)

处理编号	日 期			
	7 月 4 日	8 月 1 日	10 月 22 日	11 月 25 日
CK	20.98bc	25.85abc	26.09b	27.07ab
GS	22.91bc	16.40de	15.97b	33.07ab
VS	17.22c	21.28abcd	16.71b	11.12b
FS	26.77abc	20.26bcd	21.59b	33.78ab
ES	27.99abc	20.98abcd	16.71b	11.83b
CS	25.55abc	30.02a	21.59b	12.34b
GM	25.55abc	14.38de	21.59b	23.31ab
VM	36.22ab	19.05cde	19.41b	48.92a
FM	41.81a	9.70e	28.19ab	33.68ab
EM	27.07abc	29.41ab	49.27a	24.74ab
CM	23.52bc	18.21cde	15.39b	30.63ab
EA	27.17abc	20.06bcd	22.39b	22.80ab

进入着色成熟中期（10 月 22 日），EM 处理蔗糖合成酶活性迅速增大，达到 49.27mg/(g·h)，显著高于 CK，表现出了明显的复水后的补偿增长效应。到了着色成熟末期（11 月 25 日），VS、ES 和 CS 处理蔗糖合成酶活性都很小，分别只有 11.12mg/(g·h)、11.83mg/(g·h) 和 12.34mg/(g·h)，显著低于 VM（新梢生长期轻度水分胁迫），也比 CK 降低 50% 以上，说明新梢生长期、果粒膨大期、着色成熟期中度水分胁迫会降低后期果实蔗糖合成酶活性。

4.4 水分调控对葡萄果实品质积累的影响

4.4.1 对葡萄果实可滴定酸含量的影响

从表 4.20 可以看出，2013 年果粒膨大期（9 月 30 日）VM 处理葡萄果实可滴定酸含量最小，仅为 1.68%；其次为 GS 和 VS 处理，其可滴定酸含量依次为 1.98% 和

2.35%，均显著低于 CK，表明上述生育期施加适度水分胁迫有利于葡萄果实中酸向糖的提前转化。进入着色成熟后期（11 月 30 日）CM 处理可滴定酸含量下降最快，其值仅为 0.51%，显著低于 CK 处理，表明着色成熟期轻度水分胁迫有利于葡萄早熟；EA 处理可滴定酸含量最高，达到 0.83%，显著高于 CK，表明果粒膨大期土壤含水率过高，不利于葡萄果实酸向糖的转化，对葡萄果实糖分积累不利。

从表 4.21 可以看出，着色成熟期（11 月 30 日）观测数据表明，CM 处理可滴定酸含量最小，仅为 0.31%，显著低于 CK 处理；EA 处理可滴定酸含量最高，达到 0.59%（表 4.21），说明着色成熟期轻度水分胁迫有利于果实中酸向塘的转化，而果粒膨大期土壤水分过高不利于葡萄聚糖成熟，这与 2013 年葡萄可滴定酸研究结果基本一致。

表 4.20　不同水分胁迫处理的葡萄果实可滴定酸、TSS 等指标数据（2013 年）

处理编号	果粒膨大期（9 月 3 日）			着色成熟期（11 月 30 日）						
	可滴定酸 /%	TSS /%	花青素 /(nmol/g)	可滴定酸 /%	TSS /%	花青素 /(nmol/g)	果糖 /%	葡萄糖 /%	蔗糖 /%	三糖之和 /%
CK	3.48a	8.13b	0.74b	0.56bc	15.97c	13.38ab	5.95cd	3.90c	2.65abc	12.50c
GS	1.98bc	10.80ab	1.22ab	0.62bc	16.07c	9.79cd	6.51bcd	5.99bc	1.15e	13.65c
VS	2.35bc	10.60ab	1.53ab	0.60bc	17.00bc	10.14bcd	11.53abc	4.95c	2.36abcd	18.85abc
FS	3.08ab	8.63b	1.24ab	0.60bc	19.93a	11.89abcd	15.40a	5.49bc	2.47abcd	23.36ab
ES	2.98ab	9.53ab	0.99ab	0.64bc	18.40abc	12.84abc	11.15abcd	5.97bc	2.27abcd	19.39abc
CS	2.55abc	12.13a	1.41ab	0.65bc	17.27abc	13.41ab	4.51d	8.43abc	1.85bcde	14.80bc
GM	2.95ab	10.60ab	1.76a	0.59bc	16.73bc	10.17bcd	12.71ab	9.04abc	1.47de	23.22ab
VM	1.68c	9.50ab	1.66a	0.60bc	16.87bc	14.60a	11.26abc	7.97abc	2.36abcd	21.59abc
FM	2.58abc	9.70ab	1.39ab	0.70b	17.40abc	6.14e	14.19a	9.52abc	2.50abc	26.21a
EM	2.53abc	9.00b	1.21ab	0.71ab	17.63abc	12.66abc	6.01cd	10.93ab	2.75ab	19.70abc
CM	2.63abc	8.37b	0.94ab	0.51c	19.00abc	12.80abc	9.64abcd	13.46a	1.66cde	24.76a
EA	3.08ab	9.83ab	1.16ab	0.83a	16.20c	8.72d	6.34bcd	9.17abc	3.08a	18.58abc

表 4.21　不同水分胁迫处理的葡萄果实 TSS 和花青素含量（2014 年）

处理编号	可滴定酸 /%	不同日期葡萄果实 TSS 含量 /%				不同日期葡萄果实花青素含量 /(nmol/g)			
	11 月 30 日	8 月 1 日	9 月 1 日	10 月 20 日	11 月 30 日	8 月 1 日	9 月 1 日	10 月 20 日	11 月 30 日
CK	0.51ab	1.55b	5.10ab	7.00ab	15.92cd	2.74c	2.47bcd	4.98abc	10.44ab
GS	0.41abc	2.80ab	8.20a	10.30a	14.67d	3.32c	3.70abc	5.75a	9.30ab
VS	0.55ab	2.63ab	7.13ab	8.05ab	17.27abcd	2.39c	2.98abcd	5.11abc	10.61ab
FS	0.51ab	2.70ab	7.97a	9.90ab	19.23ab	7.39b	4.12ab	1.96c	10.77ab
ES	0.45abc	3.27ab	5.93ab	9.77ab	16.04bcd	11.06a	3.83abc	3.85ab	10.37ab
CS	0.42abc	2.65ab	5.90ab	7.43ab	17.28abcd	5.31bc	3.69abc	5.80a	12.78a

续表

处理编号	可滴定酸 /%	不同日期葡萄果实 TSS 含量 /%				不同日期葡萄果实花青素含量 /(nmol/g)			
	11 月 30 日	8 月 1 日	9 月 1 日	10 月 20 日	11 月 30 日	8 月 1 日	9 月 1 日	10 月 20 日	11 月 30 日
GM	0.39bc	2.50ab	6.43ab	10.17a	17.91abcd	4.56bc	5.15a	1.89c	6.32b
VM	0.47abc	2.73ab	8.27a	10.30a	16.91abcd	3.78c	2.22bcd	4.28abc	10.26ab
FM	0.42abc	3.52a	6.47ab	8.63ab	19.53a	2.84c	3.20abcd	4.86abc	10.36ab
EM	0.43abc	2.33ab	7.53ab	10.40a	17.45abcd	5.56bc	1.66cd	3.48abc	10.59ab
CM	0.31c	2.93ab	6.63ab	8.97ab	18.06abc	5.53bc	3.28abcd	5.62ab	9.58ab
EA	0.59a	1.70ab	4.07b	5.73b	15.80cd	3.16c	1.29d	2.36bc	5.73b

4.4.2 对葡萄果实 TSS 含量的影响

2013 年试验数据（表 4.20）表明，果实膨大末期（9 月 3 日）CK 处理葡萄果实 TSS 最小，仅为 8.13%；其次为 CM、FS 和 EM 处理，其 TSS 含量依次为 8.37%、8.63% 和 9.00%，上述处理均显著低于 CS。进入着色成熟末期（11 月 30 日），FS 处理和 CM 处理果实 TSS 含量迅速提高，分别达到 19.93% 和 19.00%，显著高于 CK。

2014 年试验数据（表 4.21）表明，TSS 随果实生长发育呈现出持续增长的态势，且着色成熟后期果实 TSS 的积累速度高于果粒膨大期和着色成熟初期速度。8 月 1 日（果粒膨大中期）葡萄果实 TSS 含量都很低，处理平均含量为 2.61%；相对而言，FM（开花期轻度水分胁迫）处理 TSS 含量最高，达到 3.52%，显著高于 CK 处理。9 月 1 日（着色成熟初期）FS 处理 TSS 迅速增加，达到 7.97%；EA（果粒膨大期高土壤水分）处理 TSS 增加较少，其含量仅为 4.07%，与 FS 处理存在显著性差异。10 月 22 日（着色成熟中期）EA 处理 TSS 含量依然很低，其值仅为 5.73%，显著低于 EM、VM、GS、GM 等水分胁迫处理。进入着色成熟末期（11 月 30 日），各处理 TSS 增长迅速，FM 和 FS 处理分别增长至 19.53% 和 19.23%，显著高于 CK。

4.4.3 对葡萄皮花青素含量的影响

葡萄花青素（花色苷）是一种有着特殊分子结构的生物类黄酮，是目前国际上公认的清除人体内自由基（造成人体老化及诸多疾病的重要因素之一）最有效的天然抗氧化剂，对提高人体免疫力具有重要作用。2013 年试验数据（表 4.20）表明，果实膨大末期（9 月 3 日）GM（萌芽期轻度水分胁迫）处理葡萄果皮花青素含量最高，达到 1.76nmol/g，显著高于 CK。进入着色成熟末期（11 月 30 日），各处理花青素含量增长迅速，VM、CS、CK 等处理花青素含量分别增长至 14.6nmol/g、13.41nmol/g、13.38nmol/g，显著高于 FM、GS 和 EA 处理。

2014年试验数据（表4.21）表明，8月1日（果粒膨大中期），ES（果粒膨大期中度水分胁迫）处理花青素含量高达11.06nmol/g，FS（开花期中度水分胁迫）处理也达到7.39nmol/g，二者均显著高于CK。进入着色成熟初期（9月1日），葡萄果皮花青素含量反而有所下降，其中EA（果粒膨大期高土壤水分）处理花青素含量仅为1.29nmol/g，CK处理也只有2.47nmol/g；该阶段GM（萌芽期轻度水分胁迫）处理花青素含量最高，达到5.15nmol/g，显著高于CK。10月22日（着色成熟中期），CS（着色成熟期中度水分胁迫）处理果皮花青素含量快速增加，其值达到5.80nmol/g；进入着色成熟末期（11月30日），所有水分处理的葡萄果皮花青素含量均增长迅速，CS处理更是达到12.78nmol/g，显著高于EA和GM处理。

综上所述，CS处理果皮花青素含量在果实着色成熟中后期增长迅速，表明着色成熟期中度水分胁迫有利于葡萄果皮花青素含量提高，促进葡萄果实着色成熟；EA处理果皮花青素含量一直较低，对葡萄果实着色成熟不利。

4.4.4 对葡萄糖分积累过程的影响

1. 对葡萄果糖含量的影响

葡萄果实成分中除水分外，含糖量最高，一般在15%～25%，因此在很大程度上果实内所含糖的种类和数量决定了浆果的质量。2013年试验数据（表4.20）表明，FS果糖含量最高，达15.40%；其次分别为FM处理和GM处理，其果糖含量依次为14.19%和12.71%，FS、FM、GM处理的葡萄果糖含量均显著高于CK。

2014年试验数据（表4.22）表明，7月4日（果粒膨大初期）葡萄果实果糖含量较低，且处理间不存在显著性差异。8月1日（果粒膨大中期）VM处理果糖含量最高，达到8.92%；ES处理果糖含量次之，为6.69%，二者显著高于CK处理。9月1日（着色成熟初期），所有水分处理果糖含量都不存在显著性差异。进入着色成熟中期（10月20日），VM处理果糖含量再次上升，达到8.74%，显著高于CK处理。到了着色成熟末期（11月30日），各处理果糖含量增长迅速，FS、GM和VS处理葡萄果糖含量更是上升至9.59%、9.51%和9.28%。

表4.22 不同水分胁迫处理的葡萄果糖含量和葡萄糖含量（2014年） %

处理编号	不同日期葡萄果实果糖含量					不同日期葡萄果实葡萄糖含量				
	7月4日	8月1日	9月1日	10月20日	11月30日	7月4日	8月1日	9月1日	10月20日	11月30日
CK	0.25a	0.47c	1.67a	2.31b	6.53ab	4.12b	10.08a	10.62ab	8.56ab	7.48ef
GS	1.42a	2.51bc	6.62a	4.67ab	8.09ab	4.69b	7.57ab	9.22abc	9.50ab	6.71f
VS	3.24a	3.92abc	3.97a	4.66ab	9.28a	6.08ab	6.60abc	7.06bc	8.85ab	9.33def
FS	3.30a	4.39abc	6.67a	6.73ab	9.59a	7.54ab	8.32ab	9.60abc	7.17b	11.07abcd
ES	4.75a	6.69ab	5.74a	3.50b	4.75b	7.92ab	7.71ab	9.55abc	12.09a	9.14def
CS	4.69a	2.67bc	4.56a	4.65ab	6.91ab	5.26b	8.50ab	6.92c	8.51ab	13.30abc

续表

处理编号	不同日期葡萄果实果糖含量					不同日期葡萄果实葡萄糖含量				
	7 月 4 日	8 月 1 日	9 月 1 日	10 月 20 日	11 月 30 日	7 月 4 日	8 月 1 日	9 月 1 日	10 月 20 日	11 月 30 日
GM	4.75a	5.53abc	5.00a	2.12b	9.51a	6.60ab	8.29ab	9.78 abc	6.42b	10.74bcde
VM	1.44a	8.92a	5.50a	8.74a	6.14ab	9.45ab	3.00b	8.22 abc	7.06b	14.18ab
FM	4.05a	4.65abc	4.42 a	4.4 ab	8.16ab	10.89a	10.14a	11.43a	6.34b	13.54abc
EM	3.72a	1.55bc	3.27a	5.99ab	8.18ab	4.99b	7.23ab	6.51c	6.29b	12.57abcd
CM	0.45a	3.06bc	3.05a	5.67ab	7.05ab	5.08b	6.77abc	7.77bc	6.89b	14.45a
EA	2.75a	4.68abc	6.36 a	2.67b	5.17b	5.14b	5.73bc	8.88abc	8.48ab	10.08cdef

综上所述，VM 和 FS 两个水分胁迫处理果糖含量分别在 8 月 1 日、9 月 1 日、10 月 20 日和 11 月 30 日出现交替上升的规律，表明在葡萄新梢生长期施加轻度水分胁迫或在开花期施加中度水分胁迫，在果粒膨大期—着色成熟期恢复正常供水后，葡萄果实中果糖含量出现明显的复水补偿增长效应。FS 处理果糖含量在 2013 年和 2014 年的着色成熟末期均为最高，表明开花期中度水分胁迫有利于后期葡萄果糖含量的提高。

2. 对葡萄糖含量的影响

2013 年试验数据（表 4.20）表明，CM 处理的葡萄糖含量最高，达到 13.46%；其次为 EM 处理，其葡萄糖含量为 10.93%；CM 处理和 EM 处理葡萄含量均显著高于 CK 处理，表明果粒膨大期或着色成熟期轻度水分胁迫能显著提高葡萄果实葡萄糖含量。

2014 年试验数据（表 4.22）表明，7 月 4 日（果粒膨大初期）FM 处理果实葡萄糖含量最高，达 10.89%，显著高于 CK 处理。8 月 1 日（果粒膨大中期）FM 处理和 CK 处理葡萄糖含量均很高，依次为 10.14% 和 10.08%；而 VM 处理葡萄糖含量最低，仅为 3.0%，显著低于 CK 处理和 FM 处理。9 月 1 日（着色成熟初期）EM 处理和 CS 处理葡萄糖含量很低，分别只有 6.51% 和 6.92%，显著低于 CK 处理。进入着色成熟中期（10 月 20 日），所有水分胁迫处理葡萄糖含量与 CK 处理不存在显著性差异。到了着色成熟末期（11 月 30 日），CM、VM、FM、CS、EM、FS 等处理葡萄果实葡萄糖含量上升较快，依次增长至 14.45%、14.18%、13.54%、13.30%、12.57% 和 11.07%，显著高于 CK 处理。

结合 2013 年和 2014 年试验结果，可以得出 CM 处理和 EM 处理葡萄果实葡萄糖含量都显著高于 CK 处理，说明着色成熟期或果粒膨大期轻度水分胁迫对葡萄果实中葡萄糖含量的积累有利。与 2013 年试验结果类似，GS 处理、VS 处理、ES 处理和 CK 处理葡萄果实葡萄糖含量较低。

3. 对葡萄蔗糖含量的影响

从表 4.20 可以看出，2013 年 GS 处理和 GM 处理蔗糖含量很低，仅为 1.15% 和 1.47%，显著低于 CK 处理；EA 处理蔗糖含量最高，达 3.08%，表明果粒膨大期土壤水分过高延迟葡萄浆果中蔗糖向果糖和葡萄糖的转化，推迟果实成熟期。

由表 4.23 可知，2014 年 7 月 4 日（果粒膨大初期）所有水分胁迫处理葡萄果实蔗糖含量与 CK 不存在显著性差异。8 月 1 日（果粒膨大中期）FS 处理和 CM 处理蔗糖含量均很高，依次为 6.32% 和 6.21%，显著高于 CK 处理。9 月 1 日（着色成熟初期）GM 处理蔗糖含量最低，仅为 0.99%，显著低于 CK 处理。进入着色成熟中期（10 月 20 日），CM 处理蔗糖含量仅为 2.50%，显著低于 CK。到了着色成熟末期（11 月 30 日），CS、EM、GS、GM 等处理葡萄果实蔗糖含量降低较快，依次降低至 1.17%、1.58%、1.62%、1.77%，显著低于 CK，这与 2013 年试验结果基本一致。

表 4.23 不同水分胁迫处理的葡萄蔗糖含量和果糖、葡萄糖和庶糖含量之和（2014 年） %

处理编号	不同日期葡萄果实蔗糖含量					不同日期葡萄果实三糖含量之和				
	7月4日	8月1日	9月1日	10月20日	11月30日	7月4日	8月1日	9月1日	10月20日	11月30日
CK	4.94abc	3.01bc	4.36abc	7.36ab	3.30a	9.32d	13.56c	16.64ab	18.23ab	17.32c
GS	7.46a	5.18abc	1.97cd	4.43bc	1.62cd	13.57bcd	15.26abc	17.80ab	18.61ab	16.42c
VS	7.37ab	2.71bc	6.06ab	3.65bc	3.10ab	16.69ab	13.23c	17.09ab	17.16ab	21.70a
FS	5.24abc	6.32a	3.62abcd	4.89bc	3.17ab	16.08abc	19.03ab	19.89a	18.78ab	23.83a
ES	4.35bc	5.36ab	3.55abcd	4.31bc	3.72a	17.02ab	19.76a	18.84ab	19.90ab	17.60c
CS	5.77abc	2.95bc	6.42a	3.62bc	1.17d	15.72abc	14.12bc	17.90ab	16.78ab	21.39ab
GM	2.70c	3.26abc	0.99d	7.08ab	1.77bcd	14.05abc	17.07abc	15.77ab	15.62b	22.02a
VM	5.39abc	5.48ab	2.64cd	3.63bc	3.20ab	16.27abc	17.40abc	16.35ab	19.43ab	23.51a
FM	3.15c	4.63abc	2.35cd	7.67ab	2.69abc	18.09a	19.43ab	18.20ab	18.44ab	24.40a
EM	4.42abc	4.63abc	5.99ab	9.20a	1.58cd	13.14bcd	13.41c	15.77ab	21.48a	22.33a
CM	6.48ab	6.21a	3.79abcd	2.50c	2.65abc	12.01cd	16.04abc	14.62b	15.06b	24.15a
EA	5.01abc	2.20c	3.01bcd	6.13abc	3.06ab	12.90bcd	12.61c	18.25ab	17.28ab	18.31bc

4. 对葡萄果实三糖（果糖、葡萄糖和蔗糖）含量之和的影响

2013 年试验数据（表 4.20）表明，葡萄着色成熟末期 FM 处理、CM、FS 和 GM 处理三糖含量之和较高，分别达到 26.21%、24.76%、23.36% 和 23.22%，显著高于 CK 处理，其他处理也比 CK 有所提高。

2014 年试验数据（表 4.23）表明，7 月 4 日（果粒膨大初期）除 EM、CM、ES、GS 处理外，其余水分胁迫处理葡萄果实中三糖之和均显著高于 CK 处理。进入果粒膨大中期（8 月 1 日）ES 处理三糖含量迅速增加，达到 19.76%，显著高于 CK 处理；FM 和 FS 处理三糖量也很高，依次为 19.43% 和 19.03%，显著高于 CK 处理，表明果粒膨大期中度水分胁迫和开花期轻度或中度水分胁迫能提高葡萄早期果实中糖分含量。9 月 1 日（着色成熟初期）和 10 月 20 日（着色成熟中期），所有不同水分胁迫处理糖分含量与 CK 处理之间不存在显著性差异。到了着色成熟末期（11 月 30 日），FM、CM、FS、VM、EM、GM、VS 等处理葡萄果实糖分含量上升较快，依次增加至

24.40%、24.15%、23.83%、23.51%、22.33%、22.02%、21.70%显著高于CK、GS、EA等处理。

对比分析2013年和2014年试验数据，着色成熟末期FM、CM、FS和GM 4个水分胁迫处理果实三糖之和都显著高于CK，说明萌芽期轻度水分胁迫、开花期轻度或中度水分胁迫、着色成熟期轻度水分胁迫都对葡萄果实糖分含量的提高有利。

5. 葡萄果实各类糖分的变化规律

从图4.4可以看出，葡萄果实果糖含量随葡萄果粒膨大至着色成熟进程表现为持续增加的趋势，其中在葡萄着色成熟初期果糖增长缓慢，而着色成熟末期葡萄果糖含量迅速增加。果实葡萄糖含量则表现为先增后减、再迅速提高的过程，其中果粒膨大后期葡萄糖含量增加较快，到了着色成熟初期葡萄糖含量反而有所下降，着色成熟末期葡萄糖含量又迅速提高。葡萄果实蔗糖含量则刚好与葡萄糖含量变化规律相反，即呈现出先减后增、再迅速减少的过程；其中果粒膨大初期蔗糖含量较高，平均达到5.2%；到了着色成熟初期蔗糖含量降低至3.7%；着色成熟中期又增加至5.4%，到了成熟末期迅速降低至2.6%。

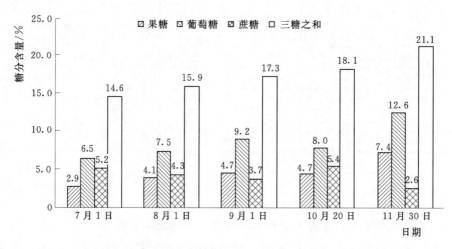

图4.4 葡萄果实中糖分变化规律

4.5 水分调控对设施栽培葡萄耗水规律的影响

4.5.1 作物耗水量的计算

耗水量指作物从发芽到收获期间因蒸腾蒸发消耗的水量总和，也称作物的实际蒸散量或称腾发量。本试验采用水量平衡法估算葡萄的实际腾发量。根据《灌溉实验规范》（SL 13—2004）规定，作物耗水量为

$$ET_{1-2} = 10 \sum_{i=1}^{n} \gamma_i H_i (\theta_{i1} - \theta_{i2}) + M + P + K + C \qquad (4.1)$$

式中：ET_{1-2}为阶段需水量，mm；γ_i为第 i 层的土壤干容重，g/cm^3；H_i为第 i 层的土壤厚度，cm；θ_{i1}、θ_{i2}分别为第 i 层土壤在计算时段始末的含水率（干土重的百分比）；M、P、K、C分别为时段内灌水量、降雨量、地下水补给量和排水量，mm。

由于试验区地下水位较低，结合其他条件，可以认为 $K=C=0$，则式（4.1）可以简化为

$$ET_{1-2} = 10\sum_{i=1}^{n} \gamma_i H_i (\theta_{i1} - \theta_{i2}) + M + P \tag{4.2}$$

4.5.2　水分调控对设施延后栽培葡萄日耗水强度的影响

1. 各生育期日耗水强度的变化规律

耗水强度是表征单位面积的植株群体在单位时间内的耗水量，常用单位为 mm/d，反映生育阶段内灌水、气象对作物生长发育的综合影响。设施延后栽培葡萄日耗水强度随生育进程表现出"中间高、两头低"的规律（图 4.5）。在萌芽期温度较低、叶面积指数和蒸发蒸腾都很小，且葡萄延后栽培的温室塑料薄膜还在覆盖，故该阶段日平均耗水强度很小，3 个试验年（2012—2014 年）平均值为 1.04mm/d。新梢生长期、开花期葡萄植株生长速度加快、叶面积指数增大、日耗水强度逐步增大，新梢生长和开花期 3 年平均值分别为 2.22mm/d 和 2.65mm/d；果粒膨大期是葡萄植株生长和果实生长最旺盛的时期，日耗水强度达到最大，3 年平均值为 3.14mm/d；进入着色成熟期植株的生理活动逐渐趋于缓慢，日耗水强度逐步降低，其 3 年平均值为 1.44mm/d，如图 4.5所示。

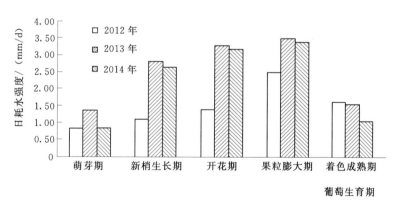

图 4.5　2012—2014 年葡萄日耗水强度变化规律

从不同年度日耗水强度可以看出，2012 年度葡萄在新梢生长期—果粒膨大期日耗水强度都相对较小，这可能是该年度葡萄树龄为 4 年，在植株和果实生长旺期耗水强度较小的缘故。2013 年葡萄在萌芽期日耗水强度明显偏高，这可能是该年度葡萄设施延后栽培控制中萌芽期有所延后，使得萌芽期的平均光照、温度大幅提高，导致耗水强度上升。

2. 对葡萄日耗水强度的影响

2012年试验数据（表4.24）表明，在葡萄萌芽期，GS处理的耗水强度最低，仅为0.42mm/d，显著低于CK处理。进入新梢生长期，VS处理耗水强度仅为0.59mm/d，显著低于CK处理；GS处理耗水强度依然也很低，为0.62mm/d，与CK处理存在显著性差异，表明GS处理不仅减少胁迫处理期间的耗水量，而且对后继生育阶段耗水量也有影响。开花期葡萄耗水强度有所提高，各处理耗水强度不存在显著性差异。进入果粒膨大期，ES处理耗水强度为2.36mm/d，显著低于CK处理；FS处理耗水强度也显著低于CK处理，这可能是开花期时间较短，水分调控对耗水强度的影响在果实膨大期才体现出来的缘故。到了着色成熟期，CS处理耗水强度仅为1.33mm/d，显著低于CK处理；而FS处理在该阶段的耗水强度最大，表明水分胁迫后经过一段时间的复水后耗水强度会有所提高。GS、VS、FS处理在相应生育期胁迫后都有一定的复水补偿效应。葡萄全生育期平均耗水强度而言，各个生育期中度水分胁迫处理都比CK处理低，尤其是ES和CS处理。

表4.24   设施栽培葡萄日耗水强度变化规律

年份	处理编号	萌芽期	新梢生长期	开花期	果粒膨大期	着色成熟期	平均日耗水强度
2012	CK	0.77b	1.17b	1.66a	2.61a	1.71ab	2.04a
	GS	0.42c	0.62c	1.45a	2.63a	1.65c	1.94c
	VS	0.96a	0.59c	1.34a	2.69a	1.66bc	1.99b
	FS	1.01a	1.56a	1.33a	2.38b	1.74a	2.00b
	ES	0.90ab	1.42ab	1.25a	2.36b	1.69abc	1.95c
	CS	1.01a	1.42ab	1.49a	2.36b	1.33d	1.79d
2013	CK	1.88a	2.74bc	3.51ab	3.52bc	1.71ab	2.57b
	GS	0.24c	3.97a	2.74d	3.55bc	1.76a	2.54bc
	VS	1.37ab	2.33d	3.13c	3.66b	1.66abc	2.41d
	FS	1.61ab	2.52cd	3.31bc	3.15de	1.53bcde	2.37d
	ES	1.38ab	2.74bc	3.51ab	2.86e	1.42de	2.13f
	CS	1.66ab	2.42cd	3.22bc	3.65bc	0.87f	2.19e
	GM	0.93bc	3.63a	2.65d	3.67b	1.72ab	2.63a
	VM	1.42ab	2.70bcd	3.47abc	3.34c	1.78a	2.49c
	FM	1.73a	2.65bcd	3.42abc	3.55bc	1.82a	2.52bc
	EM	1.52ab	2.96b	3.70a	3.21d	1.81a	2.39d
	CM	1.23ab	2.78bc	3.55ab	3.66b	1.50cde	2.42d
	EA	1.71a	2.51cd	3.29bc	4.28a	1.35e	2.66a
2014	CK	0.83abc	3.15ab	3.37ab	3.88a	1.23b	2.3a
	GS	0.49c	3.47a	3.73ab	3.8ab	1.24b	2.3a
	VS	0.81abc	1.82de	2.03c	3.42cd	1.21b	1.96d

年份	处理编号	萌芽期	新梢生长期	开花期	果粒膨大期	着色成熟期	平均日耗水强度
2014	FS	0.84abc	2.88b	3.34ab	3.52bcd	1.16bc	2.13b
	ES	0.75abc	1.87de	2.82bc	2.26e	0.79d	1.44f
	CS	0.65bc	3.17ab	3.26ab	3.51bcd	0.76d	1.94d
	GM	0.75abc	3.13ab	3.83a	3.43cd	1.18b	2.15b
	VM	0.82abc	1.68e	3.29ab	3.28d	1.11bc	1.91d
	FM	1.14ab	2.75bc	2.80bc	3.63abc	1.17b	2.14b
	EM	1.21a	2.91ab	3.20ab	1.75f	1.01c	1.53e
	CM	1.11ab	3.22ab	3.47ab	3.59abcd	0.81d	2.03c
	EA	1.10ab	2.24cd	3.65ab	3.58abcd	1.52a	2.30a

2013年试验数据（表4.24）表明，在葡萄萌芽期，GS处理耗水强度也为最低，仅为0.24mm/d，显著低于CK处理；GM处理的耗水强度也较低，为0.93mm/d。进入新梢生长期，GS处理和GM处理耗水强度迅速增大，依次达到3.97 mm/d和3.63mm/d，显著高于CK，表现出明显的水分胁迫后复水补偿效应；而VS处理耗水强度仅为2.33mm/d，显著低于CK。

进入开花期，VS处理耗水强度依然较低，显著低于CK处理；而GS和GM处理葡萄耗水强度再度降低，显著低于CK处理，表现为复水补偿后的再降低过程。到了果实膨大期，ES处理耗水强度相对较小，其值为2.86mm/d，显著低于CK处理；FS处理耗水强度也显著低于CK处理，这与2012年研究结果一致，可能是开花期时间较短，水分胁迫对耗水强度的影响在果粒膨大期才体现出来的缘故。到了着色成熟期，CS、CM处理耗水强度很小，分别为0.87mm/d和1.50mm/d，显著低于CK处理；而ES处理在该阶段的耗水强度依然较低，表明ES尺度较大，不仅影响本阶段耗水强度，而且对着色成熟期耗水也有显著影响。从全生育期平均日耗水强度分析，中度水分胁迫处理VS、FS、ES、CS处理均显著低于CK处理，表明新梢生长期—着色成熟期单个生育阶段中度水分胁迫都能显著降低葡萄总体日耗水强度；VM、EM、CM处理耗水强度也显著低于CK处理，表明新梢生长期、果粒膨大期、着色成熟期3个较长生育期轻度水分胁迫也能显著影响葡萄日耗水强度。

2014年试验数据（表4.24）表明，在萌芽阶段，GS处理耗水强度也为最低，其耗水强度仅为0.49mm/d。进入新梢生长期，GS处理耗水强度迅速增大，达到3.47mm/d，略高于CK处理，表现出一定的水分胁迫后复水补偿效应；而VS和VM处理耗水强度都很低，分别为1.82mm/d和1.68mm/d，显著低于CK处理。在葡萄开花期，VS处理耗水强度依然较低，显著低于CK；开花期中度和轻度水分胁迫的两个处理FS和FM的耗水强度与CK处理之间不存在显著性差异，这与2012年和2013年度研究结果一致。到了果实膨大期，ES和EM处理耗水强度都很低，依次为2.26 mm/d和1.75mm/d，显著低于CK处理；FS处理耗水强度也显著低于CK处理，这与2012年和 2013 年研究结果一致。到了着色成熟期，CS、CM 处理耗水强度很小，分别为 0.76mm/d 和 0.81mm/d，显著低于 CK 处理；而 ES 处理在该阶段的耗水强度依然较低，这与 2013 年研究结果一致。从全生育期平均日耗水强度分析，中度水分胁迫处理 VS、FS、ES、CS 平均日耗水强度均显著低于 CK 处理，这与 2013 年研究结果一致，表明新梢生长期—着色成熟期单个生育阶段中度水分胁迫都能显著降低葡萄全生育期平均日耗水强度。另外，轻度水分胁迫处理 VM、EM、CM 的平均耗水强度也显著低于 CK 处理，表明新梢生长期、果粒膨大期、着色成熟期 3 个较长生育期轻度水分胁迫也能显著影响葡萄日耗水强度，这与 2013 年的研究结论也高度一致。

4.5.3 水分调控对设施延后栽培葡萄耗水模系数的影响

1. 各生育期耗水量和耗水模系数变化规律

第 i 生育期耗水模系数一般用 K_i 表示，即

$$K_i = \frac{ET_{ci}}{ET_c} \times 100\%$$ (4.3)

式中：ET_{ci} 为第 i 生育期耗水量；ET_c 为全生育期耗水量。

因此，耗水模系数是表征作物各生育阶段耗水量占总耗水量的权重程度的重要参数，耗水模系数容易受自然气候条件和生育阶段长短两个因素的影响，它反映出了作物各生育阶段的需水特性与要求，也反映出不同生育阶段对水分的敏感程度和灌溉的重要性。

从图 4.6 可以看出，设施延后栽培葡萄在萌芽期耗水量很小，3 年（2012—2014 年）试验萌芽期平均耗水量仅为 12.68mm，耗水模系数为 2.68%（图 4.7）。新梢生长期平均耗水量为 40.90mm，耗水模系数为 8.53%。开花期时间较短，尽管耗水强度较高，但阶段平均耗水量也只有 30.69mm，耗水模系数占到 6.40%。进入果粒膨大期日耗水强度迅速增大，生育期也较长（70d 左右），因而阶段耗水量和耗水模系数均非常大，该生育期 3 年试验平均耗水量和平均耗水模系数分别高达 220.55mm 和 45.84%，

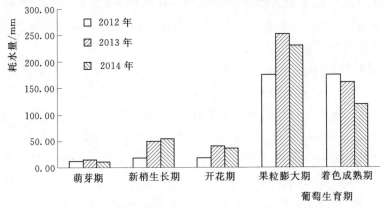

图 4.6　葡萄各生育期耗水量变化

说明果粒膨大期为设施延后栽培葡萄需水临界期，灌溉策略的制定中必须充分供水。着色成熟期时间较长，平均耗水量为153.46mm，耗水模系数也达到33.06%。

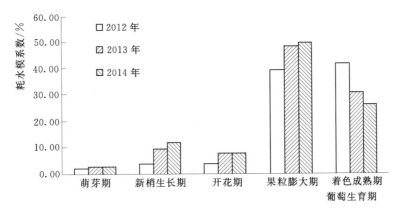

图 4.7　葡萄耗水模系数变化图

2. 水分调控对葡萄耗水量和耗水模系数的影响

从表 4.25 可以看出，2012 年萌芽期葡萄各处理耗水量及耗水模系数很低，其中 GS 处理耗水量仅为 5.42mm，耗水模系数为 1.19%，明显低于其余处理；2013 年 GS 处理和 GM 处理萌芽期耗水量也分别仅有 2.4mm 和 9.33mm，耗水模系数依次只有 0.44% 和 1.65%；2014 年 GS 处理耗水量和耗水模系数在萌芽期也是最低的，分别为 7.42mm 和 1.4%，表明萌芽期中度水分胁迫能明显降低该阶段的耗水量和耗水模系数。

表 4.25　　　　　　葡萄各生育期耗水量及耗水模系数变化规律

年份	处理编号	萌芽期		新梢生长期		开花期		果粒膨大期		着色成熟期	
		耗水量/mm	耗水模系数/%	耗水量/mm	耗水模系数/%	耗水量/mm	耗水模系数/%	耗水量/mm	耗水模系数/%	耗水量/mm	耗水模系数/%
2012	CK	9.99	2.20	18.76	4.13	19.87	4.37	185.32	40.75	186.42	43.89
	GS	5.42	1.19	9.89	2.17	17.37	3.82	186.87	41.09	180.04	42.39
	VS	12.54	2.76	9.37	2.06	16.08	3.54	190.83	41.96	181.13	42.65
	FS	13.19	2.90	25.01	5.50	15.92	3.50	168.99	37.16	189.29	44.57
	ES	11.66	2.56	22.68	4.99	15.05	3.31	167.21	36.77	183.77	43.27
	CS	13.14	2.89	22.79	5.01	17.86	3.93	167.69	36.88	145.10	34.16
2013	CK	18.82	3.41	46.58	8.49	42.08	7.67	253.35	46.13	174.66	31.80
	GS	2.40	0.44	67.51	12.40	32.82	6.03	255.95	47.00	179.01	32.87
	VS	13.74	2.66	39.54	7.66	37.53	7.27	263.48	51.05	169.28	32.80
	FS	16.13	3.18	42.92	8.45	39.72	7.82	226.70	44.64	156.26	30.77
	ES	13.78	3.02	46.55	10.20	42.06	9.22	205.81	45.09	145.07	31.79
	CS	16.62	3.54	41.21	8.78	38.61	8.22	262.60	55.92	88.41	18.82

续表

年份	处理编号	萌芽期		新梢生长期		开花期		果粒膨大期		着色成熟期	
		耗水量/mm	耗水模系数/%	耗水量/mm	耗水模系数/%	耗水量/mm	耗水模系数/%	耗水量/mm	耗水模系数/%	耗水量/mm	耗水模系数/%
2013	GM	9.33	1.65	61.74	10.97	31.84	5.66	264.37	46.87	175.08	31.10
	VM	14.18	2.66	45.88	8.62	41.63	7.82	240.82	45.24	181.49	34.10
	FM	17.31	3.20	45.05	8.36	41.10	7.63	255.73	47.40	185.59	34.42
	EM	15.16	2.96	50.24	9.83	44.45	8.69	230.92	45.15	184.86	36.14
	CM	12.27	2.39	47.34	9.15	42.57	8.23	263.62	50.93	152.68	29.56
	EA	17.05	3.00	42.60	7.49	39.51	6.94	308.09	54.13	137.77	24.21
2014	CK	12.96	2.47	66.18	12.62	37.02	7.07	271.38	51.73	136.92	26.11
	GS	7.42	1.4	72.89	13.9	41.06	7.83	265.78	50.61	138.06	26.25
	VS	12.14	2.71	38.26	8.58	22.3	5.01	239.36	53.68	133.85	30.02
	FS	12.63	2.61	60.54	12.49	36.72	7.58	246.23	50.81	128.53	26.52
	ES	11.25	3.46	39.25	11.98	31.05	9.49	158.37	48.24	88.02	26.84
	CS	9.79	2.22	66.67	15.08	35.84	8.12	245.55	55.56	83.99	19.02
	GM	11.18	2.29	65.78	13.45	42.12	8.59	239.96	48.99	130.79	26.69
	VM	12.24	2.81	35.2	8.07	36.14	8.29	229.62	52.66	122.85	28.18
	FM	17.15	3.5	57.83	11.83	30.84	6.3	253.83	51.94	129.33	26.44
	EM	18.14	5.19	61.08	17.53	35.15	10.09	122.74	35.19	111.57	31.99
	CM	16.65	3.59	67.6	14.58	38.12	8.21	250.99	54.18	90.09	19.44
	EA	16.43	3.12	47.03	8.98	40.13	7.67	250.87	47.94	168.91	32.29

2012年VS处理在新梢生长阶段的耗水量和耗水模系数均为最低，分别只有9.37mm和2.06%；2013年和2014年VS处理耗水量依次为39.54mm和38.26mm，耗水模系数分别占到7.66%和8.58%，比2012年增加较多，但与其余水分胁迫处理相比其耗水量和耗水模系数依然为较低的，说明新梢生长期中度水分胁迫也能明显降低该阶段耗水量和耗水模系数。

2012—2014年开花期葡萄各处理耗水量和耗水模系数差别不大，FS和FM处理在水分调控阶段的耗水量和耗水模系数无明显差别，这可能是开花期时间较短，水分调控持续时间很有限的缘故。

进入果粒膨大期，所有水分胁迫处理耗水量和耗水模系数都迅速增大，耗水量占到全生育期总耗水量的近一半。其中，2014年ES和EM 2个水分胁迫处理耗水量和耗水模系数都明显低于其他处理，2012—2013年ES处理耗水量和耗水模系数较低，说明果粒膨大期中度水分胁迫处理能明显减小该阶段耗水量。FS处理在2012年和2013年果粒膨大期耗水量和耗水模系数均很低，可能是开花期时间较短，水分胁迫对耗水量的影响在果实膨大期才体现出来的缘故。

2012—2014 年，CS 处理在着色成熟期的耗水量明显低于其余处理，说明该生育期中度水分胁迫处理也会显著影响葡萄的耗水量。ES 处理在 2014 年着色成熟期耗水量也很低，可能是果粒膨大期长时间中度水分胁迫不仅影响本阶段耗水量，还会减少下一阶段耗水量的缘故。

从整个生育期总耗水量分析（表 4.25），2012 年充分供水处理 CK 耗水量最高，达到 4204m³/hm²，显著高于其余水分胁迫处理。2013 年度 EA 处理、GM 处理耗水量都很大，其次为 CK 处理，上述处理耗水量显著高于中度水分胁迫处理 VS、FS、ES、CS，也显著高于长生育期轻度水分胁迫处理 VM、EM、CM。2014 年 CK、EA、GS 处理耗水量都很高，显著高于其余中度和轻度水分胁迫处理。综上所述，CK、EA 处理 3 个试验年度的耗水量都较大，明显高于其余处理。

4.6 水分调控对葡萄产量和品质的影响

4.6.1 对葡萄产量及水分生产效率的影响

1. 对葡萄产量的影响

2012 年葡萄产量数据表明，GS 处理产量最高，达到 23542kg/hm²，显著高于 CK；CS 处理和 CK 处理产量相对较低，分别只有 15431kg/hm² 和 16736kg/hm²，见表 4.26。

2013 年葡萄产量明显比 2012 年提高，其中 GS 处理产量最高，达到 36333kg/hm²；ES 处理和 CS 处理产量都很低，依次为 26722kg/hm² 和 27083kg/hm²，显著低于 GS 处理，见表 4.26。

2014 年 CM 处理、FM、GM 等处理产量相对较高，依次为 22238kg/hm²、22078kg/hm² 和 21825kg/hm²；中度水分胁迫处理 FS、CS、ES 处理产量相对较低，但总体各处理产量之间不存在显著性差别，见表 4.26。

综合分析 2012—2013 年葡萄产量可以得出，ES、CS 处理对葡萄产量有极为不利的影响，而萌芽期适度水分胁迫的提高葡萄产量有利。

2. 对葡萄水分生产效率和灌溉水利用效率的影响

2012 年试验数据表明，GS 处理水分生产效率（WUE）和灌溉水利用效率（IWUE）均为最高，分别达到 5.90kg/m³ 和 9.28kg/m³，显著高于 CK 处理。其余水分胁迫处理与 CK 处理间差异不显著，见表 4.26。

2013 年 GS 处理 WUE 和 IWUE 依然为最高，分别达到 6.67kg/m³ 和 9.54kg/m³；EA 处理 WUE 和 IWUE 均为最低，依次为 5.18kg/m³ 和 7.29kg/m³，显著低于 GS 处理；其余处理之间不存在显著性差异，见表 4.26。

表 4.26　　　　　　　　　　　　　葡萄产量及水分生产效率

年份	处理编号	产量/(kg/hm²)	灌溉定额/(m³/hm²)	生育期降水量/mm	耗水量/(m³/hm²)	WUE/(kg/m³)	IWUE/(kg/m³)
2012	CK	16736bc	2646	143.7	4204a	3.98b	6.33b
	GS	23542a	2538	143.7	3996c	5.90a	9.28a
	VS	20417ab	2538	143.7	4100b	4.98ab	8.04ab
	FS	18889abc	2526	143.7	4124b	4.58b	7.48ab
	ES	19722abc	2466	143.7	4004c	4.93ab	8.00ab
	CS	15431c	2106	143.7	3666d	4.21b	7.33b
2013	CK	32569ab	3808	153.8	5491b	5.93ab	8.55ab
	GS	36333a	3808	153.8	5445bc	6.67a	9.54a
	VS	29861ab	3778	153.8	5161d	5.78ab	7.90ab
	FS	29000ab	3508	153.8	5078d	5.71ab	8.27ab
	ES	26722b	2969	153.8	4564f	5.85ab	9.00ab
	CS	27083b	2969	153.8	4696e	5.76ab	9.12ab
	GM	29139ab	3898	153.8	5635a	5.18b	7.50ab
	VM	30958ab	3568	153.8	5323c	5.82ab	8.68ab
	FM	29250ab	3598	153.8	5393bc	5.43ab	8.15ab
	EM	29111ab	3298	153.8	5114d	5.69ab	8.83ab
	CM	31556ab	3658	153.8	5170d	6.12ab	8.68ab
	EA	29500ab	4048	153.8	5692a	5.18b	7.29b
2014	CK	18534a	3573	153.7	5245a	3.53c	5.19b
	GS	18965a	3569	153.7	5252a	3.62c	5.31b
	VS	18676a	2829	153.7	4459d	4.19abc	6.60b
	FS	17047a	3351	153.7	4847b	3.52c	5.09b
	ES	18496a	1651	153.7	3279f	5.64ab	11.20a
	CS	17689a	2723	153.7	4418d	4.02abc	6.50b
	GM	21825a	3246	153.7	4898b	4.46abc	6.72b
	VM	19343a	2807	153.7	4360d	4.44abc	6.89b
	FM	22078a	3279	153.7	4890b	4.51abc	6.73b
	EM	20505a	1899	153.7	3487e	5.88a	10.80a
	CM	22238a	3024	153.7	4634c	4.80abc	7.35b
	EA	20545a	3585	153.7	5234a	3.93bc	5.73b

2014 年研究结果与 2012 年、2013 年有所不同，EM 处理的 WUE 最高，达到 5.88kg/m³，其次为 ES 处理，其 WUE 为 5.64kg/m³，显著高于 CK 处理。另外，ES 处理的 IWUE 高达 11.20kg/m³，EM 处理也达到 10.80kg/m³，均显著高于 CK 处理 （表 4.26），其主要原因是该试验年度葡萄产量之间差别不大，而耗水量之间差异很显 著（ES 和 EM 处理耗水量非常低）的缘故。

4.6.2　对葡萄品质的影响

1. 对外观品质的影响

由表 4.27 可以看出，2013 年 FS 处理的葡萄果粒横径最大，为 23.67mm；EM 处理的葡萄果粒横径最小，仅为 21.73mm，显著低于 FS 处理（$P<0.05$）。从葡萄果粒纵径角度分析，FS 处理的果粒纵径仍为最大，达 25.77mm；VM 处理的纵径最小，仅为 23.91mm，显著低于 FS 处理（$P<0.05$）。

表 4.27　　　　　　　　　　　　　　葡 萄 品 质 分 析

年份	处理编号	果粒横径/mm	果粒纵径/mm	TSS/%	可滴定酸/%	花青素/(nmol/g)	葡萄糖/%	蔗糖/%	果糖/%	维生素C/(mg/50mL)
2012	CK			14.82c						
	GS			15.17c						
	VS			18.63a						
	FS			15.03c						
	ES			15.35c						
	CS			16.52b						
2013	CK	22.74ab	24.63ab	15.97c	0.56bc	13.38ab	3.90c	2.65abc	5.95cd	0.72b
	GS	22.74ab	24.88ab	16.07c	0.62bc	9.79cd	5.99bc	1.15e	6.51bcd	0.94ab
	VS	22.39ab	24.85ab	17.00bc	0.60bc	10.14bcd	4.95c	2.36abcd	11.53abc	0.85ab
	FS	23.67a	25.77a	19.93a	0.60bc	11.89abcd	5.49bc	2.47abcd	15.40a	1.58ab
	ES	22.88ab	25.01ab	18.40abc	0.64bc	12.84abc	5.97bc	2.27abcd	11.15abcd	0.89ab
	CS	22.31ab	24.66ab	17.27abc	0.65bc	13.41ab	8.43abc	1.85bcde	4.51d	1.08ab
	GM	22.27ab	24.32ab	16.73bc	0.59bc	10.17bcd	9.04abc	1.47de	12.71ab	0.83ab
	VM	21.92ab	23.91b	16.87bc	0.60bc	14.60a	7.97abc	2.36abcd	11.26abc	0.87ab
	FM	22.53ab	24.02ab	17.40abc	0.70b	6.14e	9.52abc	2.50abcd	14.19a	1.01ab
	EM	21.73b	24.17ab	17.63abc	0.71ab	12.66abc	10.93ab	2.75ab	6.01cd	1.38ab
	CM	21.89ab	24.54ab	19.00ab	0.51c	12.80abc	13.46a	1.66cde	9.64abcd	1.66a
	EA	21.80b	25.10ab	16.20c	0.83a	8.72d	9.17abc	3.08a	6.34bcd	0.83ab
2014	CK	21.30abc	23.66ab	15.92cd	0.51ab	10.44ab	7.48ef	3.30a	6.53ab	
	GS	19.62d	21.57d	14.67d	0.41abc	9.30ab	6.71f	1.62cd	8.09ab	
	VS	19.83cd	21.81cd	17.27abcd	0.55ab	10.61ab	9.33def	3.10ab	9.28a	
	FS	20.86abcd	22.90abcd	19.23ab	0.51ab	10.77ab	11.07abcd	3.17a	9.59a	
	ES	20.90abcd	22.69abcd	16.04bcd	0.45abc	10.37ab	9.14def	3.72a	4.75b	
	CS	21.14abcd	23.18abc	17.28abcd	0.42abc	12.78a	13.30abc	1.17d	6.91ab	
	GM	20.22bcd	22.25bcd	17.91abcd	0.39bc	6.32b	10.74bcde	1.77bcd	9.51a	
	VM	21.04abcd	22.93abcd	16.91abcd	0.47abc	10.26ab	14.18ab	3.20a	6.14ab	
	FM	20.20bcd	22.94abcd	19.53a	0.42abc	10.36ab	13.54abc	2.69abc	8.16ab	
	EM	21.57ab	22.98abcd	17.45abcd	0.43abc	10.59ab	12.57abcd	1.58cd	8.18ab	
	CM	21.99a	24.07a	18.06abc	0.31c	9.58ab	14.45a	2.65abc	7.05ab	
	EA	20.46bcd	22.75abcd	15.80cd	0.59a	5.73b	10.08cdef	3.06ab	5.17b	

2014 年实验结果（表 4.27）表明，CM 处理果粒横径最大，达到 21.99mm；GS 处理果粒横径最小，仅为 19.62mm，显著低于 CK 处理。葡萄果粒纵径与横径类似，CM 处理果粒纵径最大，达到 24.07mm；GS 处理和 VS 处理果粒纵径都很小，依次为 21.57mm 和 21.81mm，显著低于 CK 处理。

综上所述，由于不同生育期水分胁迫对葡萄果粒膨大速率的影响不同，且部分生育期水分胁迫对果粒粒径的影响存在复水补偿效应（表 4.4～表 4.7），导致葡萄采摘期果粒粒径与水分胁迫的规律很复杂，各年度研究结果也不一致。

2. 对 TSS 和可滴定酸的影响

水分胁迫对延后栽培葡萄果实 TSS 的影响结果见表 4.27。其中，2012 年试验数据表明，VS 处理葡萄 TSS 含量最高，达到 18.63%，显著高于其余处理；除此之外，CS 处理 TSS 含量也达到 16.52%，显著高于 CK 处理。

2013 年数据表明，FS 处理 TSS 最高，达 19.93%，与 CK 处理存在显著水平差异；CM 处理 TSS 也显著高于 CK 处理（$P<0.05$），其余处理与 CK 处理差异不显著。EA 处理可滴定酸含量最高，表明果粒膨大期高土壤水分导致葡萄成熟延迟，果实酸含量较大；CM 处理最低，说明在葡萄着色成熟期轻度水分胁迫有利于促进果实中酸向糖的转化。

2014 年 FM 处理和 FS 处理 TSS 含量都较高，依次为 19.53% 和 19.23%，均显著高于 CK 处理；GS、EA、CK 处理等葡萄 TSS 含量相对较低，其值分别为 14.67%、15.80% 和 15.92%。从可滴定酸含量分析，CM 处理含量最低，仅为 0.31%，显著低于 CK 处理，表明着色成熟期轻度水分胁迫有利于促进葡萄果实中酸向糖的转化。

综上所述，开花期、着色成熟期水分胁迫对提高葡萄果实中 TSS 含量有利，果粒膨大期土壤水分过高不利于促进葡萄果实中酸向糖的转化，延迟葡萄的着色成熟。

3. 对花青素和维生素 C 的影响

2013 年研究结果表明，VM 和 CS 处理葡萄果皮花青素含量高于 CK 处理；EA、FM、GS 处理的花青素均显著低于 CK 处理（$P<0.05$），其余处理花青素含量比 CK 处理小幅降低，见表 4.27。2014 年试验表明，CS 处理葡萄花青素含量最高，达到 12.78，显著高于 EA 处理，比 CK 处理也小幅提高，但差异并不显著。综合分析 2013 年和 2014 年研究结果可知，着色成熟期中度水分胁迫有利于葡萄果皮花青素的积累，而果实膨大期土壤水分过高对葡萄果实着色成熟不利。

维生素 C 是人体每天需要量最多的维生素，在生物氧化和还原作用以及细胞呼吸中起重要作用，对人体健康至关重要。2013 年试验表明，CM 处理 VC 含量达 1.66mg/50ml，比 CK 处理提高 130%，并与 CK 处理存在显著性差异（$P<0.05$），其余处理维生素 C 含量均比 CK 处理有不同程度提高，但差异不显著。

4. 对葡萄糖分的影响

葡萄果实成分中除水分外，含糖量最高，一般在 15％～25％，因此在很大程度上果实内所含糖的种类和数量决定了浆果的质量。2013 年研究结果表明，CM 处理的葡萄果实葡萄糖含量最高，达到 13.46％，显著高于 CK 处理；其次为 EM 处理，其葡萄糖含量为 10.93％，也显著高于 CK 处理。2014 年 CM、VM、FM、CS、EM、FS 处理等葡萄果实葡萄糖含量较高，依次达到 14.45％、14.18％、13.54％、13.30％、12.57％和 11.07％，显著高于 CK 处理（表 4.27），这与 2013 年研究结果基本一致。

从葡萄果糖含量分析，2013 年 FS 果糖含量最高，达到 15.40％，显著高于 CK 处理；FM 和 GM 处理果糖含量也较高，依次为 14.19％和 12.71％，均显著高于 CK 处理；但 2014 年各水分胁迫处理葡萄果糖含量与 CK 处理不存在显著性差异。

从葡萄果实蔗糖含量分析，2013 年 GS、GM 处理葡萄果实蔗糖含量很低，分别只有 1.15％和 1.47％，显著低于 CK 处理；EA 处理蔗糖含量最高，表明果粒膨大期土壤水分过高会延迟葡萄浆果中蔗糖向果糖和葡萄糖的转化，推迟果实成熟。2014 年研究结果表明，CS、EM、GS、GM 处理等葡萄果实蔗糖含量较低，其值分别为 1.17％、1.58％、1.62％、1.77％，显著低于 CK 处理。从两年试验数据综合分析可知，萌芽期水分胁迫（GS 处理和 GM 处理）导致葡萄果实中蔗糖含量显著降低，有利于葡萄果实中蔗糖向果糖和葡萄糖的转化。

4.7 水分调控对葡萄根际土壤环境的影响

4.7.1 对土壤积温的影响

1. 对葡萄土壤积温的影响

从表 4.28 可以看出，2012 年葡萄萌芽期，GS 处理土壤表面以下 5cm 处积温最高，达到 215℃，其 0～25cm 平均积温也达到 196℃，比 CK 处理都略有提高。进入新梢生长期，VS 处理平均积温达到 326℃，比 CK 处理地提高 3.2％。在开花期，VS 处理的积温继续保持在很高的水平，其平均积温达到 284℃，比 CK 处理提高 3.6％；另外，该生育期中度水分胁迫处理（FS）积温也很高，达到 280℃，比 CK 处理提高 2.2％。进入果粒膨大期，FS 处理继续保持较高的土壤积温，其次为 ES 处理，其平均积温分别达到 1588℃和 1562℃，依次比 CK 处理提高 7.1％和 5.4％。步入着色成熟期，ES 处理积温最高，达到 1621℃，其次为 FS 处理；该生育期中度水分胁迫处理 CS 的积温也达到 1577℃，比 CK 处理略有提高。

综上所述，葡萄所有生育期施加水分胁迫都能在一定程度提高土壤积温，尤其在新梢生长期－果粒膨大期增温效果更明显。同时，开花期和果粒膨大期水分胁迫不仅能提高本阶段土壤积温，而且也能增加随后生育期土壤积温。

表 4.28　　　　**设施延迟栽培葡萄不同生育期土壤分层积温变化规律（2012 年）**　　　　单位：℃

处理编号	萌 芽 期						新 梢 生 长 期					
	5cm	10cm	15cm	20cm	25cm	平均	5cm	10cm	15cm	20cm	25cm	平均
CK	201	192	192	191	187	193	344	317	316	309	295	316
GS	215	195	193	189	187	196	345	309	305	295	293	309
VS	213	208	201	200	195	203	347	328	327	324	303	326
FS	208	191	190	190	186	193	349	319	309	306	297	316
ES	211	202	200	197	193	200	332	320	315	314	307	318
CS	200	198	191	187	176	190	321	317	308	297	291	307

处理编号	开 花 期						果 粒 膨 大 期					
	5cm	10cm	15cm	20cm	25cm	平均	5cm	10cm	15cm	20cm	25cm	平均
CK	288	277	272	270	264	274	1513	1492	1487	1480	1442	1483
GS	299	274	273	272	272	278	1579	1495	1488	1485	1450	1499
VS	294	289	286	284	268	284	1588	1544	1523	1521	1513	1538
FS	297	280	277	275	272	280	1639	1585	1577	1573	1568	1588
ES	279	276	273	270	268	273	1600	1591	1561	1549	1512	1562
CS	283	277	275	268	260	273	1558	1551	1534	1533	1456	1526

处理编号	着 色 成 熟 期						全 生 育 期					
	5cm	10cm	15cm	20cm	25cm	平均	5cm	10cm	15cm	20cm	25cm	平均
CK	1625	1587	1554	1499	1474	1548	3971	3867	3820	3750	3661	3814
GS	1573	1565	1534	1513	1481	1533	4011	3837	3793	3753	3684	3816
VS	1721	1636	1582	1557	1501	1599	4163	4004	3919	3885	3780	3950
FS	1643	1635	1635	1602	1574	1618	4136	4010	3988	3945	3897	3995
ES	1678	1632	1627	1589	1582	1621	4100	4021	3976	3919	3861	3975
CS	1658	1614	1592	1522	1497	1577	4021	3957	3901	3806	3604	3873

从全生育期土壤总积温角度分析，所有水分胁迫处理积温均高于 CK 处理，其中 FS 土壤积温最高，达到 3995℃，比 CK 处理提高 4.8%；其次为 ES 处理，其积温为 3975℃，比 CK 处理提高 4.2%；VS 处理积温也达到 3950℃，比 CK 处理提高 3.6%。另外，从表 4.28 可以看出，各生育期土壤积温随土层深度的变化规律均表现为 5cm 积温＞10cm 积温＞15cm 积温＞20cm 积温＞25cm 积温，说明设施延后葡萄在整个生育期内土壤热量传导总体表现为由表层向深层运移。

从表 4.29 可以看出，2013 年萌芽期 GS 处理 0～25cm 土层平均积温最小，为 163℃，这与 2012 年研究结果不一致。在葡萄新梢生长期，VS 处理 0～25cm 土层平均积温达到 315℃，比 CK 处理略有提高。在开花期，VS 处理积温继续保持在很高的水平，其平均积温达到 237℃，比 CK 处理提高 4.7%；该生育期中度水分胁迫处理 FS 积温也很高，达到 236℃，比 CK 处理提高 4.3%，上述结论与 2012 年研究结果一致。进入果粒膨大期，FS 处理继续保持较高的土壤积温，其次为 VS 处理，其平均积温分别达到 1614℃ 和 1567℃，依次比 CK 处理提高 7.7% 和 4.5%。在葡萄着色成熟期，ES 处理积温最高，达到 1696℃，其次为 GS 处理；该生育期中度水分胁迫处理 CS 的积温也达到 1643℃，比 CK 处理略有提高。

表 4.29　　设施延迟栽培葡萄不同生育期土壤分层积温变化规律（2013 年）　　单位：℃

处理编号	萌芽期						新梢生长期					
	5cm	10cm	15cm	20cm	25cm	平均	5cm	10cm	15cm	20cm	25cm	平均
CK	187	186	169	162	151	171	326	318	313	310	300	313
GS	178	166	164	159	147	163	326	315	309	305	293	310
VS	192	189	189	171	153	179	331	329	312	310	293	315
FS	196	196	180	163	147	176	342	330	322	308	287	318
ES	182	178	159	159	156	167	332	311	311	309	300	312
CS	187	179	167	162	157	170	315	309	300	300	291	303

处理编号	开花期						果粒膨大期					
	5cm	10cm	15cm	20cm	25cm	平均	5cm	10cm	15cm	20cm	25cm	平均
CK	234	226	225	225	221	226	1553	1538	1479	1478	1448	1499
GS	226	223	223	222	211	221	1505	1454	1437	1433	1390	1444
VS	247	247	237	233	219	237	1627	1624	1610	1527	1445	1567
FS	252	245	237	229	216	236	1795	1640	1626	1537	1474	1614
ES	237	227	223	223	215	225	1537	1514	1424	1421	1413	1462
CS	229	227	221	219	210	221	1521	1480	1432	1432	1389	1450

处理编号	着色成熟期						全生育期					
	5cm	10cm	15cm	20cm	25cm	平均	5cm	10cm	15cm	20cm	25cm	平均
CK	1675	1669	1664	1624	1538	1634	3975	3938	3849	3799	3658	3844
GS	1712	1654	1649	1643	1603	1652	3945	3812	3783	3762	3644	3789
VS	1785	1741	1666	1638	1582	1682	4183	4130	4013	3879	3442	3929
FS	1709	1664	1629	1613	1549	1633	4294	4073	3995	3850	3673	3977
ES	1734	1723	1694	1666	1666	1696	4021	3953	3811	3776	3750	3862
CS	1683	1672	1643	1621	1598	1643	3935	3866	3763	3734	3646	3789

从全生育期土壤总积温分析，FS 处理土壤积温最高，达到 3977℃，比 CK 处理提高 3.5%；其次为 VS 处理，其积温为 3929℃，比 CK 处理提高 2.2%；ES 处理积温也比 CK 处理略有提高，说明葡萄新梢生长期、开花期、果粒膨大期中度水分胁迫有利于提高土壤积温。另外，2013 年各生育期土壤积温随土层深度的递增也表现为 5cm 处积温 > 10cm 处积温 > 15cm 处积温 > 20cm 处积温 > 25cm 处积温的规律，说明设施延后栽培葡萄在各个生育期内土壤热量运移整体表现为由表层向深层传导。

2014 年葡萄各生育期土壤积温数据统计见表 4.30。从表中可以看出，萌芽期 GS 处理土壤 25cm 处积温最高，达到 230℃，其 0～25cm 平均积温也达到 240℃，比 CK 处理都略有提高。进入新梢生长期，VS 处理 0～25cm 土层平均积温达到 435℃，比 CK 处理提高 2.2%。在开花期，VS 处理的积温继续保持很高的水平，其平均积温达到 232℃，比 CK 处理提高 5.3%；该生育期中度水分胁迫处理 FS 积温也很高，达到 229℃，比 CK 处理提高 4.3%，上述规律与 2012 年和 2013 年都相同。进入果粒膨大期，ES 处理和 VS 处理的土壤平均积温并列最高，其平均积温达到 1368℃，比 CK 处理提高 2.4%。在葡萄着色成熟期，ES 处理积温仍保持最高，达到 2106℃，比 CK 处理略有提高 2%。

表 4.30　　　设施延迟栽培葡萄不同生育期土壤分层积温变化规律（2014 年）　　　单位:℃

处理编号	萌　芽　期						新　梢　生　长　期					
	5cm	10cm	15cm	20cm	25cm	平均	5cm	10cm	15cm	20cm	25cm	平均
CK	256	238	234	230	225	237	448	445	423	419	393	426
GS	248	247	237	236	230	240	440	431	423	416	407	423
VS	256	252	244	238	229	244	465	439	435	425	412	435
FS	261	260	234	234	221	242	452	438	426	416	400	426
ES	268	262	238	231	224	244	459	454	422	415	413	433
CS	253	252	242	235	222	241	444	443	430	402	398	423

处理编号	开　花　期						果　粒　膨　大　期					
	5cm	10cm	15cm	20cm	25cm	平均	5cm	10cm	15cm	20cm	25cm	平均
CK	237	232	213	216	200	220	1399	1393	1311	1302	1275	1336
GS	225	220	206	214	210	215	1395	1387	1366	1339	1307	1359
VS	251	243	230	221	213	232	1419	1411	1360	1339	1310	1368
FS	248	244	227	219	209	229	1408	1400	1328	1319	1290	1349
ES	244	243	219	213	207	225	1454	1436	1346	1322	1282	1368
CS	233	229	215	205	200	217	1364	1362	1318	1287	1258	1318

处理编号	着　色　成　熟　期						全　生　育　期					
	5cm	10cm	15cm	20cm	25cm	平均	5cm	10cm	15cm	20cm	25cm	平均
CK	2078	2072	2069	2060	2044	2065	4417	4379	4251	4226	4138	4282
GS	2035	2021	2010	2007	1967	2008	4344	4307	4242	4212	4121	4245
VS	2164	2059	2056	2053	2020	2071	4555	4404	4326	4275	4184	4349
FS	2100	2056	2047	2026	2009	2048	4468	4398	4262	4214	4128	4294
ES	2192	2140	2097	2078	2023	2106	4617	4535	4322	4259	4150	4376
CS	1989	1961	1949	1918	1912	1946	4282	4247	4153	4047	3989	4144

与 2013 年相同，FS、VS、ES 处理全生育期土壤总积温均高于 CK 处理，其中 ES 土壤积温最高，达到 4376℃，比 CK 处理提高 2.2%；其次为 VS 处理，其积温为 4349℃，比 CK 处理提高 1.6%；FS 处理积温也比 CK 处理略有提高。另外，2014 年与 2012 年和 2013 年度相同，各生育期土壤积温随土层深度的变化规律也表现为 5cm

积温>10cm 积温>15cm 积温>20cm 积温>25cm 积温。

2. 对 5cm 与 25cm 处土壤积温之间变化速率的影响

将 2012—2014 年葡萄各生育期土壤积温数据代入下式

$$土壤积温变化速率 = \frac{各生育期 5cm 处积温 - 相应生育期 25cm 处积温}{该生育期 5cm 处土壤积温}$$

计算得到土壤深度 5cm 与 25cm 处土壤积温运移规律,将其结果绘制于图 4.8。

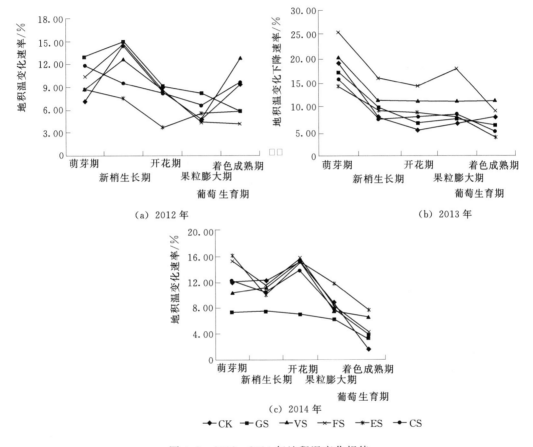

图 4.8　2012—2014 年地积温变化规律

从图 4.8(a)可以看出,2012 年葡萄各生育期土壤积温变化速率均为正值,表明各生育期 5cm 处土壤温度均高于 25cm 土温。萌芽期—新梢生长期土壤积温变化速率较高,而果粒膨大期—着色成熟期土壤积温变化速率逐步减小。另外,萌芽期 GS 处理土壤积温变化速率最高,可能是 GS 处理土壤含水率较低,表层土壤吸热速度较快所引起。进入新梢生长期,VS、CK、GS 处理等土壤积温变化速率上升幅度较大。果粒膨大期,ES 土壤积温变化速率逐步增大,而其余处理的积温变化速率都处于减小趋势,说明果粒膨大期水分胁迫(ES 处理)使得 5cm 土壤温度迅速升高,拉大了与 25cm 土壤温度的差距,使得土壤积温变化速率增大。

从图 4.8（b）可以看出，2013 年（第 2 试验年度）葡萄各生育期土壤积温变化速率也均为正值，说明各生育期 5cm 处土壤温度均高于 25cm 土温。且随着生育期的推进，葡萄土壤积温变化速率总体表现为逐步减小的趋势。另外，FS 处理在本试验年度土壤积温变化速率明显高于其余处理。这可能是上一年度（2012 年）开花期中度水分胁迫导致葡萄果穗数量等偏少，对地表遮阴较少，使得 5cm 处土壤温度累积较高的缘故。而 VS 处理在第二试验年度（2013 年）积温变化速率也较大，其原因与 FS 处理类似。

从图 4.8（c）可以看出，与 2012 年和 2013 年相比，2014 年（第 3 年度）葡萄在开花期积温变化速率明显较高，主要原因是该年度葡萄新梢生长期气温持续偏低，导致该生育期 5cm 处温度一直偏低，进入开花期气温恢复正常，使得 5cm 处温度迅速抬升，导致与 25cm 处温差迅速拉大。另外，FS 处理和 VS 处理在本试验年度土壤积温变化速率也普遍高于其余处理，这与连续 2 年的水分胁迫试验有关，导致葡萄树体偏小，对地表的遮阴面积较小，土壤浅层温度升温较快的缘故。

3. 对 5cm 处地积温温与大气积温之间变化速率的影响

将 2012—2014 年葡萄各生育期 5cm 土壤积温和各生育期大气积温数据代入下式

$$气地积温变化速率 = \frac{气积温 - 5cm\,处地积温}{气积温}$$

计算得到葡萄各生育期大气积温与土壤积温传导运移规律，将其结果绘制于图 4.9。

从图 4.9（a）可以看出，2012 年萌芽期、新梢生长期、开花期和果粒膨大期，气地积温变化速率非常接近，且均为正值，表明上述时段气温均高于土壤 5cm 处温度，即土壤总体处于吸热状态。着色成熟期，除 GS 处理外，其余水分处理气地温变化速率均为负值，表明 5cm 土层积温高于气积温，即热量总体处于由土壤到大气运移的状态。

由图 4.9（b）可知，2013 年气地积温变化速率总体表现为"先降后升、再降低"的过程，即萌芽期、新梢生长期、开花期气地积温变化速率逐步缩小，说明上述时段气温与 5cm 处土壤温度的差距逐步缩小；果粒膨大期气地积温变化速率迅速增大，这可能是该试验年度果粒膨大期气温持续偏高，导致气温远高于 5cm 深度处土壤温度的缘故；着色成熟期气地积温变化速率再次降低。另外，FS（开花期中度水分胁迫）处理气地积温变化速率一直较小，说明该处理 5cm 深度处土壤温度较高，与气温差距较小，其原因可能是上一年度（2012 年）开花期中度水分胁迫导致葡萄树体对地表遮阴较少，使得 5cm 处土壤温度累积较高的缘故。

由图 4.9（c）可知，2014 年气地温变化速率与 2013 年度基本相同，总体表现为"先降后升、再降低"的过程，但其变化速率比 2013 年更剧烈，尤其是新梢生长期气地积温变化速率甚至出现负值，其原因是萌芽期气温偏高，使得土壤积温较高，而新梢生长期气温持续偏低，导致大气与土壤之间的热量交换出现负值。进入开花期，气温恢复正常，而此时土壤积温在经历散热阶段后明显偏低，导致该生育期所有水分处理气地积

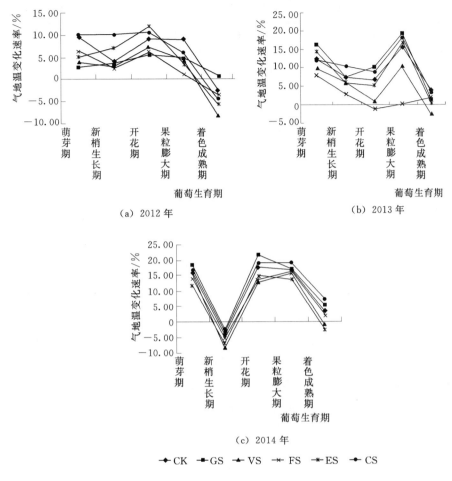

(a) 2012 年

(b) 2013 年

(c) 2014 年

→ CK　■ GS　▲ VS　✳ FS　■ ES　● CS

图 4.9　2012—2014 年气地温变化规律

温变化速率迅速增大。

4.7.2　对土壤微生物数量的影响

1. 对细菌数量的影响

土壤细菌是土壤微生物的主要组成部分，参与有机质的分解氨化作用等。2013 年数据（表 4.31）表明，CM 处理根际土壤细菌群落数最多，达 805 万 cfu/g，比 CK 处理提高 22%；其他水分胁迫处理的细菌数量均比 CK 处理有所降低。VS、FS 和 ES 处理细菌数量都很少，分别为 247 万 cfu/g、203 万 cfu/g、205 万 cfu/g，与 CK 处理相比对细菌的抑制率超过 60%，且都显著低于 CK 处理（$P<0.05$），说明设施延后栽培葡萄在新梢生长期、开花期、果粒膨大期中度水分胁迫对细菌产生显著的抑制作用。

2014 年试验数据（表 4.32）表明，在葡萄萌芽期，根际土壤细菌数量差别不大，处理间无显著性差异。进入新梢生长期，VM 处理根际土壤细菌数迅速升高，达到 4151 万 cfu/g，显著高于 CK 处理；VS 处理细菌数与 CK 处理无显著性差异，表明新

表 4.31　不同水分胁迫处理对土壤微生物量的影响（2013 年，着色成熟末期观测）

处理编号	细菌数 /（万 cfu/g）	抑制率 /%	真菌数 /（cfu/g）	抑制率 /%	放线菌数 /（万 cfu/g）	抑制率 /%	微生物量碳 /（μg/g）	微生物量 /（μg/g）
CK	660ab	0	1100ab	0	13.2bcd	0	223b	77a
GS	515abcd	22	460bc	58	4.4cd	67	1189a	64a
VS	247cd	63	140c	87	3.1cd	77	297b	99a
FS	203d	69	460bc	58	3.2cd	76	471ab	86a
ES	205 d	69	970ab	12	8.7cd	34	718ab	84a
CS	260bcd	61	450bc	59	0d	100	495ab	78a
GM	524abcd	21	630bc	42	10.6cd	20	173b	73a
VM	627abc	5	580bc	47	28.6a	−116	644ab	75a
FM	508 abcd	23	580bc	48	14bc	−6	248b	72a
EM	531abcd	20	1380a	−25	16.4abc	−24	260b	99a
CM	805 a	−22	590bc	46	24.5ab	−86	693ab	69a
EA	594abcd	10	1500a	−37	4.5cd	66	421b	113a

梢生长期轻度水分胁迫能提高该阶段土壤细菌群落数。到了开花期，VS 处理根际土壤细菌数量迅速攀升，达到 1758 万 cfu/g，显著高于 CK 处理，这可能与复水后的补偿效应有关；FM 处理细菌数也达到 CK 处理的 10 倍左右，显著高于 CK 处理，说明开花期轻度水分胁迫也有利于提高细菌群落数。

表 4.32　　　　　不同水分胁迫处理的葡萄根际土壤细菌数量（2014 年）　　　单位：万 cfu/g

处理编号	萌芽期	新梢生长期	开花期	果粒膨大初期	果粒膨大后期	着色初期	着色中期	着色后期
CK	379a	167d	148e	130ab	301ab	330b	753ab	458bc
GS	436a	1121cd	609cde	406ab	195ab	305b	2068a	341bc
VS	677a	340d	1758a	199ab	123b	247b	347ab	77c
FS	329a	512cd	106e	342ab	161b	90b	1970ab	946ab
ES	368a	1120cd	248de	394ab	90b	1145ab	647ab	224c
CS	926a	2603abc	1031bc	93ab	412ab	88b	1604ab	49c
GM	403a	703cd	94e	175ab	234ab	1159ab	802ab	64c
VM	527a	4151a	787cd	69b	115b	658ab	154b	664abc
FM	869a	1724bcd	1464ab	225ab	122b	386b	177ab	150c
EM	559a	3348ab	210e	536a	82b	48b	1752ab	50c
CM	446a	804cd	798cd	306ab	398ab	314b	237ab	1258a
EA	484a	532 cd	94e	146ab	521a	1873a	71b	1154a
平均	534	1427	612	252	229	554	882	453

果粒膨大初期，EM 处理细菌群落数最高，达到 536 万 cfu/g，显著高于 CK 处理；进入果粒膨大后期，EM 处理和 ES 处理细菌群落数则出现了很明显的降低过程，表明果粒膨大期短期的轻度水分胁迫有利于提高细菌群落数，较长时间的胁迫则对根际土壤

细菌生长不利。着色初期，EA 处理细菌群落数最高，达到 1873 万 cfu/g，与 CK 处理差异显著；其余水分胁迫处理与 CK 处理不存在显著性差异；着色成熟后期，该阶段轻度水分胁迫处理 CM 细菌群落数迅速升高，达到 1258 万 cfu/g，显著高于 CK 处理，说明在葡萄生育后期施加轻度水分胁迫对土壤细菌群落数有利。

2. 对真菌数量的影响

真菌直接参与根际土壤中有机质的分解活动，对土壤腐殖质的合成、氨化作用以及团聚体的形成等过程有重要的积极作用，是影响到土壤肥力高低的重要指标。设施延后栽培葡萄根际土壤真菌数量对水分胁迫的响应很敏感，VS 处理真菌数量仅为 140cfu/g，显著低于 CK 处理；GS、FS、CS 处理等中度水分胁迫处理真菌数量也都比 CK 处理降低很多。除 EM 处理外，其余轻度水分胁迫处理根际土壤真菌数都比 CK 处理有不同程度的降低。EA 处理真菌数量最多，达到 1500cfu/g，表明较高的土壤含水率对根际土壤真菌群生长有利（表 4.31）。

2014 年试验数据（表 4.33）表明，在葡萄萌芽期，GS 处理葡萄根际土壤真菌群落最小，仅为 240cfu/g。进入新梢生长期，VS 处理根际土壤真菌数很低，其值为 230cfu/g，显著低于 EA 处理。到了开花期，尽管处理之间真菌群落数都不存在显著性差异，但 FS 处理真菌群落数仍为最低，说明萌芽期、新梢生长期、开花期中度水分胁迫对葡萄根际土壤真菌生长有一定的抑制作用。到了果粒膨大初期和果粒膨大中期，FS 处理根际土壤真菌数量迅速攀升，依次达到 1160cfu/g 和 1040cfu/g，其中果粒膨大后期 FS 处理显著高于 CK 处理，这可能是葡萄根际土壤真菌经历开花期短时间的中度水分胁迫后复水产生的补偿效应。

表 4.33　　　　　　　　不同水分胁迫处理的葡萄根际土壤真菌数量　　　　　　　单位：10cfu/g

处理编号	萌芽期	新梢生长期	开花期	果粒膨大初期	果粒膨大后期	着色初期	着色中期	着色后期
CK	32ab	112ab	156a	31b	34bc	91ab	23bc	53ab
GS	24b	82ab	45a	35b	39bc	45abc	87abc	155ab
VS	40ab	23b	85a	58ab	47bc	38bc	101ab	29b
FS	32ab	39ab	23a	116ab	104a	30bc	38bc	102ab
ES	32ab	48ab	30a	46ab	45bc	125a	104ab	71ab
CS	32ab	46ab	59a	30b	57b	29bc	66bc	21b
GM	40ab	47ab	94a	23b	30bc	30bc	34bc	71ab
VM	48ab	40ab	112a	92ab	38 bc	84abc	22bc	132ab
FM	48ab	69ab	61a	45b	23c	80abc	38bc	36 b
EM	32ab	93ab	174a	88ab	33bc	23bc	22bc	36 b
CM	72a	110ab	63a	149a	54bc	7c	8c	172a
EA	64ab	174a	207a	35b	46bc	122 a	156a	57ab
平均	41	74	93	62	46	59	58	78

果粒膨大初期，EM 处理真菌群落数最高，达到 536 万 cfu/g，显著高于 CK 处理；但进入果粒膨大后期，EM 处理和 ES 处理真菌群落数则出现了很明显的降低过程，表明果粒膨大期短期的轻度水分胁迫有利于提高真菌群落数，较长时间的胁迫则对根际土壤真菌生长不利。着色初期，CM 处理真菌群落数很低，仅有 70cfu/g，与 CK 处理差异显著；着色中期，CM 处理根际土壤真菌群落数也只有 80cfu/g，依然低于 CK 处理；但着色初期 ES 处理真菌群落数很高，表现出了明显的复水后的补偿效应。到了着色成熟的中后期，CS 处理真菌群落数最少，仅为 210cfu/g，而 CM 处理则迅速提高，达到 1720cfu/g，说明着色成熟期中度水分胁迫会持续降低土壤真菌群落数，而在经过一段时间的轻度水分胁迫适应期后，根际土壤真菌群落数反而出现了增加。

3. 对放线菌数量的影响

放线菌能分解形成土壤腐殖质的最稳定的有机化合物，并能分泌抗生素拮抗土壤中的病原菌，与土壤肥力以及植物病害防治有着非常紧密的关系。由从表 4.31 可以看出，放线菌数量对水分胁迫的响应与细菌和真菌不同，中度水分胁迫处理都对葡萄根际土壤放线菌数量产生明显的抑制作用，尤其是 CS 处理未检测出放线菌。其余生育期中度胁迫处理 VS、FS、ES 的放线菌数量比 CK 处理也有不同程度降低。除萌芽期轻度胁迫处理 GM 外，其余生育期轻度胁迫处理（CM、EM、FM、VM）放线菌数量均比 CK 处理有所提高，说明土壤含水率下限为 $65\%\theta_f$ 有利于放线菌的生长（表 4.31）。另外，EA 处理放线菌数量仅为 4.5 万 cfu/g，比 CK 处理降低 66%，说明土壤含水率过高并不利于放线菌的生长。

2014 年试验数据（表 4.34）表明，在萌芽期，GS 处理葡萄根际土壤放线菌群落数相对较高，达到 21 万 cfu/g，比 CK 处理有所提高；进入新梢生长期，VM 处理和 VS 处理放线菌数也比 CK 处理有不同程度提高，但差异并不显著，说明在萌芽期或新梢生长期施加水分胁迫对土壤放线的生长有一定的促进作用，但这种影响不显著。到了开花期，FM 处理放线菌数迅速提高，达到 12.8 万 cfu/g；而中度水分胁迫处理 FS 放线菌数仅有 2.3 万 cfu/g，显著低于 CK 处理，说明开花期轻度水分胁迫也有利于提高放线菌群落数，但中度水分胁迫则对放线菌产生明显的抑制作用。果粒膨大初期，FM 处理放线菌数量依然很高，表明开花期轻度水分胁迫不仅能提高本生育期放线菌群落数，还能提高后一阶段（果粒膨大初期）放线菌数。进入果粒膨大后期，EM 处理和 ES 处理放线菌群落数则出现了很明显的降低过程，其中 ES 处理放线菌数更是减小到零，显著低于 CK 处理，表明果粒膨大期长时间的轻度和中度水分胁迫处理对根际土壤放线菌生长极为不利。葡萄着色初期，CM 处理放线菌群落数增长较多，达到 17.2 万 cfu/g，比 CK 处理大幅提高；而 CS 处理则比 CK 处理有所降低，但差异都不显著。着色成熟的中后期，CS 处理放线菌群落数持续降低，到了着色成熟后期仅为 7000cfu/g；而 CM 处理放线菌数在着色成熟后期达到了 12.9 万 cfu/g，显著高于 CK 处理，说明在葡萄着色成熟期轻度水分胁迫对葡萄根际土壤放线菌生长有利，而中度水分胁迫则显著抑制放线菌的生长。

表 4.34   不同水分胁迫处理的葡萄根际土壤放线菌数量   单位：10^3 cfu/g

处理编号	萌芽期	新梢生长期	开花期	果粒膨大初期	果粒膨大后期	着色成熟初期	着色成熟中期	着色成熟后期
CK	110a	61a	117ab	76ab	23bc	99a	58bc	32bc
GS	210a	55a	75abc	50ab	35ab	60a	86b	109ab
VS	88a	77a	100abc	69ab	30abc	30a	39bc	29bc
FS	112a	79a	23c	61ab	23bc	30a	82b	80abc
ES	192a	104a	30bc	60ab	0d	136a	71b	54abc
CS	143a	69a	71abc	30b	23bc	59a	8c	7c
GM	48a	109 a	71abc	60ab	49a	38a	153a	32bc
VM	64a	96a	76abc	23b	23bc	229a	35bc	43abc
FM	103a	46a	128a	101a	23bc	34a	61bc	22bc
EM	239a	46a	71abc	37b	15cd	89a	81b	21bc
CM	80a	140a	46abc	23b	24bc	172a	64bc	129a
EA	81a	124a	46abc	62ab	23bc	168a	70 bc	106ab
平均	122	84	71	54	23	95	67	55

4. 土壤微生物量随生育期的变化规律

图 4.10 所示为 2014 年所有处理各阶段土壤细菌、真菌、放线菌数量平均值随生育进程的变化图。从图中可以看出，葡萄根际土壤中细菌数量呈现出"先增后减、又增再减"的规律，即存在两个明显的高低峰周期，第一个高峰出现在 6 月 5 日（新梢生长期），第二个高峰期出现在 10 月 20 日（葡萄着色成熟中期），最低峰出现在 7 月 29 日（果实膨大后期），此时根际土壤平均细菌数量为 229 万 cfu/g，是高峰值的 16%。

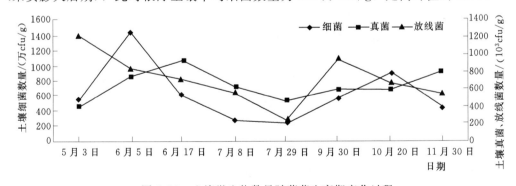

图 4.10   土壤微生物数量随葡萄生育期变化过程

葡萄根际土壤中真菌数量则呈现为"先增后减，再增"的规律。5 月 3 日（萌芽期）真菌数量最少，各水分胁迫处理平均值为 410cfu/g；之后持续增长，到 6 月 17 日（开花期）真菌数达到最大值 930cfu/g；随后真菌数量不断减少，到 7 月 29 日减小至一个低谷值，这与细菌规律基本相同；之后真菌数量缓慢上升，到 11 月 30 日（着色成熟末期）达到第二个高峰，各处理平均值为 780cfu/g。

葡萄根际土壤放线菌数量随生育期变化规律与细菌和真菌截然相反，放线菌表现为"先连续降低，再快速升高，之后又缓慢减少"的过程。5 月 3 日（萌芽期）放线菌数量最高，达到 12.2 万 cfu/g，之后持续降低，到 7 月 29 日（果粒膨大后期）降低至 2.3 万 cfu/g，之后（9 月 30 日）迅速升高至 9.5 万 cfu/g，随后逐步缓慢降低至 5.5 万 cfu/g。

5. 土壤中细菌数量与真菌数量比值（B/F 值）分析

土壤中 B/F 是土壤微生物区系结构的一个重要的特征指标，在一定范围内 B/F 值越大，表明土壤微生物群落结构越好。

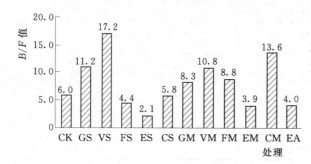

图 4.11　不同水分胁迫处理对 B/F 值的影响（2013 年）

从图 4.11 可以看出，2013 年开花期、果粒膨大期、着色成熟期中度水分胁迫处理 FS、ES、CS 处理的 B/F 值均低于 CK 处理，说明在葡萄开花期以后中度水分胁迫处理会使 B/F 减小，引起土壤质量下降。GS、VS 处理的 B/F 值高于 CK 处理，表明萌芽期或新梢生长期中度水分胁迫有利于土壤微生物群落结构优化。果粒膨大期高土壤水分、轻度、中度水分胁迫处理 B/F 值均低于 CK 处理，说明该生育期土壤含水率下限为 $75\% \theta_f$（CK 处理）对土壤微生物群落结构有利；其余生育期轻度水分胁迫处理 CM、FM、GM、VM 的 B/F 值均高于 CK 处理的，说明在上述生育期土壤含水率下限为 $65\% \theta_f$ 对土壤微生物群落结构有利。

2014 年设施延后栽培葡萄各生育期土壤中 B/F 值如图 4.12 所示。从图 4.12（a）可以看出，萌芽期各处理葡萄根际土壤 B/F 值相对较高，且处理间差别较小，说明设施延后栽培葡萄在萌芽期土壤微生物群落结构相对较好。

从图 4.12（b）可知，新梢生长期，水分处理间葡萄根际 B/F 值出现较大差别，其中 VM 处理 B/F 值达到 105，VS 处理 B/F 值为 15，略低于处理平均值；而 CK、EA 处理 B/F 值很低，分别为 1 和 3。表明新梢生长期轻度水分胁迫条件下（土壤含水率下限为 $65\% \theta_f$）葡萄根际土壤微生物群落结构优于 CK 处理等。

从图 4.12（c）可以看出，葡萄开花期处理之间土壤 B/F 值差别也很大，其中 FM 处理 B/F 值最大，达到 24；FS 处理 B/F 值很小，比处理平均值明显偏低，说明开花期轻度水分胁迫有利于改善土壤微生物群落结构，中度水分胁迫对根际土壤微生物群落结构不利。另外，VS 处理 B/F 值也达到 21，这可能是葡萄土壤微生物经历新梢生长期中度水分胁迫后复水产生的补偿效应。

从图 4.12（d）可以看出，葡萄果粒膨大初期土壤 B/F 值整体较小，且处理之间差距也有所变小。其中 GS 处理 B/F 值最大，达到 24，其次为 ES 处理，其 B/F 值为 9，其余处理都相对较低。果粒膨大后期土壤 B/F 值整体依然较小，处理之间差别也不

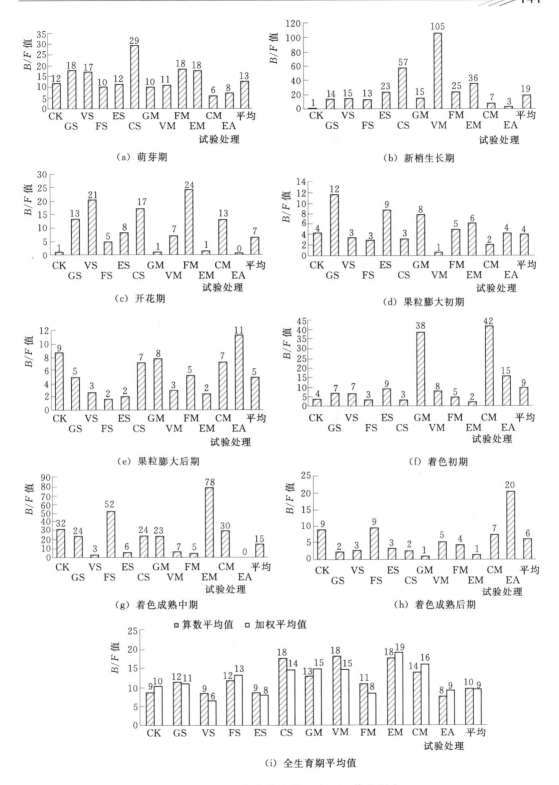

图 4.12 不同水分胁迫处理对 B/F 值的影响

大［图 4.12（e）］；该阶段 EA（高土壤水分）处理和 CK 处理的 B/F 值都较高，依次为 11 和 9；而 ES、EM 处理均很低，表明果粒膨大期水分胁迫对土壤微生物结构极为不利。

进入葡萄果粒着色初期，葡萄根际土壤 B/F 值有所上升，平均值达到 9［图 4.12（f）］。其中 CM 处理 B/F 值最高，达到 42；而 CS 处理 B/F 值仅为 3，说明着色成熟初期轻度水分胁迫有利于改善土壤微生物群落结构，而中度水分胁迫则对微生物群落结构有不利影响。

从图 4.12（g）可以看出，葡萄着色成熟中期根际土壤 B/F 值迅速上升，平均值达到 15。其中 EM 处理 B/F 值最高，达到 78，这可能是土壤微生物在经历果粒膨大期轻度水分胁迫后在着色期复水后产生的补偿性改善作用。另外，CM 处理也相对较高，达到 30。到了着色成熟后期，葡萄根际土壤 B/F 值又逐渐减小，其平均值仅为 6，且除 EA 处理外，其余处理之间 B/F 值差别不大。

将葡萄各生育期根际 B/F 值求算数平均值，得到各水分处理葡萄全生育期 B/F 值；并以葡萄各生育期时间与全生育期总时间的比值为加权系数，计算得葡萄根际土壤细菌与真菌全生育期加权平均比值（B/F 值），如图 4.12（i）所示。从图 4.12（i）可以看出，EM、VM 处理和 CS 处理整个生育期根际土壤的平均 B/F 值较高，都达到 18；其次为 CM、GM、FS、GS 处理和 FM 处理，其平均 B/F 值高于 CK 处理的，表明葡萄在萌芽期、新梢生长期、开花期、果粒膨大期、着色成熟期等 5 个生育期施加单生育期轻度水分胁迫都有利于土壤微生物群落结构，萌芽期或着色成熟期施加中度水分胁迫对葡萄根际土壤微生物群落结构也有利。

从各处理全生育期 B/F 值的加权平均值分析，EM 处理的 B/F 加权平均值最大，其次为 CM 处理的，VM、GM 处理的 B/F 加权平均值也高于 CK 处理的，表明萌芽期、新梢生长期、果粒膨大期、着色成熟期轻度水分胁迫对改善葡萄根际土壤微生物群落结构有利。

4.7.3　对土壤微生物量的影响

1. 对微生物量碳的影响

广义的土壤微生物量包括土壤微生物量碳、土壤微生物量氮、土壤微生物量磷和土壤微生物量硫，其中以碳最为关注，氮次之。土壤微生物量碳是反映土壤微生物量大小的重要指标，也是土壤有效养分重要的源和汇。由表 4.31 可以看出，GS 处理微生物量碳最高，达 $1189\mu g/g$，是 CK 处理的 5.3 倍，且与 CK 处理存在显著性差异（$P <$ 0.05）；其他生育期中度水分胁迫处理 CS、ES、FS、VS 的微生物量碳含量比 CK 处理的均有提高，但差异不显著；开花期、转色成熟期轻度水分胁迫处理 FM、CM 微生物量碳比 CK 处理的也增加较多。

2. 对微生物量氮的影响

土壤微生物量氮是土壤中有机-无机态氮转化的一个关键环节，常被用作评价土壤肥力和土壤质量早期变化的有效指标。本试验研究表明，各水分胁迫处理之间微生物氮不存在显著性差异（表 4.31），说明设施延后栽培葡萄根际土壤微生物量氮对不同生育期水分胁迫不敏感。

4.7.4　对葡萄根际土壤酶活性的影响

1. 对根际土壤蔗糖合成酶的影响

2014 年设施延后栽培葡萄根际土壤蔗糖合成酶数据见表 4.35。5 月 10 日（萌芽期）GM 处理葡萄根际土壤蔗糖合成酶活性最低，仅为 6.68mg/(g·d)，比 CK 处理降低较多。6 月 5 日（新梢生长期）VM 处理蔗糖合成酶活性为 7.3mg/(g·d)，也低于 CK 处理。7 月 8 日（果粒膨大初期）VS 处理蔗糖合成酶活性增长很快，达到 15.01mg/(g·d)，显著高于 CK 处理，这可能是新梢生长期中度水分胁迫后在开花期及果粒膨大初期充分供水后的复水补偿效应所引起。9 月 30 日（着色成熟初期）CS 处理蔗糖合成酶活性最高，达到 17.09mg/(g·d)，远远高于 CK 处理，说明果粒膨大期中度水分胁迫对提高蔗糖合成酶活性有利；进入着色成熟末期（11 月 30 日）各处理蔗糖合成酶活性不存在显著性差异。

表 4.35　不同水分胁迫处理的土壤蔗糖酶和土壤脲酶活性（2014 年）　　单位：mg/(g·d)

处理编号	不同日期土壤蔗糖酶含量					不同日期土壤脲酶含量				
	5 月 10 日	6 月 5 日	7 月 8 日	9 月 30 日	11 月 30 日	5 月 10 日	6 月 5 日	7 月 8 日	9 月 30 日	11 月 30 日
CK	8.29ab	7.56ab	7.03b	8.10ab	12.20a	0.48bc	0.43b	0.46abc	0.56bcde	0.58b
GS	8.42ab	10.45ab	10.24ab	13.16ab	27.53a	0.51bc	0.65a	0.61a	0.52cde	0.75a
VS	8.52ab	8.21ab	15.01a	14.00ab	17.66a	0.56abc	0.53ab	0.35c	0.52cde	0.69ab
FS	7.49ab	7.83ab	7.52ab	11.17ab	21.55a	0.67a	0.56ab	0.61a	0.57bcde	0.69ab
ES	6.99ab	4.56b	10.62ab	9.40ab	18.44a	0.44c	0.49ab	0.60a	0.42e	0.63ab
CS	7.10ab	10.56ab	14.34ab	17.09a	20.24a	0.53abc	0.59ab	0.58a	0.74ab	0.68ab
GM	6.68b	9.38ab	6.89b	6.47b	37.71a	0.58abc	0.58ab	0.51abc	0.52cde	0.65ab
VM	7.98ab	7.30b	9.36ab	7.64b	21.67a	0.58abc	0.63a	0.44abc	0.85a	0.67ab
FM	8.71ab	7.73ab	11.04ab	10.60ab	18.88a	0.56abc	0.57ab	0.55ab	0.46de	0.62ab
EM	12.59a	21.52a	7.20ab	9.85ab	25.79a	0.68a	0.62a	0.55ab	0.70abc	0.68ab
CM	6.91ab	8.63 ab	10.62ab	11.15ab	24.99a	0.57abc	0.44b	0.38bc	0.56bcde	0.69ab
EA	8.27ab	6.40 b	6.80b	13.27ab	20.90a	0.62ab	0.63a	0.37bc	0.66abcd	0.64ab

2. 对根际土壤脲酶的影响

从表 4.35 可以看出，5 月 10 日（萌芽期）GS 处理和 GM 处理葡萄根际土壤脲酶活性分别为 0.51mg/(g·d) 和 0.58mg/(g·d)，比 CK 处理略有提高，但都不存在显著性差异。6 月 5 日（新梢生长期）GS 处理脲酶活性迅速升高到 0.65mg/(g·d)，显著高于 CK 处理，表明萌芽期中度水分胁迫在新梢生长期复水后会显著提高土壤脲酶活性；另外 VM 处理脲酶活性也达到 0.63mg/(g·d)，也显著高于 CK 处理，说明新梢生长期轻度水分胁迫有利于提高该阶段脲酶活性。7 月 8 日（果粒膨大初期）VS 处理脲酶活性降低的很快，仅为 0.35mg/(g·d)，这可能是新梢生长期较长时间的中度水分胁迫对脲酶有不利影响，且这种影响具有明显的滞后性；果粒膨大初期，FS 处理脲酶活性最高，这可能是根际土壤经历开花期中度水分胁迫后在果粒膨大初期复水后产生的补偿效应所引起。9 月 30 日（着色成熟初期）ES 处理脲酶活性最低，这可能也与长时间的中度水分胁迫对脲酶影响的滞后性相关。进入着色成熟末期（11 月 30 日），GS 处理脲酶活性显著高于 CK 处理，其余处理间不存在显著性差异。

4.8　水分调控葡萄果实品质的机理分析

4.8.1　葡萄果粒膨大速率与土壤水分相关分析

1. 果粒横径膨大速率相关分析

为剖析果粒膨大速率对水分调控的响应规律，进行了葡萄果粒膨大速率与土壤含水率、水分生产效率、灌溉水利用效率等指标的相关分析，见表 4.36 和表 4.37。从表 4.36 可以看出，2013 年葡萄产量、水分生产效率、灌溉水利用效率与葡萄果粒横径膨大速率不存在显著相关关系。果粒膨大初期（7 月 15—23 日）果粒横径膨大速率与萌芽期（5 月 18 日）和新梢生长期（6 月 13 日）土壤含水率显著正相关，相关系数依次达到 0.33 和 0.42；与开花期（6 月 25 日）和果粒膨大初期（7 月 8 日、7 月 27 日）土壤含水率极显著正相关（$r=0.45$、0.45、0.49，$P<0.01$）。另外，果粒膨大中后期（8 月 8 日、9 月 6 日）土壤含水率也与 7 月 15—23 日膨大速率显著正相关（$P<0.05$）；8 月 28 日土壤含水率与之前时段 7 月 23—30 日膨大速率显著正相关，这主要与果粒膨大期土壤水分调控有关，即果粒膨大初期充分供水极显著提高本期果粒横径膨大速率，而膨大初期充分供水处理在果粒膨大中后期也继续保持充分供水（高土壤含水率）模式，所以导致该阶段果粒横径膨大速率与后期土壤含水率显著正相关。

另外，从表 4.36 可知，果粒膨大中期（8 月 7—12 日、8 月 12—20 日）葡萄果粒横径膨大速率与开花期（6 月 25 日）土壤含水率显著负相关，而 8 月 12—20 日（果粒二次膨大高峰）果粒膨大速率与 8 月 8 日至 9 月 6 日含水率极显著或显著负相关（$r=-0.47$、-0.32、-0.41），说明葡萄果粒二次膨大高峰对土壤水分的响应规律与第一次快速膨大期不同，水分胁迫（较低的土壤含水率）对葡萄果粒二次膨大有一定的补偿作用。果粒膨大末期（8 月 20—27 日）膨大速率与 6 月 13—25 日、9 月 6 日土壤含水率显著正相关（$r=0.40$、0.38、0.40）。

表 4.36　　葡萄果粒横径膨大速率与产量、水分生产效率、灌溉水利用效率和

土壤含水率的相关分析（2013 年）

项　目	日期	不同时段果粒横径膨大速率							
		7月8—15日	7月15—23日	7月23—30日	7月30日至8月7日	8月7—12日	8年12—20日	8月20—27日	8月27日至9月5日
产量		−0.06	−0.04	0.06	0.00	−0.02	0.00	−0.15	−0.04
水分生产效率		−0.13	0.10	0.14	0.01	0.05	0.02	−0.06	0.01
灌溉水利用效率		−0.20	0.12	0.08	−0.03	0.15	0.06	−0.14	0.07
土壤含水率	5月18日	−0.06	0.33①	−0.06	0.07	−0.06	−0.21	−0.07	−0.08
	6月13日	−0.16	0.42①	0.15	−0.06	−0.21	−0.24	0.40①	−0.20
	6月25日	−0.14	0.45②	0.11	−0.01	−0.34①	−0.41①	0.38①	−0.15
	7月8日	−0.07	0.45②	0.22	0.25	−0.02	−0.03	0.32	0.14
	7月27日	−0.26	0.49②	0.10	−0.08	−0.10	−0.04	0.18	0.00
	8月8日	−0.12	0.40②	0.10	0.13	−0.27	−0.47②	0.28	−0.08
	8月28日	0.08	0.28	0.34①	0.04	−0.19	−0.32①	0.29	0.06
	9月6日	0.18	0.38①	0.13	0.05	−0.19	−0.41①	0.40①	0.03

①　达到显著相关水平（$P < 0.05$）。

②　达到极显著相关水平（$P < 0.01$）。

表 4.37　2014 年葡萄果粒横径膨大速率与产量、水分生产效率、灌溉水利用效率和

土壤含水率的相关分析

项　目	日期	不同时段果粒横径膨大速率							
		6月22—26日	6月26—30日	6月30日至7月5日	7月5—14日	7月14—21日	7月21日至8月2日	8月2—8日	8月8—14日
产量		0.38①	0.42①	−0.02	−0.18	−0.05	0.08	0.01	0.01
水分生产效率		0.31	0.39①	0.01	−0.24	−0.03	0.19	0.2	0.21
灌溉水利用效率		0.23	0.31	0.03	−0.24	−0.04	0.25	0.28	0.29
土壤含水率	5月3日	0.01	−0.09	−0.33①	−0.16	−0.14	0.03	−0.12	−0.13
	5月17日	−0.05	−0.1	−0.36①	−0.14	−0.1	0.06	−0.24	−0.24
	6月7日	0.29	0.34①	−0.29	−0.15	−0.05	0.24	−0.18	−0.19
	7月26日	0.14	0.1	−0.12	−0.16	0.01	−0.23	−0.55②	−0.57②
	8月27日	0.04	−0.03	−0.25	−0.06	−0.15	−0.39①	−0.55②	−0.55②

①　达到显著相关水平（$P < 0.05$）。

②　达到极显著相关水平（$P < 0.01$）。

　　从表 4.37 可以看出，2014 年葡萄产量与果粒膨大初期（6月22—26日、6月26—30日）果粒横径膨大速率显著正相关，相关系数（r）依次达到 0.38 和 0.42；水分生产效率与果粒膨大初期（6月26—30日）果粒膨大速率显著正相关（$r = 0.39$），说明葡萄在果粒膨大初期果粒横径膨大速率对提高葡萄产量和水分生产效率都有利。

与 2013 年相似，果粒膨大初期（6 月 26—30 日）果粒横向膨大速率与之前 6 月 7 日土壤含水率显著正相关。果粒膨大中期（6 月 30 日至 7 月 5 日）膨大速率与之前萌芽期（5 月 3 日、5 月 17 日）土壤含水率均呈著负相关（$r=-0.33$、-0.36）；果粒膨大后期（8 月 2—8 日、8 月 8—14 日）膨大速率也与之前时段（7 月 26 日）土壤含水率极显著负相关（$r=-0.55$、-0.57），表明果粒膨大后期较高的土壤含水率对果粒膨大并不有利。8 月 27 日土壤含水率与之前时段（7 月 21 日至 8 月 14 日）果粒膨大速率显著和极显著负相关（$r=-0.39$、-0.55、-0.55），这可能是膨大后期较快的膨大速率对土壤含水率消耗也越大，导致随后时段土壤含水率迅速降低的缘故。

2. 果粒纵径膨大速率相关分析

从表 4.38 可以看出，2013 年果粒膨大初期（7 月 8—15 日）果粒纵径膨大速率与萌芽期（5 月 18 日）、新梢生长期（6 月 13 日）和开花期（6 月 25 日）土壤含水率显著正相关，相关系数依次为 0.37、0.36、0.38。另外，果粒膨大中期（8 月 8—28 日）土壤含水率也与 7 月 8—15 日膨大速率显著和极显著正相关（$r=0.36$、0.44）；而 7 月 27 日、9 月 6 日土壤含水率也都与之前时段（7 月 15—23 日）膨大速率显著正相关（$r=0.40$、0.42），这也与果粒膨大期全程相同的土壤水分调控有关。果粒膨大中期（7 月 23 日至 8 月 7 日）膨大速率与开花期—果粒膨大初期（6 月 25 日至 7 月 17 日）土壤含水率显著正相关（$r=0.37$、0.42、0.38）。

表 4.38　　葡萄果粒纵径膨大速率与产量、水分生产效率、灌溉水利用效率和
土壤含水率的相关分析（2013 年）

项　目	日期	不同时段果粒纵径膨大速率							
		7 月 8—15 日	7 月 15—23 日	7 月 23—30 日	7 月 30 日至 8 月 7 日	8 月 7—12 日	8 月 12—20 日	8 月 20—27 日	8 月 27 日至 9 月 5 日
产量		0.01	-0.16	0.10	0.07	-0.07	0.03	-0.11	-0.12
水分生产效率		0.09	-0.10	0.24	0.17	-0.05	0.02	-0.10	-0.10
灌溉水利用效率		0.09	-0.15	0.21	0.11	0.05	0.06	-0.14	-0.13
土壤含水率	5 月 18 日	0.37[1]	0.07	-0.01	0.01	0.09	-0.04	-0.26	-0.08
	6 月 13 日	0.36[1]	0.23	0.32	0.17	-0.20	-0.21	0.00	0.06
	6 月 25 日	0.38[1]	0.28	0.37[1]	0.22	-0.32[1]	-0.35[1]	-0.07	0.13
	7 月 8 日	0.11	0.26	0.42[1]	0.10	0.01	0.01	0.07	0.19
	7 月 17 日	0.22	0.05	0.11	0.38[1]	0.11	0.00	0.05	0.18
	7 月 27 日	-0.11	0.40[1]	0.29	-0.14	-0.10	-0.02	-0.06	0.03
	8 月 8 日	0.36[1]	0.13	0.26	0.23	-0.24	-0.46[2]	-0.11	0.26
	8 月 28 日	0.44[2]	0.17	0.29	0.29	-0.29	-0.30	-0.27	0.28
	9 月 6 日	0.26	0.42[1]	0.29	0.23	-0.12	-0.35[1]	-0.20	0.48[2]

[1]　达到显著相关水平（$P<0.05$）。

[2]　达到极显著相关水平（$P<0.01$）。

与葡萄果粒横径膨大速率情况相似,果粒膨大后期(8月7—20日)果粒纵径膨大速率与果粒膨大期(6月25日、8月7日、9月6日)土壤含水率显著负相关,这可能是果粒膨大初期较高的土壤含水率促进早期果粒快速膨大,使得果粒后期的二次膨大潜力降低的缘故。

由表4.39可以知,2014年葡萄产量与果粒膨大中期(7月14—21日)果粒纵径膨大速率显著正相关($r=0.35$)。果粒膨大中期(6月30日至7月5日)果粒纵径膨大速率与萌芽期(5月17日)土壤含水率显著负相关($r=-0.36$)。与2013年相似,果粒膨大后期(8月2—8日、8月8—14日)膨大速率与之前时段7月26日土壤含水率极显著和显著负相关($r=-0.43$、-0.42),表明果粒膨大后期较高的土壤含水率不利于葡萄果粒膨大。8月27日土壤含水率与之前时段(7月21日至8月14日)果粒膨大速率也极显著负相关($r=-0.44$、-0.43),这与葡萄果粒横径膨大速率情况相似。

表4.39　2014年葡萄果粒纵径膨大速率与产量、水分生产效率、灌溉水利用效率和土壤含水率的相关分析

项　目	日期	不同时段果粒纵径膨大速率							
		6月22—26日	6月26—30日	6月30日至7月5日	7月5—14日	7月14—21日	7月21日至8月2日	8月2—8日	8月8—14日
产量		0.26	0.32	−0.15	−0.15	0.35①	−0.31	0.20	0.22
水分生产效率		0.30	0.32	−0.12	−0.20	0.24	−0.23	0.26	0.27
灌溉水利用效率		0.27	0.27	−0.11	−0.20	0.15	−0.11	0.29	0.30
土壤含水率	5月17日	−0.10	−0.11	−0.36①	−0.19	0.04	0.13	−0.18	−0.18
	6月18日	0.16	0.15	−0.25	−0.11	0.01	0.22	−0.14	−0.15
	7月26日	0.07	0.06	−0.10	−0.12	−0.08	−0.08	−0.43②	−0.42①
	8月27日	−0.05	−0.04	−0.11	−0.19	−0.18	−0.08	−0.44②	−0.43②

① 达到显著相关水平($P<0.05$)。

② 达到极显著相关水平($P<0.01$)。

4.8.2　叶片叶绿素含量、氮含量与其他指标相关分析

从表4.40可以看出,新梢生长期(6月1日、6月8日)、开花期(6月23日)、果粒膨大初期(6月30日、7月10日)叶片叶绿素含量与之前时段和同时段土壤含水率显著或极显著正相关;果粒膨大中后期叶片叶绿素含量与土壤含水率也显著正相关,说明新梢生长期—果粒膨大初期及果粒膨大中后期充分供水对提高葡萄叶片叶绿素含量有利。果粒膨大中期(7月24日)叶片叶绿素含量与土壤含水率显著或极显著负相关,说明该阶段适度亏水对提高叶片叶绿素含量有积极作用。

新梢生长期—果粒膨大初期(6月8日至7月10日)葡萄叶片氮含量与之前时段或

表 4.40 葡萄叶片叶绿素含量、叶片氮含量与土壤含水率相关分析（2013 年）

葡萄生理生化指标	日期	不同日期叶片叶绿素含量							
		6 月 1 日	6 月 8 日	6 月 23 日	6 月 30 日	7 月 10 日	7 月 17 日	7 月 24 日	7 月 31 日
土壤含水率	5 月 18 日	0.23	0.63②	0.16	0.29	0.29	−0.20	−0.49②	0.46②
	5 月 28 日	0.28	0.57②	0.16	0.28	0.39①	−0.14	−0.32①	0.23
	6 月 13 日	0.24	0.71②	0.30	0.37①	0.48②	−0.16	−0.45②	0.45②
	6 月 25 日	0.25	0.67②	0.34①	0.42①	0.46②	−0.22	−0.52②	0.48②
	6 月 29 日	−0.30	0.06	−0.06	−0.24	0.07	−0.19	−0.28	−0.11
	7 月 8 日	0.41①	0.37①	0.25	0.36①	0.45②	−0.07	−0.29	0.29
	7 月 17 日	0.01	0.35①	−0.13	0.14	0.29	−0.12	−0.35①	−0.01
	7 月 27 日	0.06	0.15	0.00	0.02	0.05	0.00	−0.14	0.11
	8 月 8 日	0.03	0.50②	0.36①	0.32	0.48②	−0.14	−0.34①	0.39①

葡萄生理生化指标	日期	不同时段叶片氮含量							
		6 月 1 日	6 月 8 日	6 月 23 日	6 月 30 日	7 月 10 日	7 月 17 日	7 月 24 日	7 月 31 日
土壤含水率	5 月 18 日	0.04	0.58②	0.14	0.26	0.27	−0.23	−0.44②	−0.13
	5 月 28 日	−0.07	0.43②	0.16	0.26	0.36①	0.10	−0.35①	−0.37①
	6 月 13 日	−0.04	0.63②	0.16	0.39①	0.45②	0.04	−0.50②	−0.07
	6 月 25 日	−0.06	0.64②	0.20	0.43②	0.44②	0.04	−0.57②	0.01
	6 月 29 日	−0.20	0.01	0.04	−0.17	0.00	0.00	−0.24	−0.13
	7 月 8 日	0.20	0.33①	0.10	0.37①	0.45②	−0.24	−0.34①	0.07
	7 月 17 日	−0.07	0.26	0.22	0.23	0.30	−0.12	−0.27	−0.23
	7 月 27 日	−0.10	0.20	−0.05	0.06	0.05	−0.04	−0.28	−0.01
	8 月 8 日	0.00	0.43②	0.41①	0.38①	0.44②	−0.10	−0.45②	0.15

① 达到显著相关水平（$P<0.05$）。
② 达到极显著相关水平（$P<0.01$）。

同时段土壤含水率显著或极显著正相关，说明上述时段充分供水对叶片氮含量的提高有利。在果粒膨大中后期（7 月 24—31 日）叶片氮含量与土壤含水率显著或极显著负相关，说明此时段水分胁迫对提高叶片氮含量有利。

从表 4.41 可以看出，2014 年果粒膨大中期（7 月 7 日至 8 月 7 日）叶片叶绿素含量和叶片氮含量与土壤含水率基本呈负相关关系。其中，7 月 7 日、7 月 28 日叶绿素含量与 7 月 3 日土壤含水率显著负相关，7 月 28 日叶绿素含量与 5 月 17 日土壤含水率也显著负相关，表明萌芽期、果粒膨大中期适度水分胁迫（较低的土壤含水率）有利于提高葡萄叶片叶绿素含量。另外，7 月 24 日叶绿素含量与 6 月 7 日（新梢生长期）土壤含水率显著正相关，表明新梢生长期充分供水对随后阶段葡萄叶片叶绿素含量的提高有利。7 月 28 日叶片氮含量与 7 月 3 日土壤含水率极显著负相关（$r=−0.44$），与 7 月 26 日土壤含水率也显著负相关（$r=−0.34$），表明果粒膨大中期适度水分胁迫对提高葡萄叶片氮含量有利。

表 4.41   葡萄叶片叶绿素含量、叶片氮含量与土壤含水率相关分析（2014）

葡萄生理生化指标	日期	各时段葡萄叶片叶绿素含量					不同日期葡萄叶片氮含量				
		6月22日	7月7日	7月24日	7月28日	8月7日	6月22日	7月7日	7月24日	7月28日	8月7日
土壤含水率	5月3日	0.05	−0.08	−0.01	−0.14	−0.26	0.08	−0.04	−0.06	−0.16	−0.22
	5月17日	0.08	−0.13	0.00	−0.34①	−0.30	0.00	−0.13	−0.03	−0.32	−0.27
	5月30日	0.03	−0.16	0.03	−0.17	−0.21	−0.01	−0.11	0.00	−0.23	−0.17
	6月7日	0.26	0.07	0.38①	−0.29	0.01	0.18	−0.11	0.27	−0.23	0.01
	6月18日	0.16	−0.13	0.01	−0.13	−0.07	0.29	−0.11	−0.07	−0.17	−0.13
	7月3日	0.26	−0.34①	0.05	−0.36①	−0.23	0.15	−0.28	0.13	−0.44②	−0.20
	7月26日	0.27	−0.21	0.08	−0.32	−0.31	0.17	−0.23	0.08	−0.34①	−0.30
	8月15日	−0.11	0.12	−0.04	0.08	−0.10	−0.04	0.05	−0.07	0.10	−0.08
	8月27日	0.09	−0.27	−0.05	−0.17	−0.24	−0.03	−0.26	−0.07	−0.19	−0.19

① 达到显著相关水平（$P<0.05$）。

② 达到极显著相关水平（$P<0.01$）。

4.8.3 叶片叶绿素含量、氮含量与葡萄果粒膨大相关分析

1. 与果粒横径膨大速率关系

将 2013 年葡萄果粒横径膨大速率与叶片氮含量相关分析表明（表 4.42），葡萄第 1 时段（7 月 8—15 日）果粒横径膨大速率与 6 月 1 日叶片氮含量极显著正相关（$r=0.47$，$P<0.01$）。第 2 时段（7 月 15—23 日）果粒横径膨大速率与 6 月 8 日、6 月 30 日叶片氮含量极显著正相关，与 7 月 10 日叶片氮含量显著正相关（$P<0.05$）。第 3 时段（7 月 23—30 日）果粒横径膨大速率与近前期（6 月 30 日至 7 月 24 日）叶片氮含量存在一定正相关关系，但都不显著；7 月 31 日叶片氮含量呈极显著负相关（$r=-0.43$），说明第 3 时段葡萄果粒膨大速率越快，致使植物养分消耗过多，叶片氮含量随之显著下降。第 6 时段（8 月 12—20 日）果粒横径膨大速率与 7 月 24 日叶片氮含量显著正相关（$r=0.33$）；随后阶段（8 月 20—27 日）果粒横径膨大速率也分别与 6 月 30 日、7 月 10 日叶片氮含量显著正相关（$r=0.38$）和极显著正相关（$r=0.43$）。由上述分析可知，葡萄果粒横径膨大速率与之前 15～40d 的叶片内氮含量由密切的正相关关系，另外叶片内氮含量会受到之前阶段果粒膨大消耗而降低，且膨大速率越快，降低越多。

葡萄果粒横径膨大速率与叶片叶绿素含量相关分析表明（表 4.42），第 2 时段（7 月 15—23 日）葡萄果粒横径膨大速率分别与 6 月 8 日、6 月 30 日叶片叶绿素含量极显著正相关（$r=0.49$、0.45，$P<0.01$），与 7 月 10 日叶绿素含量显著正相关（$r=0.38$，$P<0.05$）；第 7 时段（8 月 20—27 日）果粒横径膨大速率与 6 月 8 日叶片叶绿素含量显著正相关（$r=0.39$），与 7 月 10 日叶绿素含量极显著正相关（$r=0.45$）；其他时段果粒横径膨大速率与叶片叶绿素含量关系不明显。

总体来看，6 月 8 日至 7 月 10 日（新梢生长后期—果粒膨大初期）叶片氮含量和叶绿素含量对葡萄果粒横径膨大速率有重要影响，在该时段提高叶片氮含量和叶绿素含

量对提高葡萄果粒横径膨大速率具有重要意义。

表 4.42　　葡萄果粒横径膨大速率与叶片内氮含量和叶绿素含量的相关分析（2013 年）

项　目	日期	不同时段果粒横径膨大速率							
		7 月 8—15 日	7 月 15—23 日	7 月 23—30 日	7 月 30 日至 8 月 7 日	8 月 7—12 日	8 月 12—20 日	8 月 20—27 日	8 月 27 日至 9 月 5 日
叶片氮含量	6 月 1 日	0.47[②]	−0.01	−0.20	−0.04	−0.12	0.07	−0.10	0.11
	6 月 8 日	0.08	0.45[②]	0.12	0.13	−0.25	−0.26	0.29	−0.04
	6 月 23 日	0.19	0.07	−0.13	−0.17	0.07	−0.05	0.14	−0.02
	6 月 30 日	0.06	0.48[②]	0.25	0.13	−0.26	−0.15	0.38[①]	0.11
	7 月 10 日	0.31	0.35[①]	0.17	0.13	−0.15	0.05	0.43[②]	0.23
	7 月 17 日	−0.11	−0.03	0.12	0.08	0.19	0.13	0.07	0.04
	7 月 24 日	0.26	−0.28	0.03	−0.11	0.20	0.33[①]	−0.16	0.05
	7 月 31 日	0.15	−0.12	−0.43[②]	−0.24	0.08	−0.02	0.03	−0.29
	10 月 15 日	−0.13	0.09	0.01	−0.07	0.19	0.12	−0.05	0.09
叶片叶绿素含量	6 月 1 日	0.12	0.16	0.10	0.13	0.23	0.12	0.25	
	6 月 8 日	0.01	0.49[②]	0.09	0.12	−0.14	−0.21	0.39[①]	−0.10
	6 月 23 日	−0.09	0.03	−0.18	−0.09	0.13	0.03	0.18	−0.13
	6 月 30 日	−0.03	0.45[②]	0.23	0.13	−0.21	−0.11	0.31	0.09
	7 月 10 日	0.28	0.38[①]	0.17	0.13	−0.17	0.02	0.45[②]	0.22
	7 月 17 日	0.10	0.08	−0.03	−0.14	0.20	0.20	0.05	
	7 月 24 日	0.13	−0.18	−0.08	−0.11	0.06	0.21	−0.12	−0.07
	7 月 31 日	0.10	0.30	−0.01	0.04	−0.09	−0.11	0.31	−0.05
	10 月 15 日	−0.09	0.17	0.12	0.04	0.20	0.17	0.03	0.18

① 达到显著相关水平（$P<0.05$）。

② 达到极显著相关水平（$P<0.01$）。

从表 4.43 可以看出，2014 年葡萄第 1 时段（6 月 22—26 日）和第 2 时段（6 月 26—30 日）果粒横径膨大速率与 6 月 22 日叶片氮含量极显著正相关（$r=0.63$、0.56，$P<0.01$）。第 3 时段（6 月 30 日至 7 月 5 日）和第 4 时段（7 月 5—14 日）果粒横径膨大速率与叶片氮含量相关关系不明显。第 5 时段（7 月 14—21 日）果粒横径膨大速率与随后时刻 7 月 24 日叶片氮含量存在显著负相关关系，说明该时段葡萄果粒横纵膨大速率越快，致使植物养分消耗过多，叶片氮含量随之显著下降。第六时段（7 月 21 日至 8 月 2 日）果粒横径膨大速率与之前 7 月 7 日叶片氮含量显著正相关（$r=0.39$，$P<0.05$）；随后两个阶段（8 月 2—8 日、8 月 8—14 日）的果粒横径膨大速率也与之前时刻 7 月 28 日叶片氮含量极显著正相关（$P<0.01$）。

综上所述，葡萄果粒横径膨大速率与之前 5～25d 的叶片内氮含量由密切的正相关关系；同时，葡萄叶片内氮含量会受到之前阶段果粒膨大消耗而降低，且膨大速率越快，降低越多。另外，最后两个阶段（8 月 2—8 日、8 月 8—14 日）的果粒横径膨大速率与之前 6 月 22 日叶片氮极显著负相关（$P<0.01$），其原因有待进一步研究分析。

表 4.43 葡萄果粒横径膨大速率与叶片内氮含量和叶绿素含量的相关分析（2014 年）

项 目	日期	不同时段果粒横径膨大速率							
		6月22—26日	6月26—30日	6月30日至7月5日	7月5—14日	7月14—21日	7月21日至8月2日	8月2—8日	8月8—14日
叶片氮含量	6月22日	0.63②	0.56②	−0.13	−0.39	−0.32	−0.13	−0.47②	−0.47②
	7月7日	−0.19	−0.19	−0.30	−0.10	−0.13	0.39①	0.33	0.32
	7月24日	0.50②	0.52②	−0.20	−0.29	−0.47②	0.15	−0.21	−0.22
	7月28日	−0.47②	−0.48②	−0.10	0.29	−0.01	0.07	0.44②	0.44②
	8月7日	0.07	0.02	−0.19	0.00	−0.22	0.24	0.21	0.22
叶片叶绿素含量	6月22日	0.61②	0.54②	−0.11	−0.33	−0.30	−0.03	−0.29	−0.29
	7月7日	−0.16	−0.17	−0.27	−0.05	−0.15	0.45①	0.40①	0.40①
	7月24日	0.50②	0.53②	−0.25	−0.35①	−0.45②	0.08	−0.22	−0.22
	7月28日	−0.48②	−0.48②	−0.13	0.26	−0.02	0.12	0.45②	0.44②
	8月7日	0.11	0.06	−0.22	0.01	−0.24	0.19	0.20	0.20

① 达到显著相关水平（$P < 0.05$）。

② 达到极显著相关水平（$P < 0.01$）。

2014 年葡萄果粒横径膨大速率与叶片叶绿素含量相关分析表明（表 4.43），第 1 时段（6 月 22—26 日）和第 2 时段（6 月 26—30 日）果粒横径膨大速率与 6 月 22 日叶片叶绿素含量极显著正相关（$r = 0.61$、0.54，$P < 0.01$）。第 4 时段（7 月 5—14 日）和第 5 时段（7 月 14—21 日）果粒横径膨大速率与随后 7 月 24 日叶片叶绿素含量分别均存在显著负相关和极显著负相关关系，这可能也是葡萄在上述时段果粒横径膨大速率很快，导致随后叶片叶绿素含量显著下降的缘故。第 6 时段（7 月 21 日至 8 月 2 日）果粒横径膨大速率与之前 7 月 7 日叶片叶绿素含量极显著正相关（$P < 0.05$）；最后两个阶段（8 月 2—8 日、8 月 8—14 日）的果粒横径膨大速率也与之前时刻 7 月 28 日叶片叶绿素含量极显著正相关（$P < 0.01$）。

2. 与果粒纵径膨大速率的相关分析

2013 年葡萄果粒纵径膨大速率与叶片氮含量相关分析表明（表 4.44），葡萄第 1 时段（7 月 8—15 日）果粒纵径膨大速率与 6 月 1 日、6 月 30 日、7 月 10 日叶片氮含量显著正相关（$P < 0.05$）；与 6 月 8 日叶片氮含量极显著正相关（$P < 0.01$）；而之后（7 月 17 日至 10 月 15 日）叶片氮含量却都与第 1 时段葡萄果粒纵径膨大速率呈负相关，7 月 31 日叶片氮含量更是达到显著负相关水平（$P < 0.05$），说明前期叶片氮含量的积累对葡萄初期果粒膨大具有积极作用，而极大的膨大速率（表 4.6）会导致后期叶片内氮含量下降，且该时期果粒膨大速率越快，叶片氮含量下降越多。7 月 15—23 日、7 月 23—30 日、7 月 30 日至 8 月 7 日等 3 个时段果粒纵径膨大速率都分别与之前 6 月 30 日的叶片氮含量极显著或显著正相关。另外，7 月 30 日至 8 月 7 日葡萄果粒纵径膨大速率与 7 月 31 日叶片氮含量显著负相关（$P < 0.05$），这可能是 7 月 30 日至 8 月 7 日葡萄果粒纵径膨大速率很小（表 4.6），葡萄根系吸收的氮超过了树体自身氮的消耗量，且

果粒膨大速率相对越慢，叶片氮含量增加反而越多的缘故。果粒膨大中后期（8月7日之后），葡萄果粒纵径膨大速率与叶片氮含量关系不明显，只有8月27日至9月5日果粒纵径膨大速率与7月10日叶片氮含量呈显著正相关（$r=0.39$，$P<0.05$）。

表 4.44　葡萄果粒纵径膨大速率与叶片内氮含量和叶绿素含量的相关分析（2013年）

项　目	日期	不同时段果粒纵径膨大速率							
		7月8—15日	7月15—23日	7月23—30日	7月30日至8月7日	8月7—12日	8月12—20日	8月20—27日	8月27日至9月5日
叶片氮含量	6月1日	0.33①	−0.14	−0.05	−0.20	0.08	0.01	−0.19	0.03
	6月8日	0.52②	0.31	0.19	0.33	−0.20	−0.14	−0.19	0.05
	6月23日	0.25	0.17	−0.09	0.11	0.06	−0.05	−0.12	0.22
	6月30日	0.37①	0.49②	0.33①	0.34①	−0.24	−0.13	0.17	0.25
	7月10日	0.38①	0.36①	0.22	0.30	0.04	−0.06	0.15	0.39①
	7月17日	−0.18	0.23	0.21	0.15	0.02	0.00	0.32	0.11
	7月24日	−0.19	−0.02	−0.24	−0.15	0.14	0.25	0.29	−0.01
	7月31日	−0.34①	−0.21	−0.09	−0.38①	0.04	−0.04	−0.08	0.01
	10月15日	−0.16	0.00	0.21	−0.18	0.20	0.09	0.21	0.16
叶片叶绿素含量	6月1日	0.30	0.17		0.07		0.06	0.23	0.20
	6月8日	0.43②	0.35	0.17	0.37①	−0.09	−0.12	−0.09	0.12
	6月23日	−0.09	0.10	0.07	−0.06	0.09	0.00	0.01	0.10
	6月30日	0.32	0.46②	0.33①	0.29	−0.19	−0.06	0.17	0.18
	7月10日	0.40①	0.36①	0.26	0.31	0.03	−0.09	0.17	0.41①
	7月17日	−0.18	0.16	0.06	−0.15	0.02	0.09	0.31	0.13
	7月24日	−0.31	−0.10	−0.09	−0.27	0.02	0.11	0.23	−0.16
	7月31日	0.16	0.25	0.21	0.01	−0.03	−0.01	0.07	0.28
	10月15日	−0.05	0.13	0.19	−0.04	0.25	0.17	0.25	0.23

① 达到显著相关水平（$P<0.05$）。

② 达到极显著相关水平（$P<0.01$）。

果粒纵径膨大速率与叶绿素含量相关分析表明（表4.44），在果粒膨大初、早期（7月8日至8月7日），果粒纵径膨大速率分别与6月8日、6月30日、7月10日叶绿素含量存在显著或极显著正相关关系；果粒膨大中后期，除8月27日至9月5日果粒纵径膨大速率与7月10日叶片叶绿素含量显著正相关（$P<0.05$），其他时段果粒纵径膨大速率与叶片叶绿素含量关系不明显。

综上分析可知，6月8日至7月10日（新梢生长后期—果粒膨大初期）叶片氮含量和叶绿素含量对葡萄果粒纵径膨大至关重要，在该时段提高植物营养对提高葡萄果粒纵径具有重要意义。

2014年葡萄果粒纵径膨大速率与叶片氮含量相关分析表明（表4.45），葡萄第1时段（6月22—26日）和第2时段（6月26—30日）果粒纵径膨大速率与之前6月22日叶片氮含量极显著正相关（$r=0.53$、0.59，$P<0.01$），说明前期叶片氮的积累对葡萄

初期膨大具有积极作用。7月28日叶片氮含量与第五时段（7月14—21日）葡萄果粒纵径膨大速率呈显著负相关水平（$P<0.05$），说明前期果粒较大的膨大速率（表4.7）会导致后期叶片内氮含量下降。7月5—14日、8月2—8日、8月8—14日等3个时段果粒纵径膨大速率都分别与之前6月22日的叶片氮含量极显著或显著负相关，这可能与葡萄在经历第一个膨大高峰期（6月30日至7月5日）和第2个膨大高峰期（7月21日至8月2日）后葡萄果粒纵径膨大速率急剧降低有关（表4.7）。

2014年果粒纵径膨大速率与叶绿素含量相关分析表明（表4.45），葡萄第1时段（6月22—26日）和第2时段（6月26—30日）果粒纵径膨大速率与之前6月22日叶片叶绿素含量极显著正相关（$P<0.01$），表明前期较高的叶片叶绿素含量有助于后期葡萄果粒纵径生长。7月24日叶片叶绿素含量与第4时段（7月5—14日）葡萄果粒纵径膨大速率显著负相关（$P<0.05$），表明前期果粒较大的膨大速率会导致后期叶片内叶绿素含量的下降。最后两个时段（8月2—8日、8月8—14日）果粒纵径膨大速率都分别与之前7月7日的叶片叶绿素含量显著正相关（$P<0.05$）。

表4.45　葡萄果粒纵径膨大速率与叶片氮含量和叶绿素含量的相关分析（2014年）

| 项　目 | 日期 | 不同时段果粒纵径膨大速率 | | | | | | | |
		6月22—26日	6月26—30日	6月30日至7月5日	7月5—14日	7月14—21日	7月21日至8月2日	8月2—8日	8月8—14日
叶片氮含量	6月22日	0.53[②]	0.59[②]	−0.11	−0.43[②]	−0.15	−0.05	−0.35[①]	−0.35[①]
	7月7日	−0.21	−0.21	−0.32	−0.13	−0.32	0.28	0.26	0.25
	7月24日	0.43[②]	0.46[②]	−0.23	−0.32	−0.22	0.00	−0.11	−0.11
	7月28日	−0.47[②]	−0.53[②]	0.01	0.21	−0.35[①]	0.21	0.28	0.28
	8月7日	−0.07	−0.08	−0.17	−0.03	−0.28	0.21	0.26	0.25
叶片叶绿素含量	6月22日	0.53[②]	0.59[②]	−0.10	−0.36[①]	−0.13	−0.12	−0.24	−0.25
	7月7日	−0.20	−0.20	−0.30	−0.09	−0.29	0.32	0.35[①]	0.34[①]
	7月24日	0.44[②]	0.47[②]	−0.26	−0.40[①]	−0.25	−0.01	−0.11	−0.11
	7月28日	−0.47[②]	−0.53[②]	−0.03	0.17	−0.32	0.22	0.26	0.27
	8月7日	−0.05	−0.06	−0.18	−0.02	−0.32	0.17	0.26	0.25

① 达到显著相关水平（$P<0.05$）。
② 达到极显著相关水平（$P<0.01$）。

综上分析可知，6月22日至7月7日（果粒膨大初期）叶片氮含量和叶绿素含量对葡萄果粒纵径膨大至关重要，在该时段提高植物营养对提高葡萄果粒纵径具有重要意义。

4.8.4　叶片叶绿素含量、氮含量与葡萄生理生化指标及葡萄品质相关分析

表4.46中统计出了与葡萄叶片叶绿素含量、氮含量存在显著相关关系的生化指标，包括叶片SOD活性、丙二醛含量、POD活性，其余不相关生理生化指标（叶片ABA、Pro、果实蔗糖合成酶含量等）未做统计。从表4.46中可以看出，10月22日叶片SOD活性与7月24日叶片叶绿素和叶片氮含量显著正相关（$r=0.39$、0.34），其余时段叶

片 SOD 活性与叶绿素和叶片氮含量关系不明显。

表 4.46　葡萄叶片叶绿素含量、叶片氮含量与生理生化指标相关分析（2014 年）

生理生化指标	日期	不同日期葡萄叶片叶绿素含量					不同日期葡萄叶片氮含量				
		6 月 22 日	7 月 7 日	7 月 24 日	7 月 28 日	8 月 7 日	6 月 22 日	7 月 7 日	7 月 24 日	7 月 28 日	8 月 7 日
叶片 SOD 活性	5 月 29 日	0.28	−0.14	0.19	−0.18	−0.04	0.20	−0.13	0.21	−0.16	−0.06
	6 月 25 日	0.15	0.14	0.15	0.14	0.12	0.18	0.16	0.17	0.17	0.16
	7 月 4 日	0.00	−0.01	−0.03	−0.01	−0.10	−0.03	0.06	0.05	0.02	−0.12
	8 月 1 日	0.08	−0.08	0.18	0.02	0.05	0.16	−0.05	0.15	0.04	0.08
	10 月 22 日	0.28	0.00	0.39①	−0.08	0.09	0.24	−0.08	0.34①	−0.09	0.12
	11 月 25 日	0.18	0.08	0.12	0.04	0.19	0.11	0.00	0.02	0.02	0.18
叶片丙二醛含量	5 月 29 日	0.22	−0.03	0.25	0.00	0.15	—	−0.14	0.30	0.00	0.10
	6 月 25 日	−0.18	−0.01	−0.19	−0.04	0.02	−0.15	0.07	−0.09	−0.06	0.01
	7 月 4 日	−0.24	−0.37①	−0.43②	−0.14	−0.39①	−0.26	−0.34①	−0.42①	−0.22	−0.41①
	8 月 1 日	0.04	−0.01	0.07	0.01	−0.06	0.08	−0.07	0.15	0.01	−0.08
	10 月 22 日	0.16	−0.16	0.28	−0.17	−0.09	0.25	−0.15	0.26	−0.17	−0.10
叶片 POD 活性	5 月 29 日	−0.15	0.02	0.16	0.07	0.15	−0.14	−0.11	0.07	—	−0.16
	6 月 25 日	−0.13	0.31	−0.02	0.34①	0.28	−0.03	0.32	0.00	0.36①	0.32
	7 月 4 日	−0.04	0.03	0.02	−0.02	0.04	−0.10	−0.05	0.04	0.00	0.10
	8 月 1 日	0.06	0.01	0.21	0.02	0.22	0.07	0.03	0.27	0.05	0.16
	10 月 22 日	0.03	0.12	−0.05	−0.02	0.19	0.12	−0.01	−0.14	0.00	0.26
	11 月 25 日	0.30	−0.04	0.22	−0.15	0.05	0.21	−0.10	0.17	−0.12	0.07

①　达到显著相关水平（$P<0.05$）。

②　达到极显著相关水平（$P<0.01$）。

从表 4.46 可以看出，叶片丙二醛含量与叶绿素含量等相关关系较为明显，7 月 4 日叶片丙二醛含量分别与后期 7 月 7 日、7 月 27 日和 8 月 7 日的叶片叶绿素含量和叶片氮含量呈显著或极显著负相关关系，说明葡萄在果粒膨大初期（7 月 4 日）叶片丙二醛含量过高不利于果粒膨大期葡萄叶片叶绿素含量和叶片氮含量的提高。叶片 POD 活性与叶绿素含量关系不明显，除 7 月 28 日叶绿素含量和叶片氮含量与 6 月 25 日 POD 活性显著正相关，其余时段不存在明显的相关关系。

表 4.47 中统计出了与葡萄叶片叶绿素含量、氮含量存在相关关系的葡萄品质指标，包括 TSS 含量、蔗糖含量、可滴定酸含量等，其余不相关的品质指标（果实果糖、葡萄糖、花青素）未做统计。从表 4.47 中可以看出，7 月 4 日至 8 月 28 日（果粒膨大期）果实蔗糖含量与葡萄叶片叶绿素、叶片氮含量等大多呈负相关关系，其中 7 月 24 日叶绿素含量、叶片氮含量与果实蔗糖负相关系数达到显著水平；着色成熟期中期（10 月 22 日）果实蔗糖含量分别与 6 月 22 日和 7 月 24 日叶绿素含量和叶片氮含量呈显著正相关。

葡萄果实中 TSS 含量与 7 月 7 日之后的叶片叶绿素含量和叶片氮含量基本都呈现正相关关系，其中 10 月 22 日 TSS 含量与 7 月 7 日叶绿素含量及叶片氮含量之间的相关

表 4.47 葡萄叶片叶绿素含量、叶片氮含量与葡萄果实品质相关分析（2014 年）

葡萄生理生化指标	日期	不同日期葡萄叶片叶绿素含量					不同日期葡萄叶片氮含量				
		6月22日	7月7日	7月24日	7月28日	8月7日	6月22日	7月7日	7月24日	7月28日	8月7日
葡萄果实蔗糖含量	7月4日	−0.26	−0.08	−0.42①	−0.03	−0.27	−0.22	−0.10	−0.38①	−0.06	−0.27
	8月1日	0.11	−0.15	0.22	−0.25	0.05	0.05	−0.20	0.25	−0.21	0.10
	8月28日	−0.06	−0.28	−0.18	−0.09	−0.11	−0.04	−0.28	−0.08	−0.12	−0.09
	10月22日	0.42①	−0.03	0.40①	−0.17	0.09	0.42①	−0.09	0.39①	−0.14	0.09
	11月30日	−0.24	−0.07	−0.12	0.09	−0.13	−0.29	−0.07	−0.09	0.08	−0.09
葡萄果实TSS含量	8月1日	−0.18	0.09	0.12	0.23	0.20	−0.09	0.16	0.15	0.20	0.22
	8月28日	−0.12	0.27	0.11	0.09	0.15	−0.08	0.19	0.11	0.16	0.12
	10月22日	−0.21	0.38①	−0.02	0.19	0.00	−0.10	0.34①	−0.02	0.25	0.00
	11月30日	−0.38①	0.07	−0.15	0.39①	0.13	−0.12	0.13	−0.12	0.38①	0.22
可滴定酸含量	11月30日	0.31	−0.31	0.12	−0.42①	−0.23	0.21	−0.40①	0.12	−0.45②	−0.23

① 达到显著相关水平（$P<0.05$）。
② 达到极显著相关水平（$P<0.01$）。

系数分别达到 0.38 和 0.34，显著正相关；11 月 30 日果实 TSS 含量与 7 月 28 日叶绿素含量及叶片氮含量也达到显著正相关，说明果粒膨大期之后较高的叶绿素含量和叶片氮含量有利于提高葡萄 TSS 含量。另外，葡萄 TSS 含量与 6 月 22 日（开花期结束时段）叶绿素含量和叶片氮含量均呈负相关关系，这可能是本时段叶绿素含量及叶片氮含量与水分调控的响应关系与其他时段不同的缘故（表 4.11，表 4.13）。

葡萄果实可滴定酸含量与 7 月 7 日、7 月 28 日叶片氮含量分别呈显著和极显著负相关关系，与 7 与 28 日叶片叶绿素含量呈显著负相关（表 4.47），表明果粒膨大期较高的叶片叶绿素含量和叶片氮含量有利于果实的生长发育、促进酸向糖的及时转化。

4.8.5 叶片叶绿素含量、氮含量与葡萄根际土壤微生物量相关分析

表 4.48 中统计出了葡萄叶片叶绿素含量、氮含量与根际土壤放线菌、真菌数量的相关关系（与细菌数量无显著相关关系，未统计）。从表 4.48 中可以看出，7 月 24（果实膨大期）叶片叶绿素含量和叶片氮含量与 5 月 3 日（萌芽期）根际土壤放线菌数量显著正相关（$r=$ 0.35、0.39）；9 月 30 日根际土壤放线菌数量与 7 月 28 日叶片叶绿素含量也显著正相关（$r=$ 0.33），说明萌芽期—着色成熟初期叶片叶绿素含量和叶片氮含量与土壤放线菌数量有相互促进作用。10 月 20 日（着色成熟中期）土壤放线菌数量与各阶段叶片叶绿素含量和叶片氮含量的相关系数都为负值，且与 8 月 7 日叶片叶绿素含量的相关系数达到了显著水平。

从表 4.48 可以看出，葡萄叶片叶绿素含量和叶片氮含量与部分时段土壤真菌数量存在显著负相关关系，如 7 月 25 日（果粒膨大初期）叶绿素含量、叶片氮含量与 7 月 8 日土壤真菌数量显著负相关（$r=−0.42$、$−0.41$）；而 10 月 20（着色成熟中期）土壤真菌数量与 7 月 7 日叶片叶绿素含量和叶片氮含量也显著负相关，相关系数依次达到 $−0.40$ 和 $−0.33$，说明土壤真菌数量与叶片叶绿素含量和叶片氮含量有相互抑制作用。

表 4.48　葡萄叶片叶绿素含量、叶片氮含量与土壤微生物量相关分析（2014 年）

土壤微生物	日期	不同日期葡萄叶片叶绿素含量					不同日期葡萄叶片氮含量				
		6 月 22 日	7 月 7 日	7 月 24 日	7 月 28 日	8 月 7 日	6 月 22 日	7 月 7 日	7 月 24 日	7 月 28 日	8 月 7 日
放线菌数量	5 月 3 日	0.19	−0.17	0.35①	−0.29	−0.13	0.13	−0.18	0.39①	−0.29	−0.12
	6 月 5 日	−0.06	−0.06	−0.23	0.04	−0.17	−0.12	−0.06	−0.22	−0.01	−0.19
	6 月 17 日	0.05	0.23	0.27	0.05	0.11	0.04	0.12	0.23	0.11	0.09
	7 月 8 日	−0.10	−0.05	−0.01	0.11	0.13	−0.12	−0.09	−0.11	0.05	0.13
	7 月 29 日	−0.14	0.00	−0.04	−0.01	−0.05	−0.20	−0.07	−0.10	0.02	−0.08
	9 月 30 日	−0.13	0.23	−0.09	0.33①	−0.12	−0.08	0.31	−0.06	0.31	−0.13
	10 月 20 日	−0.21	−0.16	−0.10	0.00	−0.34①	−0.16	−0.03	−0.06	−0.05	−0.31
	11 月 30 日	0.04	0.08	−0.17	0.00	−0.10	0.05	0.00	0.00	0.01	−0.09
真菌数量	5 月 3 日	0.02	−0.15	0.05	0.00	−0.14	−0.05	−0.12	0.14	−0.01	−0.14
	6 月 5 日	−0.12	0.07	−0.02	0.20	0.09	−0.06	0.14	0.06	0.19	0.09
	6 月 17 日	0.02	0.08	0.15	0.08	−0.08	0.05	0.08	0.19	0.10	−0.08
	7 月 8 日	0.24	−0.28	0.17	−0.42①	−0.14	0.25	−0.27	0.18	−0.41①	−0.12
	7 月 29 日	0.16	0.09	−0.10	0.02	0.13	0.11	0.06	−0.01	−0.01	0.20
	9 月 30 日	0.05	0.22	0.16	0.11	0.15	0.04	0.24	0.17	0.14	0.18
	10 月 20 日	−0.23	−0.40①	−0.26	−0.09	−0.27	−0.30	−0.33①	−0.28	−0.17	−0.27
	11 月 30 日	−0.22	−0.01	−0.09	0.17	−0.06	−0.29	−0.01	−0.03	0.16	−0.07

①　达到显著相关水平（$P < 0.05$）。

4.8.6　品质指标与叶片酶活性等指标相关分析

从表 4.49 可以看出，葡萄果实中果糖含量与部分时段葡萄叶片 SOD 活性、POD 活性及果实蔗糖合成酶含量存在显著负相关关系。如 11 月 25 日（着色成熟期后期）葡萄叶片 SOD 活性与 10 月 20 日（着色中期）果实果糖含量显著负相关（$r = −0.39$），8 月 1 日、11 月 30 日果实果糖含量分别与 8 月 1 日、7 月 4 日叶片 POD 活性显著负相关；10 月 22 日（着色中期）叶片 POD 活性与 8 月 1 日果实果糖含量也显著负相关（$r = −0.33$）；11 月 25 日果实蔗糖合成酶活性与 7 月 4 日果糖含量显著负相关（$r = −0.34$）。

葡萄果实中葡萄糖含量与葡萄叶片 SOD 活性、POD 活性、果实蔗糖合成酶含量的相关关系比果糖复杂（表 4.49）。8 月 1 日（果粒膨大中后期）葡萄叶片 SOD 活性与同时段果实葡萄糖含量显著负相关（$r = −0.35$）；但 10 月 22 日和 11 月 25 日叶片 SOD 活性都与之前时段果实葡萄糖含量显著正相关，其相关系数依次为 0.33、0.34。6 月 25 日、10 月 22 日、11 月 25 日葡萄叶片 POD 活性都依次与 7 月 4 日、11 月 30 日、8 月 28 日果实葡萄糖含量显著或极显著正相关（$r = 0.47$、0.41、0.46、0.51）。7 月 4 日和 11 月 30 日果实葡萄糖含量与 7 月 4 日果糖蔗糖合成酶含量分别呈极显著正相关（$r = 0.51$）和显著正相关（$r = 0.38$），但 11 月 25 日蔗糖合成酶含量与之前时段（10 月 20 日）果实葡糖糖含量极显著负相关（$r = −0.54$）。

表 4.49   葡萄果实中果糖、葡萄糖含量与生理生化指标相关分析（2014 年）

葡萄生理生化指标	日期	不同日期葡萄果实中果糖含量					不同日期葡萄果实中葡萄糖含量				
		7月4日	8月1日	8月28日	10月20日	11月30日	7月4日	8月1日	8月28日	10月20日	11月30日
叶片 SOD 活性	5 月 29 日	−0.07	−0.13	−0.06	−0.01	0.12	−0.04	−0.27	0.05	−0.02	−0.08
	6 月 25 日	0.22	−0.09	−0.04	−0.02	−0.07	−0.11	−0.11	−0.09	0.06	0.04
	7 月 4 日	0.14	−0.25	0.11	0.13	0.11	0.07	0.22	−0.22	−0.06	−0.13
	8 月 1 日	0.03	0.28	−0.18	0.00	0.22	−0.12	−0.35[①]	0.08	−0.08	0.25
	10 月 22 日	−0.25	−0.11	−0.08	−0.01	0.22	0.14	0.15	0.33[①]	−0.09	0.09
	11 月 25 日	0.12	0.13	0.12	−0.39[①]	−0.24	−0.04	0.08	0.33	0.34[①]	−0.15
叶片 POD 活性	5 月 29 日	−0.13	−0.05	−0.19	−0.10	−0.26	−0.10	−0.23	0.16	0.05	0.05
	6 月 25 日	−0.21	0.19	−0.03	−0.03	−0.15	0.47[②]	−0.13	0.09	0.12	0.41[①]
	7 月 4 日	0.11	−0.05	−0.29	−0.06	−0.45[②]	−0.29	−0.25	−0.24	0.09	−0.06
	8 月 1 日	−0.06	−0.35[①]	−0.28	−0.23	−0.26	0.00	0.10	0.13	0.04	0.17
	10 月 22 日	0.20	−0.14	−0.07	0.06	0.15	0.02	0.02	0.46[②]	−0.12	−0.19
	11 月 25 日	0.13	−0.23	0.08	−0.24	0.09	0.27	0.32	0.51[②]	0.08	−0.27
果实蔗糖合成酶活性	7 月 4 日	0.09	0.26	−0.02	0.00	−0.20	0.51[②]	−0.17	0.20	−0.26	0.38[①]
	8 月 1 日	0.03	−0.30	−0.23	0.00	−0.14	−0.22	−0.01	−0.33	0.17	0.03
	10 月 22 日	0.04	−0.10	−0.25	0.02	0.07	−0.17	0.25	−0.18	−0.29	0.08
	11 月 25 日	−0.34[①]	0.07	−0.17	0.15	0.01	0.32	−0.06	0.28	−0.54[②]	0.14

① 达到显著相关水平（$P<0.05$）。

② 达到极显著相关水平（$P<0.01$）。

从表 4.50 可以看出，7 月 4 日、8 月 1 日和 11 月 30 日葡萄果实中蔗糖含量依次与 5 月 29 日、8 月 1 日、11 月 25 日叶片 SOD 活性显著或极显著正相关，其相关系数依次为 0.33、0.44、0.43，说明较高的叶片 SOD 活性对同时段和随后时段葡萄果实中蔗糖含量有明显的提高作用。着色成熟期（8 月 28 日、10 月 20 日）葡萄果实中蔗糖含量与之前时段或同时段葡萄果实蔗糖合成酶活性极显著正相关，相关系数分别达到 0.44、0.50，说明蔗糖合成酶活性对提高果实蔗糖含量有利。葡萄果实蔗糖含量与葡萄叶片 POD 活性无明显的相关关系（表 4-50）。

表 4.50   葡萄果实蔗糖、总糖含量与生理生化指标相关分析（2014 年）

葡萄生理生化指标	日期	不同日期葡萄果实中蔗糖含量					不同日期葡萄果实中总糖含量				
		7月4日	8月1日	8月28日	10月20日	11月30日	7月4日	8月1日	8月28日	10月20日	11月30日
叶片 SOD 活性	5 月 29 日	0.33[①]	0.07	−0.06	−0.13	−0.08	0.11	−0.29	−0.09	−0.15	−0.02
	6 月 25 日	0.18	−0.12	−0.10	−0.06	0.02	0.20	−0.24	−0.21	−0.02	−0.01
	7 月 4 日	−0.05	0.26	−0.03	−0.23	0.18	0.16	0.08	−0.10	−0.14	0.02
	8 月 1 日	−0.05	0.44[②]	0.03	0.07	0.01	−0.13	0.26	−0.11	0.00	0.40[①]
	10 月 22 日	0.11	0.04	−0.13	0.04	−0.05	−0.01	0.03	0.09	−0.05	0.23
	11 月 25 日	−0.01	0.05	0.04	0.19	0.43[②]	0.05	0.22	0.46[②]	0.11	−0.18

续表

葡萄生理生化指标	日期	不同日期葡萄果实中蔗糖含量					不同日期葡萄果实中总糖含量				
		7月4日	8月1日	8月28日	10月20日	11月30日	7月4日	8月1日	8月28日	10月20日	11月30日
叶片POD活性	5月29日	0.05	−0.07	0.00	0.29	0.06	−0.18	−0.26	−0.08	0.22	−0.13
	6月25日	−0.17	0.08	−0.16	0.02	−0.15	0.18	0.13	−0.10	0.11	0.24
	7月4日	−0.11	−0.01	−0.03	0.06	0.10	−0.26	−0.25	−0.57②	0.08	−0.35①
	8月1日	−0.15	−0.03	0.03	0.30	0.05	−0.15	−0.27	−0.18	0.09	−0.01
	10月22日	−0.14	0.32	−0.20	0.23	0.05	0.11	0.06	0.16	0.16	−0.05
	11月25日	−0.04	−0.08	−0.28	−0.02	−0.08	0.36①	−0.01	0.30	−0.18	−0.22
果实蔗糖合成酶活性	7月4日	−0.20	0.18	−0.10	0.23	0.07	0.46②	0.22	0.06	−0.04	0.24
	8月1日	−0.01	−0.21	0.44②	−0.08	−0.19	−0.21	−0.41①	−0.17	0.16	−0.13
	10月22日	−0.32	0.09	0.23	0.50②	−0.09	−0.36①	0.15	−0.24	0.20	0.10
	11月25日	−0.14	0.16	−0.16	0.02	0.09	−0.06	0.12	−0.08	−0.35①	0.17

① 达到显著相关水平（$P<0.05$）。

② 达到极显著相关水平（$P<0.01$）。

从表 4.50 可以看出，11 月 30 日葡萄果实总糖与之前时段（8 月 1 日）叶片 SOD 活性显著正相关（$r=0.40$），11 月 25 日叶片 SOD 活性也与之前时段（8 月 28 日）果实总糖极显著正相关（$r=0.46$），说明部分时段葡萄果实总糖含量与叶片 SOD 活性有相互促进作用。果实总糖含量与叶片 POD 活性及果实蔗糖合成酶活性关系较为复杂，即存在显著正相关关系，也有显著负相关关系，这主要是总糖中果糖、葡萄糖、蔗糖含量与叶片 POD 活性和果实蔗糖合成酶活性的相关关系规律不同所引起。

表 4.51 统计出了与葡萄果实 TSS 含量、花青素含量存在显著相关关系的叶片 SOD 活性指标，叶片 POD 活性、丙二醛含量、蔗糖合成酶含量与果实 TSS 含量和花青素含量无显著相关关系，未统计。从表 4.51 可以看出，着色成熟期（8 月 28 日、11 月 30 日）葡萄果实 TSS 含量与之前（8 月 1 日、6 月 25 日）叶片 SOD 活性极显著正相关（$r=0.49$、0.44），表明叶片 SOD 活性有利于提高后期葡萄果实 TSS 含量。

表 4.51　　葡萄果实 TSS 等与葡萄生理生化指标相关分析（2014 年）

葡萄生理生化指标	日期	不同日期葡萄果实中 TSS 含量				不同日期葡萄果皮中花青素含量				可滴定酸含量
		8月1日	8月28日	10月20日	11月30日	8月1日	8月28日	10月20日	11月30日	11月30日
叶片SOD	5月29日	0.00	0.19	0.11	0.03	−0.14	0.08	0.42①	−0.05	−0.03
	6月25日	0.05	0.04	0.11	0.44②	−0.27	−0.25	0.17	−0.10	−0.04
	7月4日	0.06	−0.05	−0.03	0.13	0.13	0.18	−0.03	−0.06	−0.04
	8月1日	0.24	0.49②	0.23	0.29	0.13	0.06	0.04	−0.12	−0.22
	10月22日	−0.12	0.11	0.05	0.19	0.03	−0.02	0.12	0.10	0.06
	11月25日	−0.11	−0.12	−0.15	−0.06	0.10	−0.07	−0.22	−0.08	0.41①

① 达到显著相关水平（$P<0.05$）。

② 达到极显著相关水平（$P<0.01$）。

从表 4.51 可知，10 月 20 日（着色成熟中期）葡萄果皮花青素含量与 5 月 29 日葡萄叶片 SOD 活性显著正相关（$r=0.42$）。成熟末期（11 月 30 日）果实可滴定酸含量与同日期（11 月 25 日）叶片 SOD 活性显著正相关（$r=0.41$）。

4.9 水分调控对土壤环境因子的影响机制

4.9.1 对葡萄根际土壤微生物量的影响

1. 土壤酶与土壤含水率相关分析

表 4.52 统计出了与葡萄根际土壤酶有显著相关关系的 3 个时段土壤含水率，其余时间土壤含水率与土壤酶不存在显著相关关系，未统计。从表 4.52 可以看出，葡萄根际土壤蔗糖合成酶活性与土壤含水率之间不存在显著相关关系，说明土壤蔗糖合成酶活性对土壤水分不敏感。葡萄根际土壤脲酶活性与之前部分时段土壤含水率存在显著正相关关系，如新梢生长期（6 月 5 日）、果粒膨大期（7 月 8 日）、着色成熟期（11 月 30 日）根际土壤脲酶与萌芽期（5 月 3—17 日）和新梢生长期（6 月 7 日）土壤含水率的相关系数达到 0.35、0.49 和 0.37，说明在本试验范围内，较高的土壤含水率对提高土壤脲酶活性有利。

表 4.52　　　　葡萄根际土壤酶活性与土壤含水率相关分析（2014 年）

项目	日期	不同日期土壤蔗糖合成酶					不同日期土壤脲酶				
		5 月 3 日	6 月 5 日	7 月 8 日	8 月 28 日	11 月 30 日	5 月 3 日	6 月 5 日	7 月 8 日	8 月 28 日	11 月 30 日
土壤含水率	5 月 3 日	0.02	0.00	0.04	−0.04	−0.02	−0.23	0.35[①]	0.17	−0.10	0.23
	5 月 17 日	−0.24	−0.11	−0.06	−0.03	0.04	−0.29	0.30	0.21	−0.07	0.37[①]
	6 月 7 日	−0.05	0.10	−0.03	−0.08	0.07	−0.06	0.10	0.49[②]	−0.01	−0.04

① 达到显著相关水平（$P<0.05$）。

② 达到极显著相关水平（$P<0.01$）。

2. 土壤细菌数量与土壤含水率相关分析

由表 4.53 可知，葡萄根际土壤细菌数量与土壤含水率存在显著正相关关系。如果粒膨大中期（7 月 29 日）土壤细菌数量与果粒膨大初期（7 月 3 日）、膨大中期（7 月 26 日）和膨大后期（8 月 27 日）土壤含水率均显著正相关（$r=0.35$、0.49、0.37）。

表 4.53　　　　葡萄根际土壤细菌数量与土壤含水率的相关分析（2014 年）

项目	日期	不同日期根际土壤细菌数量							
		5 月 3 日	6 月 5 日	6 月 17 日	7 月 8 日	7 月 29 日	9 月 3 日	10 月 20 日	11 月 30 日
土壤含水率	7 月 3 日	−0.32	−0.05	−0.22	0.05	0.36[①]	0.25	0.08	0.20
	7 月 26 日	−0.09	0.03	0.21	−0.03	0.34[①]	−0.19	0.05	0.35[①]
	8 月 27 日	−0.06	−0.07	0.11	−0.18	0.36[①]	0.10	0.11	0.54[②]
	10 月 24 日	−0.19	−0.07	−0.14	0.31	0.03	0.03	0.18	0.42[①]

着色成熟末期（11 月 30 日）土壤细菌数量与果粒膨大中后期（7 月 26 日至 8 月 27 日）及着色成熟中期（10 月 24 日）土壤含水率也显著或极显著正相关（$r=0.35$、0.54、0.42），说明在本试验范围内，果粒膨大期—着色成熟中期较高的土壤含水率对葡萄根际土壤细菌的生长有利。

3. 土壤放线菌数量与土壤含水率相关分析

由表 4.54 可知，葡萄根际土壤放线菌数量与土壤含水率之间相关关系较为复杂，在开花期（6 月 17 日）土壤放线菌数量与萌芽期（5 月 3—17 日）土壤含水率显著负相关（$r=-0.36$、-0.36），说明萌芽期较低的土壤含水率对开花期葡萄根际土壤放线菌的生长有利。而葡萄着色成熟末期（11 月 30 日）放线菌数量与果实膨大末期（8 月 27 日）和着色成熟中期（10 月 24 日）土壤含水率显著正相关（$r=0.39$、0.38），说明葡萄果粒膨大末期—着色成熟中期较高的土壤含水率对后期放线菌生长有利。另外，果粒膨大后期（8 月 15 日）土壤含水率与开花期（6 月 17 日）土壤放线菌数量显著正相关（$r=0.47$），这可能是开花期较高的放线菌处理在果粒膨大期刚好对应充分供水调控模式所引起，与土壤放线菌数量对土壤含水率的响应规律无关。

表 4.54　　　　　　葡萄根际土壤放线菌与土壤含水率的相关分析（2014 年）

项目	日期	不同日期根际土壤放线菌数量							
		5 月 3 日	6 月 5 日	6 月 17 日	7 月 8 日	7 月 29 日	9 月 30 日	10 月 20 日	11 月 30 日
土壤含水率	5 月 3 日	−0.03	−0.16	−0.36①	−0.12	−0.08	−0.06	0.26	0.19
	5 月 17 日	0.07	−0.13	−0.36①	−0.16	0.12	−0.08	0.19	0.13
	8 月 15 日	−0.12	−0.02	0.47②	0.11	0.17	−0.05	0.05	0.02
	8 月 27 日	−0.06	−0.02	0.03	−0.18	0.12	−0.23	−0.02	0.39①
	10 月 24 日	0.03	0.10	−0.12	−0.09	0.01	0.05	0.27	0.38①

① 达到显著相关水平（$P<0.05$）。
② 达到极显著相关水平（$P<0.01$）。

4. 土壤真菌数量与土壤含水率相关分析

由表 4.55 可知，部分时段葡萄根际土壤真菌数量与土壤含水率之间存在显著正相关关系。如果粒膨大中期（7 月 29 日）土壤真菌数量与之前时段（7 月 3 日）土壤含水率极显著正相关（$r=0.44$）；着色成熟中期（10 月 20 日）根际土壤真菌数量与萌芽期（5 月 3 日）和新梢生长期（5 月 30 日）土壤含水率也显著正相关（$r=0.39$、0.35）；成熟末期（11 月 30 日）土壤真菌数量与萌芽期—果粒膨大期（5 月 3 日至 8 月 27 日）土壤含水率显著正相关，与着色成熟中期（10 月 20 日）土壤含水率极显著正相关，说明在本试验范围内，萌芽期—着色成熟中期较高的土壤含水率对真菌生长有利。另外，着色成熟中期（10 月 5 日）土壤含水率与着色初期（9 月 30 日）土壤真菌数量显著正相关（$r=0.39$），这可能是在着色成熟期土壤含水率调控整体维持一致性调控的原因，即着色成熟期充分供水处理在该生育期一致保持充分供水，而着色成熟期胁迫处理则在该生育期一致维持水分胁迫模式。

表 4.55　　　葡萄根际土壤真菌数量与土壤含水率的相关分析（2014 年）

项目	日期	不同日期根际土壤真菌数量							
		5 月 3 日	6 月 5 日	6 月 17 日	7 月 8 日	7 月 29 日	9 月 30 日	10 月 20 日	11 月 30 日
土壤 含水率	5 月 3 日	−0.31	−0.02	−0.27	0.09	0.12	−0.28	0.39①	0.41①
	5 月 17 日	−0.32	−0.11	−0.20	−0.02	0.14	−0.15	0.28	0.42①
	5 月 30 日	−0.18	0.02	−0.18	−0.04	0.32	−0.33	0.35①	0.41①
	7 月 3 日	0.20	0.22	−0.03	0.15	0.44②	−0.07	0.22	0.41①
	7 月 26 日	0.20	0.08	−0.09	0.29	0.10	−0.29	0.07	0.41①
	8 月 27 日	0.32	0.08	−0.15	0.19	0.23	−0.19	0.17	0.34①
	9 月 18 日	0.09	−0.08	−0.19	0.20	0.32	−0.30	0.18	0.32
	10 月 5 日	0.18	0.10	0.22	0.02	−0.26	0.39①	0.18	0.01
	10 月 24 日	0.14	0.23	−0.02	0.20	0.32	−0.04	0.02	0.43②

① 达到显著相关水平（$P<0.05$）。
② 达到极显著相关水平（$P<0.01$）。

4.9.2　葡萄根际土壤酶活性与土壤微生物相关分析

1. 土壤蔗糖合成酶活性与土壤微生物量相关分析

由表 4.56 可知，部分时段葡萄根际土壤蔗糖合成酶活性与放线菌数量存在显著或极显著正相关关系。如新梢生长期（6 月 5 日）土壤蔗糖合成酶活性与萌芽期（5 月 3 日）土壤放线菌数量极显著正相关（$r=0.64$）；成熟末期（11 月 30 日）蔗糖合成酶活性与果实膨大初期（7 月 8 日）放线菌数量显著正相关（$r=0.39$），说明土壤放线菌对土壤蔗糖合成酶活性有促进作用。

表 4.56　　　葡萄根际土壤酶活性与土壤微生物量相关分析（2014 年）

土壤微 生物量	日期	不同日期土壤蔗糖合成酶活性					不同日期土壤脲酶活性				
		5 月 3 日	6 月 5 日	7 月 8 日	9 月 30 日	11 月 30 日	5 月 3 日	6 月 5 日	7 月 8 日	9 月 30 日	11 月 30 日
放线菌 数量	5 月 3 日	0.01	0.64②	0.03	0.00	−0.23	0.01	0.08	0.12	−0.07	−0.07
	6 月 5 日	0.10	0.29	0.01	0.07	0.00	0.07	−0.04	−0.09	−0.04	−0.31
	6 月 17 日	−0.23	−0.11	−0.10	0.15	0.07	−0.04	−0.09	−0.14	0.07	−0.07
	7 月 8 日	−0.19	0.08	−0.07	0.06	0.39①	0.01	−0.04	−0.11	0.05	−0.15
	7 月 29 日	0.10	−0.03	0.18	0.07	0.12	−0.27	−0.27	0.09	−0.30	−0.29
	9 月 30 日	0.12	−0.20	−0.17	0.06	0.04	−0.05	0.11	−0.28	0.36①	0.19
	10 月 20 日	0.05	−0.01	−0.27	−0.11	0.22	0.08	0.14	−0.05	−0.27	0.05
	11 月 30 日	−0.05	−0.13	−0.04	0.12	−0.05	0.02	0.17	−0.05	−0.03	0.31
细菌 数量	5 月 3 日	0.20	−0.09	0.05	0.19	0.01	0.27	0.38①	−0.11	0.10	0.11
	6 月 5 日	−0.11	−0.05	0.60②	0.39①	−0.11	−0.07	−0.17	−0.22	0.01	−0.02
	6 月 17 日	0.07	0.07	0.12	0.06	0.02	0.12	0.13	0.19	0.38①	0.02
	7 月 8 日	−0.13	−0.08	0.24	0.48②	−0.20	0.19	−0.14	−0.20	0.16	−0.05
	7 月 29 日	−0.13	−0.01	−0.14	0.14	0.06	0.04	0.07	0.28	−0.02	0.03

续表

土壤微生物量	日期	不同日期土壤蔗糖合成酶活性					不同日期土壤脲酶活性				
		5月3日	6月5日	7月8日	9月30日	11月30日	5月3日	6月5日	7月8日	9月30日	11月30日
细菌数量	9月30日	−0.07	−0.18	−0.29	−0.21	−0.19	0.19	0.16	−0.32	0.06	−0.02
	10月20日	−0.22	0.56②	0.12	0.18	−0.12	0.18	0.04	0.08	0.00	−0.12
	11月30日	−0.19	−0.07	−0.12	−0.17	−0.17	0.10	−0.11	−0.19	0.08	−0.16
真菌数量	5月3日	−0.14	0.06	−0.15	0.00	−0.12	0.44②	−0.07	−0.48②	0.08	−0.18
	6月5日	0.07	0.33	−0.40①	−0.13	−0.12	0.31	0.25	−0.44②	0.25	−0.02
	6月17日	0.09	0.14	−0.43②	−0.22	0.05	0.08	0.10	−0.22	−0.02	0.03
	7月8日	−0.22	−0.09	0.06	0.22	−0.14	0.08	0.03	0.14	0.06	0.22
	7月29日	−0.21	0.15	−0.11	−0.05	−0.05	0.29	−0.10	0.06	0.08	−0.12
	9月30日	0.04	−0.08	−0.27	−0.09	−0.13	0.02	0.11	−0.19	0.02	−0.15
	10月20日	−0.16	−0.08	0.14	0.09	−0.13	−0.13	0.09	−0.04	−0.08	−0.09
	11月30日	−0.12	−0.07	0.03	−0.14	0.14	−0.12	−0.10	−0.07	−0.12	0.36②

① 达到显著相关水平（$P<0.05$）。

② 达到极显著相关水平（$P<0.01$）。

葡萄根际土壤蔗糖合成酶活性与部分时段土壤细菌数量也存在显著或极显著正相关关系（表 4.56）。果粒膨大初期（7 月 8 日）蔗糖合成酶活性与新梢生长期（6 月 5 日）土壤细菌数量极显著正相关（$r=0.60$）；着色成熟初期（9 月 30 日）蔗糖合成酶活性分别与新梢生长期（6 月 5 日）和果粒膨大初期（7 月 8 日）根际土壤细菌数量显著正相关（$r=0.39$）和极显著正相关（$r=0.48$）。另外，着色成熟中期（10 月 20 日）根际土壤细菌数量与新梢生长期（6 月 5 日）蔗糖合成酶活性极显著正相关（$r=0.56$）。上述分析表明，土壤细菌和土壤蔗糖合成酶活性具有相互促进作用。

从表 4.56 可以看出，和与放线菌数量和细菌数量相关分析结果不同，部分时段土壤蔗糖合成酶活性与真菌数量存在显著或极显著负相关关系。如果粒膨大初期（7 月 8 日）蔗糖合成酶活性与新梢生长期（6 月 5 日）土壤真菌数量显著负相关（$r=-0.40$），与开花期（6 月 17 日）土壤真菌数量极显著负相关（$r=-0.43$），说明新梢生长期-开花期土壤真菌群数量过多对果粒膨大初期土壤蔗糖合成酶活性非常不利。

2. 土壤脲酶活性与土壤微生物量相关分析

由表 4.56 可以看出，着色成熟初期（9 月 30 日）葡萄根际土壤脲酶活性与同期土壤放线菌数量显著正相关（$r=0.36$），说明着色成熟期土壤放线菌数量和土壤脲酶活性之间有相互促进作用。土壤脲酶活性与部分时段土壤细菌也存在显著正相关关系。如新梢生长期（6 月 5 日）土壤脲酶与萌芽期（5 月 3 日）土壤细菌数量显著正相关（$r=0.38$）；着色成熟初期（9 月 30 日）土壤脲酶活性与开花期（6 月 17 日）根际土壤细菌数量显著正相关（$r=0.38$），说明土壤细菌对提高土壤脲酶活性有利。

从表 4.56 可以看出，土壤脲酶活性与真菌数量关系较为复杂，萌芽期（5 月 3 日）土壤脲酶活性与同期土壤真菌数量极显著正相关（$r=0.44$）；着色成熟末期（11 月 30 日）土壤脲酶活性也与同期土壤真菌数量显著正相关（r＝0.36）；而果粒膨大初期（7月8日）土壤脲酶活性与萌芽期（5月3日）和新梢生长期（6月5日）土壤真菌数量极显著负相关（r＝−0.48、−0.44）。说明萌芽期、着色成熟期土壤真菌数量和土壤脲酶活性有相互促进作用，而萌芽-新梢生长期土壤真菌数量对之后阶段（果粒膨大初期）土壤脲酶活性有不利影响。

4.9.3 葡萄根际土壤酶活性与葡萄生理生化指标相关分析

1. 土壤蔗糖合成酶活性与葡萄理化指标相关分析

表4.57统计出了与土壤酶有显著相关关系的叶片SOD活性、POD活性、丙二醛及脯氨酸含量等指标，葡萄叶片ABA含量和果实蔗糖合成酶活性与土壤酶活性无显著相关关系，未统计。由表4.57可知，着色成熟初期（9月30日）土壤蔗糖合成酶活性与果粒膨大中期（8月1日）叶片POD活性显著负相关（r＝−0.36）；着色成熟末期（11月25日）叶片POD活性与着色成熟初期（9月30日）土壤蔗糖合成酶活性显著负相关（r＝−0.42），表明叶片POD活性和土壤蔗糖合成酶活性具有相互抑制作用。

表4.57   葡萄根际土壤酶活性与葡萄生理生化指标相关分析（2014年）

葡萄生理生化指标	日期	不同日期土壤蔗糖合成酶					不同日期土壤脲酶				
		5月3日	6月5日	7月8日	9月30日	11月30日	5月3日	6月5日	7月8日	9月30日	11月30日
叶片SOD活性	5月29日	−0.16	0.08	−0.07	−0.24	−0.32	−0.12	0.16	−0.27	−0.02	0.14
	6月25日	0.05	−0.25	0.06	−0.19	−0.06	−0.08	0.21	−0.17	0.18	0.09
	7月4日	−0.17	0.05	0.06	−0.07	−0.01	−0.34[①]	0.04	−0.29	−0.07	−0.04
	8月1日	0.17	0.17	0.11	−0.32	−0.27	−0.01	−0.13	−0.23	−0.01	0.03
	10月22日	−0.14	0.27	0.02	−0.05	0.04	−0.16	0.03	0.26	−0.35[①]	−0.23
	11月25日	0.05	−0.30	0.16	0.00	0.16	−0.24	−0.01	0.26	−0.32	−0.10
叶片POD活性	5月29日	0.17	0.11	0.27	0.01	0.11	−0.09	0.13	0.03	−0.05	0.29
	6月25日	0.31	0.06	0.28	0.10	0.17	−0.06	0.16	0.02	−0.16	0.13
	7月4日	−0.23	−0.02	0.07	−0.02	0.00	−0.03	−0.43[②]	−0.03	−0.29	−0.12
	8月1日	−0.19	0.21	−0.23	−0.36[①]	0.23	0.06	0.12	0.11	−0.01	0.10
	10月22日	0.16	−0.13	0.10	0.23	−0.10	0.15	−0.18	0.06	0.14	−0.14
	11月25日	−0.17	−0.10	−0.23	−0.42[①]	−0.21	−0.18	−0.14	0.23	−0.06	−0.14
叶片丙二醛含量	5月29日	−0.17	0.19	0.09	−0.17	−0.17	−0.13	0.22	0.15	−0.21	−0.09
	6月25日	−0.17	0.08	0.07	0.18	0.14	−0.19	−0.23	0.08	0.08	0.03
	7月4日	0.00	−0.07	0.32	0.47[②]	−0.07	0.02	−0.14	−0.28	0.25	−0.15
	8月1日	−0.03	0.17	−0.19	−0.23	0.06	−0.07	−0.21	−0.07	−0.05	−0.04
	10月22日	0.15	0.65[②]	−0.01	−0.17	−0.14	0.25	−0.19	0.04	0.03	−0.24
叶片脯氨酸含量	6月25日	−0.26	0.15	−0.03	−0.03	0.04	−0.19	0.34[①]	0.51[②]	0.03	−0.02
	7月4日	−0.07	−0.05	−0.06	0.00	−0.21	−0.11	−0.07	0.05	−0.19	−0.01
	8月1日	0.02	0.02	−0.02	0.04	0.09	−0.06	0.25	0.19	0.21	0.10
	8月28日	−0.26	−0.05	−0.10	−0.13	−0.05	−0.37[①]	0.20	0.22	−0.23	−0.23
	10月22日	−0.13	0.00	0.05	−0.20	−0.01	−0.40[①]	0.14	0.06	−0.30	0.15

① 达到显著相关水平（P＜0.05）。
② 达到极显著相关水平（P＜0.01）。

从表 4.57 可以看出，着色成熟中期（10 月 22 日）叶片丙二醛含量与新梢生长期（6 月 5 日）土壤蔗糖合成酶活性极显著正相关（$r=0.65$）；着色成熟期（9 月 30 日）根际土壤蔗糖合成酶活性与果粒膨大初期（7 月 4 日）叶片丙二醛含量极显著正相关（$r=0.47$），说明叶片丙二醛含量和蔗糖合成酶活性具有相互促进作用。

2. 土壤脲酶与葡萄理化指标相关分析

由表 4.57 可知，葡萄部分时段根际土壤脲酶活性与叶片 SOD 活性和 POD 活性含量存在显著或极显著负相关关系。如葡萄果粒膨大初期（7 月 4 日），叶片 SOD 活性与萌芽期（5 月 3 日）根际土壤脲酶活性显著负相关（$r=-0.34$）；着色成熟中期（10 月 22 日），叶片 SOD 活性与着色成熟初期（9 月 30 日）土壤脲酶活性也显著负相关（$r=-0.35$）；果粒膨大初期（7 月 4 日），叶片 POD 活性也与新梢生长期（6 月 5 日）根际土壤脲酶活性极显著负相关（$r=-0.43$）。

从表 4.57 可以得出，葡萄根际土壤脲酶活性与叶片丙二醛含量不存在显著的相关关系。果粒膨大初期（6 月 25 日）叶片脯氨酸含量与之前时段（6 月 5 日）和之后时段（7 月 8 日）葡萄根际土壤脲酶活性存在显著和极显著正相关关系，其相关系数依次为 0.34 和 0.51；但着色成熟初中期（8 月 28 日至 10 月 22 日）叶片脯氨酸含量与萌芽期（5 月 3 日）土壤脲酶活性显著负相关（$r=-0.37$、-0.40）。

4.9.4　葡萄根际土壤微生物量与葡萄生理生化指标相关分析

1. 土壤细菌数量与葡萄生理生化指标相关分析

表 4.58 统计出了与葡萄根际土壤细菌数量有显著相关关系的葡萄生理生化指标，与细菌数量无显著相关关系的叶片 SOD 活性、POD 活性等指标未统计。从表 4.58 可以看出，着色成熟开始阶段（8 月 28 日）叶片 ABA 含量与果粒膨大中期（7 月 29 日）根际土壤细菌数量极显著负相关（$r=-0.43$）；着色成熟初期（9 月 3 日）根际土壤细菌数量与果粒膨大期（7 月 4 日、8 月 1 日）叶片 ABA 含量也显著负相关（$r=-0.34$、-0.38）；着色成熟末期（11 月 30 日）根际土壤细菌数量也与着色成熟开始阶段（8 月 28 日）叶片 ABA 显著负相关（$r=-0.37$），这可能是土壤细菌数量和叶片 ABA 含量具有相互抑制作用，也可能是叶片 ABA 含量对水分调控的响应规律与土壤细菌对水分调控的响应关系不同。

葡萄叶片丙二醛含量与根际土壤细菌数量关系较为复杂，在新梢生长期（5 月 29 日）叶片丙二醛含量与萌芽期（5 月 3 日）土壤细菌数量极显著负相关（$r=-0.43$），表明萌芽期土壤细菌过多对后期叶片丙二醛含量有不利影响。果粒膨大中期（7 月 29 日）土壤细菌数量与膨大初期（7 月 4 日）叶片丙二醛含量极显著正相关（$r=0.54$）；着色成熟中期（10 月 20 日）土壤细菌数量与果粒膨大初期（6 月 25 日）叶片丙二醛含量也显著正相关（$r=0.33$），说明果粒膨大初期叶片丙二醛含量和土壤细菌数量有相互促进作用。

表 4.58　　葡萄根际土壤细菌数量与葡萄生理生化指标相关分析（2014 年）

葡萄生理生化指标	日期	不同日期土壤细菌数量							
		5 月 3 日	6 月 5 日	6 月 17 日	7 月 8 日	7 月 29 日	9 月 3 日	10 月 20 日	11 月 30 日
叶片 ABA 含量	6 月 25 日	0.16	0.12	−0.07	0.00	0.08	0.28	0.22	0.00
	7 月 4 日	−0.15	−0.05	0.14	−0.05	−0.31	−0.34①	−0.09	0.02
	8 月 1 日	−0.18	0.04	−0.07	0.12	−0.04	−0.38①	0.03	0.29
	8 月 28 日	−0.06	0.07	0.26	0.13	−0.43②	0.18	0.09	−0.37①
	10 月 22 日	0.01	0.27	0.21	−0.10	0.28	−0.05	−0.12	−0.11
叶片丙二醛含量	5 月 29 日	−0.43②	0.08	−0.03	−0.33	0.09	−0.18	0.09	0.02
	6 月 25 日	−0.03	−0.12	0.02	0.23	−0.07	−0.16	0.33①	−0.03
	7 月 4 日	0.23	0.22	0.26	−0.15	0.54②	−0.13	−0.02	−0.02
	8 月 1 日	−0.20	0.14	−0.05	0.10	−0.18	−0.12	−0.07	−0.15
	10 月 22 日	−0.05	0.12	−0.12	0.22	0.02	−0.26	0.31	0.20
叶片脯氨酸含量	6 月 25 日	−0.17	0.20	−0.38①	0.32	−0.02	−0.37①	0.04	0.06
	7 月 4 日	−0.08	−0.27	−0.02	0.04	0.11	0.07	−0.15	0.19
	8 月 1 日	−0.08	0.22	0.10	0.23	−0.03	−0.12	0.12	0.11
	8 月 28 日	0.16	0.04	−0.19	0.12	0.06	−0.06	−0.04	0.08
	10 月 22 日	−0.03	−0.20	0.05	0.27	−0.27	−0.06	−0.18	0.00
果实蔗糖合成酶活性	7 月 4 日	0.15	0.37①	0.01	−0.09	−0.19	0.15	−0.31	−0.10
	8 月 1 日	0.05	0.05	−0.08	−0.13	0.01	−0.14	0.46②	−0.04
	10 月 22 日	0.08	0.19	−0.14	0.48②	−0.19	0.10	0.26	−0.16
	11 月 25 日	−0.16	0.22	−0.20	−0.11	−0.13	0.05	−0.16	0.19

① 达到显著相关水平（$P<0.05$）。
② 达到极显著相关水平（$P<0.01$）。

　　由表 4.58 可知，部分时段葡萄叶片脯氨酸含量与根际土壤细菌数量存在显著负相关关系。如葡萄果粒膨大初期（6 月 25 日）叶片脯氨酸含量与开花期（6 月 17 日）土壤细菌数量显著负相关（$r=-0.38$），同时也与着色成熟初期（9 月 30 日）土壤细菌数量显著负相关（$r=-0.37$），说明开花期土壤细菌过多对果粒膨大初期叶片脯氨酸含量不利，而该时段叶片脯氨酸含量也对后期土壤细菌有抑制作用。

　　从表 4.58 可以看出，膨大初期（7 月 4 日）果实蔗糖合成酶活性与新梢生长期（6 月 5 日）土壤细菌显著正相关（$r=0.37$）；着色成熟中期（10 月 22 日）果实蔗糖合成酶活性也与果粒膨大初期（7 月 8 日）土壤细菌数量极显著正相关（$r=0.48$）。另外，着色成熟中期（10 月 20 日）根际土壤细菌数量与果粒膨大中期（8 月 1 日）果实蔗糖合成酶活性极显著正相关（$r=0.46$），说明土壤细菌对葡萄果实蔗糖合成酶活性有提高作用。

　　2. 土壤真菌数量与葡萄生理生化指标相关分析

　　表 4.59 统计出了与葡萄根际土壤真菌数量有显著相关关系的葡萄生理生化指标，与真菌数量无显著相关关系的叶片 SOD 活性、果实蔗糖合成酶活性指标未统计。从表

4.59 可以看出，果粒膨大后期（8月1日）叶片 ABA 含量与果粒膨大初期（7月8日）根际土壤真菌数量显著正相关（$r=0.38$）；着色成熟中期（10月22日）叶片 ABA 含量与同期根际土壤真菌数量也极显著正相关（$r=0.52$）。同时，果粒膨大中期（7月29日）根际土壤真菌数量与果粒膨大初期（6月25日）叶片 ABA 含量显著正相关（$r=0.38$）；着色成熟末期（11月30日）根际土壤真菌数量与果粒膨大中期（8月1日）叶片 ABA 含量显著正相关（$r=0.39$）。

表 4.59　　　　葡萄根际土壤真菌数量与葡萄生理生化指标相关分析（2014 年）

葡萄生理生化指标	日期	不同时期土壤真菌数量							
		5月3日	6月5日	6月17日	7月8日	7月29日	9月30日	10月20日	11月30日
叶片 ABA 含量	6月25日	0.20	0.12	0.27	0.14	0.38①	0.29	−0.14	−0.25
	7月4日	−0.12	0.07	−0.12	−0.08	−0.10	−0.21	−0.28	−0.06
	8月1日	0.09	−0.13	−0.14	0.38①	0.27	−0.32	−0.32	0.39①
	8月28日	0.10	0.00	0.16	0.05	−0.22	0.21	−0.08	0.00
	10月22日	0.07	−0.17	−0.15	−0.08	0.00	0.10	0.52②	0.11
叶片 POD 活性	5月29日	−0.16	0.13	−0.08	−0.02	−0.19	−0.21	0.14	0.58②
	6月25日	−0.26	0.02	−0.18	−0.07	−0.04	−0.08	0.14	−0.12
	7月4日	−0.02	−0.16	−0.10	0.22	0.37①	−0.07	−0.17	0.12
	8月1日	0.13	0.15	−0.13	0.40①	0.00	−0.32	−0.19	0.43②
	10月22日	−0.15	−0.12	−0.14	0.16	0.25	−0.18	−0.13	−0.05
	11月25日	−0.33	−0.05	−0.16	−0.01	0.16	0.13	0.15	−0.09
叶片丙二醛含量	5月29日	0.05	0.10	−0.06	−0.14	−0.08	−0.14	−0.01	0.32
	6月25日	−0.02	0.19	−0.11	0.09	0.18	−0.15	−0.04	0.29
	7月4日	0.28	−0.17	−0.05	−0.01	0.04	−0.15	0.31	−0.03
	8月1日	0.01	0.15	0.17	0.09	−0.01	−0.04	−0.27	0.08
	10月22日	0.16	0.02	0.18	0.48②	−0.21	−0.27	−0.26	−0.08
叶片脯氨酸含量	6月25日	−0.41①	−0.20	−0.22	0.24	0.30	−0.39①	0.00	0.02
	7月4日	0.05	0.07	−0.07	0.13	0.19	0.00	0.25	−0.04
	8月1日	−0.28	−0.05	−0.05	0.09	−0.05	0.02	0.29	0.02
	8月28日	0.12	−0.12	−0.07	0.11	0.05	0.06	−0.22	0.02
	10月22日	−0.14	−0.06	−0.22	0.04	0.20	−0.17	0.17	0.14

① 达到显著相关水平（$P<0.05$）。
② 达到极显著相关水平（$P<0.01$）。

由表 4.59 可知，部分时段葡萄叶片 POD 活性与根际土壤真菌数量显著或极显著正相关。如果粒膨大后期（8月1日）叶片 POD 活性与果粒膨大初期（7月8日）根际土壤真菌数量显著正相关（$r=0.40$）；果粒膨大中期（7月29日）根际土壤真菌数量与果粒膨大初期（7月4日）叶片 POD 活性显著正相关（$r=0.37$）；着色成熟末期（11月30日）根际土壤真菌数量与果粒膨大中期（8月1日）叶片 POD 活性极显著正相关（$r=0.43$）。

与叶片 POD 活性相似，部分时段叶片丙二醛含量与根际土壤真菌数量也显著或极显著正相关（表 4.59）。着色成熟中期（10 月 22 日）叶片丙二醛含量与果粒膨大初期（7 月 8 日）根际土壤真菌数量也显著正相关（$r=0.48$）。另外，部分时段叶片脯氨酸含量与土壤真菌数量显著负相关，果粒膨大初期（6 月 25 日）叶片脯氨酸含量与萌芽期（5 月 3 日）葡萄根际土壤真菌数量显著负相关（$r=-0.41$）；着色成熟初期（9 月 30 日）根际土壤真菌数量与果粒膨大初期（6 月 25 日）叶片脯氨酸含量也显著负相关（$r=-0.39$）。

3. 土壤放线菌数量与葡萄生理生化指标相关分析

表 4.60 统计出了与葡萄根际土壤放线菌数量有显著相关关系的葡萄生理生化指标，与放线菌数量无显著相关关系的叶片 POD 活性、叶片脯氨酸含量和叶片丙二醛含量等指标未统计。从表 4.60 可以看出，果粒膨大中期（7 月 29 日）根际土壤放线菌数量与果粒膨大初期（6 月 25 日）叶片 ABA 含量极显著负相关（$r=-0.48$）；着色成熟中期（10 月 20 日）根际土壤放线菌数量也与果粒膨大初期（6 月 25 日）叶片 ABA 含量显著负相关（$r=-0.35$）。

表 4.60　　葡萄根际土壤放线菌数量与葡萄生理生化指标相关分析（2014 年）

葡萄生理生化指标	日期	不同日期土壤放线菌数量							
		5 月 3 日	6 月 5 日	6 月 17 日	7 月 8 日	7 月 29 日	9 月 30 日	10 月 20 日	11 月 30 日
叶片 ABA 含量	6 月 25 日	0.14	−0.02	0.05	−0.31	−0.48②	−0.05	−0.35①	−0.01
	7 月 4 日	0.07	−0.16	0.05	0.02	−0.02	−0.05	−0.24	−0.20
	8 月 1 日	0.06	0.00	0.02	−0.07	0.02	−0.02	−0.05	0.30
	8 月 28 日	−0.02	0.10	0.18	−0.18	−0.11	0.04	−0.06	−0.12
	10 月 22 日	−0.04	0.08	−0.11	0.03	−0.17	0.18	−0.14	−0.18
叶片 SOD 活性	5 月 29 日	0.14	0.00	−0.06	−0.07	−0.14	0.17	−0.25	0.30
	6 月 25 日	−0.31	−0.21	−0.06	−0.20	−0.23	0.23	−0.21	0.02
	7 月 4 日	0.16	0.25	0.18	−0.07	0.14	0.23	0.23	0.10
	8 月 1 日	0.09	−0.27	0.05	−0.05	−0.18	−0.03	−0.05	0.06
	10 月 22 日	0.14	−0.09	0.00	0.36①	−0.13	−0.24	−0.01	−0.10
	11 月 25 日	−0.25	0.04	0.00	0.54②	0.22	−0.24	0.06	−0.09
果实蔗糖合成酶活性	7 月 4 日	−0.08	0.25	0.14	−0.02	0.02	0.11	−0.11	0.18
	8 月 1 日	0.29	−0.23	−0.02	−0.35①	−0.30	0.16	−0.38①	−0.25
	10 月 22 日	0.08	−0.16	0.13	−0.09	0.00	−0.12	0.13	−0.16
	11 月 25 日	−0.18	0.06	0.00	−0.23	0.03	−0.10	0.09	0.01

①　达到显著相关水平（$P<0.05$）。
②　达到极显著相关水平（$P<0.01$）。

与葡萄叶片 ABA 含量不同，部分时段叶片 SOD 活性与土壤放线菌数量之间存在显著或极显著正相关关系（表 4.60）。如着色成熟中后期（10 月 22 日至 11 月 25 日）叶片 SOD 活性与果粒膨大初期（7 月 8 日）根际土壤放线菌数量显著（$r=0.36$）和极显著（$r=0.54$）正相关。

　　果实蔗糖合成酶活性与部分时段根际土壤放线菌数量显著负相关（表4.60）。如葡萄果粒膨大中期（8月1日）果实蔗糖合成酶活性与果粒膨大初期（7月8日）根际土壤放线菌数量显著负相关（$r=-0.35$）；同时，着色成熟中期（10月20日）根际土壤放线菌数量也与果粒膨大中期（8月1日）果实蔗糖合成酶活性显著负相关（$r=-0.38$）。

4.9.5　葡萄根际土壤微生物量与葡萄果粒膨大速率相关分析

　　1. 土壤真菌数量与果粒膨大速率相关分析

　　从表4.61可以看出，果粒膨大初期（6月22—26日、6月26—30日）果粒横径膨大速率与7月8日根际土壤真菌数量显著（$r=0.40$）和极显著正相关（$r=0.44$），表明果粒膨大初期葡萄根际土壤真菌对果粒横径膨大有利。

表4.61　　葡萄根际土壤真菌数量与葡萄果粒膨大速率相关分析（2014年）

果粒膨大速率	不同时段	不同日期土壤真菌数量							
		5月3日	6月5日	6月17日	7月8日	7月29日	9月30日	10月20日	11月30日
横径	6月22—26日	0.04	−0.24	−0.12	0.40①	0.21	−0.15	−0.09	−0.31
	6月26—30日	0.08	−0.23	−0.08	0.44②	0.20	−0.15	−0.17	−0.27
	6月30日至7月5日	−0.06	−0.02	−0.04	−0.1	−0.31	−0.20	−0.05	−0.11
	7月5—14日	−0.12	0.08	−0.07	−0.19	−0.01	−0.11	−0.10	0.10
	7月14—21日	−0.10	0.09	−0.06	0.04	0.06	−0.15	−0.20	0.09
	7月21日至8月2日	−0.20	−0.07	−0.11	0.03	−0.12	0.18	0.08	−0.10
	8月2—8日	−0.17	0.16	0.15	−0.15	0.01	0.18	0.03	−0.10
	8月8—14日	−0.17	0.16	0.15	−0.15	0.01	0.19	0.04	−0.10
	平均	−0.16	0.05	−0.04	−0.07	0.04	−0.01	−0.08	−0.18
纵径	6月22—26日	0.00	−0.30	−0.16	0.42①	0.12	−0.29	−0.04	−0.22
	6月26—30日	0.08	−0.20	−0.05	0.40①	0.13	−0.20	−0.09	−0.25
	6月30日至7月5日	0.09	0.09	0.03	0.01	−0.04	−0.16	−0.17	−0.03
	7月5—14日	−0.22	0.06	−0.09	−0.20	−0.10	−0.02	−0.06	0.04
	7月14—21日	−0.19	−0.12	−0.15	−0.17	−0.36①	0.07	−0.16	
	7月21日至8月2日	0.10	−0.22	−0.14	−0.07	0.21	0.17	0.12	0.02
	8月2—8日	−0.19	0.34①	0.10	−0.23	−0.13	0.23	0.13	−0.01
	8月8—14日	−0.18	0.36①	0.12	−0.23	−0.13	0.25	0.13	0.00
	平均	−0.12	0.09	0.02		0.02	−0.10	−0.08	−0.05

　　①　达到显著相关水平（$P<0.05$）。
　　②　达到极显著相关水平（$P<0.01$）。

　　与横径膨大速率类似，果粒膨大初期（6月22—26日、6月26—30日）果粒纵径膨大速率与同期（7月8日）根际土壤真菌数量显著正相关（$r=0.42$和0.40）；且果粒膨大后期（8月2—8日、8月8—14日）果粒纵径膨大速率与新梢生长期（6月5

日）根际土壤真菌数量也显著正相关（$r=0.34$ 和 0.36），说明新梢生长期—果粒膨大初期土壤真菌数量对果粒纵径膨大速率有利。另外，着色成熟初期（9 月 30 日）葡萄根际土壤真菌数量与之前膨大中期（7 月 14—21 日）果粒纵径膨大速率显著负相关（$r=-0.36$）。

2. 土壤细菌数量与果粒膨大速率相关分析

经相关分析得出部分时段葡萄果粒横径膨大速率与土壤细菌数量存在显著负相关关系（表 4.62），而果粒所有时段纵径膨大速率与土壤细菌数量均不存在显著相关关系，故在表 4.62 中未列出。从表 4.62 可以看出，果粒膨大中后期（7 月 21 日至 8 月 2 日）果粒横径膨大速率与同期（7 月 29 日）根际土壤细菌数量显著负相关（$r=-0.36$）；着色成熟初期（9 月 30 日）根际土壤细菌数量也与果粒膨大中期（6 月 30 日至 7 月 5 日）果粒横径膨大速率显著负相关（$r=-0.36$）。说明果粒膨大中期土壤细菌数量较多对果粒横径膨大速率有不利影响。

表 4.62　葡萄根际土壤细菌数量与葡萄果粒横径膨大速率相关分析（2014 年）

果粒膨大速率	不同时段	不同日期土壤细菌数量							
		5 月 3 日	6 月 5 日	6 月 17 日	7 月 8 日	7 月 29 日	9 月 30 日	10 月 20 日	11 月 30 日
横径	6 月 22—26 日	−0.06	0.05	0.01	0.07	0.18	−0.11	0.16	0.24
	6 月 26—30 日	−0.01	0.14	0.09	0.07	0.17	−0.12	0.21	0.02
	6 月 30 日至 7 月 5 日	−0.04	0.08	0.08	−0.2	0.16	−0.36[①]	−0.11	−0.12
	7 月 5—14 日	0.05	−0.04	0.03	−0.24	0.02	−0.22	−0.13	−0.10
	7 月 14—21 日	−0.05	0.20	0.03	0.24	−0.04	−0.3	−0.28	−0.18
	7 月 21 日至 8 月 2 日	0.01	−0.2	−0.10	0.22	−0.36[①]	0.01	−0.14	−0.12
	8 月 2—8 日	0.12	0.06	−0.14	0.04	−0.15	0.04	−0.10	−0.18
	8 月 8—14 日	0.12	0.05	−0.14	0.04	−0.15	0.05	−0.10	−0.18
	平均	−0.03	−0.03	−0.16	−0.08	0.10	−0.20	−0.12	0.02

① 达到显著相关水平（$P<0.05$）。

3. 土壤放线菌数量与果粒膨大速率相关分析

从表 4.63 可以看出，果粒膨大后期（8 月 2—8 日、8 月 8—14 日）果粒横径膨大速率与着色初期（9 月 30 日）根际土壤放线菌数量极显著正相关（$r=0.46$、0.45）。与横径膨大速率类似，果粒纵径膨大速率也与根际土壤放线菌数量显著正相关（表 4.63），如葡萄果粒膨大前中期（7 月 5—14 日、7 月 14—21 日）果粒纵径膨大速率与同期（7 月 8 日）根际土壤放线菌数量极显著（$r=0.44$）和显著（$r=0.34$）正相关。说明果粒膨大期—着色成熟初期土壤放线菌对葡萄果粒膨大有利。

4. 土壤酶活性与果粒膨大速率相关分析

从表 4.64 可以看出，果粒膨大初期（6 月 26—30 日）果粒横径膨大速率与新梢生长期（6 月 5 日）根际土壤蔗糖合成酶活性显著正相关（$r=0.35$）；果粒膨大后期（8

月 2—8 日、8 月 8—14 日）果粒横径膨大速率与萌芽期（5 月 3 日）根际土壤蔗糖合成酶活性显著正相关（$r=0.34$），说明土壤蔗糖合成酶活性对葡萄果实横径生长有利。

表 4.63　葡萄根际土壤放线菌数量与葡萄果粒横径膨大速率相关分析（2014 年）

果粒膨大速率	不同时段	不同日期土壤放线菌数量							
		5 月 3 日	6 月 5 日	6 月 17 日	7 月 8 日	7 月 29 日	9 月 30 日	10 月 20 日	11 月 30 日
横径	6 月 22—26 日	0.23	−0.13	−0.15	−0.08	−0.13	−0.19	−0.26	−0.21
	6 月 26—30 日	0.25	−0.07	−0.06	−0.14	−0.12	−0.20	−0.22	−0.25
	6 月 30 日至 7 月 5 日	0.09	0.03	0.27	0.22	0.02	−0.10	−0.12	−0.21
	7 月 5—14 日	−0.16	0.03	−0.01	0.18	0.03	−0.05	−0.05	−0.08
	7 月 14—21 日	−0.27	0.25	0.17	0.11	0.1	0.03	0.06	0.05
	7 月 21 日至 8 月 2 日	0.02	0.07	−0.01	0.07	−0.01	0.22	0.11	−0.07
	8 月 2—8 日	−0.09	0.15	−0.16	−0.06	−0.1	0.46[②]	0.00	−0.11
	8 月 8—14 日	−0.09	0.14	−0.17	−0.06	−0.11	0.45[②]	0.00	−0.12
	平均	−0.05	0.13	−0.14	0.05	−0.14	0.27	−0.23	−0.20
纵径	6 月 22—26 日	0.21	−0.12	−0.09	−0.17	−0.08	−0.21	−0.20	−0.31
	6 月 26—30 日	0.23	−0.08	−0.05	−0.20	−0.05	−0.20	−0.19	−0.25
	6 月 30 日至 7 月 5 日	−0.04	0.16	0.14	0.09	−0.06	−0.10	−0.09	−0.09
	7 月 5—14 日	−0.14	0.05	0.05	0.13	0.44[②]	0.00	−0.07	−0.13
	7 月 14—21 日	0.05	−0.03	0.04	0.11	0.34[①]	−0.27	0.19	−0.14
	7 月 21 日至 8 月 2 日	0.07	0.14	−0.1	−0.17	−0.12	0.12	0.03	−0.06
	8 月 2—8 日	−0.02	0.15	0.01	0.23	0.05	0.23	0.15	−0.12
	8 月 8—14 日	−0.03	0.14	0.01	0.04	0.04	0.34	0.15	−0.10
	平均	−0.01	0.12	0.02	0.27	−0.07	0.04	−0.15	−0.29

①　达到显著相关水平（$P<0.05$）。
②　达到极显著相关水平（$P<0.01$）。

表 4.64　葡萄根际土壤酶活性与葡萄果粒膨大速率相关分析（2014 年）

果粒膨大速率	不同时段	不同日期土壤蔗糖合成酶活性					土壤脲酶活性				
		5 月 3 日	6 月 5 日	7 月 8 日	9 月 30 日	11 月 30 日	5 月 3 日	6 月 5 日	7 月 8 日	9 月 30 日	11 月 30 日
横径	6 月 22—26 日	−0.24	0.30	−0.10	−0.07	−0.19	0.00	0.05	0.25	0.08	−0.30
	6 月 26—30 日	−0.21	0.35[①]	−0.09	−0.02	−0.17	0.11	0.03	0.26	0.09	−0.23
	6 月 30 日至 7 月 5 日	0.10	0.08	0.04	0.00	−0.16	−0.15	−0.29	0.07	0.03	−0.23
	7 月 5—14 日	0.06	−0.13	0.02	−0.15	−0.19	−0.07	−0.21	−0.12	0.07	−0.11
	7 月 14—21 日	0.04	−0.26	−0.25	0.15	0.20	−0.02	0.00	0.25	0.10	0.15
	7 月 21 日至 8 月 2 日	0.12	−0.10	−0.26	−0.20	0.27	−0.26	−0.08	0.21	−0.07	−0.09

续表

果粒膨大速率	不同时段	不同日期土壤蔗糖合成酶活性					土壤脲酶活性				
		5月3日	6月5日	7月8日	9月30日	11月30日	5月3日	6月5日	7月8日	9月30日	11月30日
横径	8月2—8日	0.34[①]	−0.12	−0.20	−0.06	0.18	0.01	0.00	−0.16	0.44[②]	0.00
	8月8—14日	0.34[①]	−0.13	−0.20	−0.06	0.18	0.01	0.00	−0.16	0.43[②]	0.00
	平均	0.13	−0.08	−0.20	−0.11	0.02	−0.21	−0.25	0.06	0.31	−0.29
纵径	6月22—26日	−0.16	0.33[①]	−0.04	−0.08	−0.22	−0.04	−0.06	0.23	0.10	−0.31
	6月26—30日	−0.11	0.32	−0.11	−0.06	−0.24	0.03	−0.01	0.22	0.15	−0.28
	6月30日至7月5日	0.01	0.08	−0.08	−0.09	−0.24	0.00	−0.17	0.06	0.09	−0.21
	7月5—14日	0.13	−0.19	0.10	0.03	−0.09	−0.18	−0.29	−0.07	0.05	−0.11
	7月14—21日	0.01	−0.02	−0.35[①]	−0.16	−0.01	−0.05	−0.07	0.10	−0.01	0.00
	7月21日至8月2日	−0.18	−0.08	0.09	0.06	0.15	−0.13	0.02	0.17	−0.12	−0.01
	8月2—8日	0.26	−0.14	−0.16	−0.08	0.19	−0.11	−0.06	−0.09	0.08	0.00
	8月8—14日	0.25	−0.15	−0.17	−0.08	0.19	−0.10	−0.06	−0.10	0.10	0.00
	平均	0.06	−0.02	−0.10	−0.07	−0.06	−0.19	−0.39[①]	0.01	0.17	−0.34[①]

① 达到显著相关水平（$P<0.05$）。

② 达到极显著相关水平（$P<0.01$）。

与横径膨大速率类似，果粒膨大初期（6月22—26日）果粒纵径膨大速率也与新梢生长期（6月5日）根际土壤蔗糖合成酶活性显著正相关（$r=0.33$）。但果粒膨大前、中期（7月14—21日）果粒纵径膨大速率与同期（7月8日）根际土壤蔗糖合成酶活性显著负相关（$r=-0.35$）。说明萌芽期—果粒膨大初期土壤蔗糖合成酶活性对葡萄果粒膨大速率有利，而在果粒膨大中期则有不利影响。

4.9.6　葡萄根际土壤微生物量与葡萄果实品质相关分析

1. 土壤细菌数量与果实品质相关分析

表4.65统计出了与土壤细菌数量有显著相关关系的果实品质指标，无显著相关关系的品质指标（果实果糖含量、葡萄糖含量、可滴定酸含量、果实硬度）未统计。从表4.65可以看出，果粒膨大中期（8月1日）葡萄果实蔗糖含量与膨大初期（7月8日）根际土壤细菌数量极显著正相关（$r=0.44$）；着色成熟中期（10月22日）果实蔗糖含量与着色成熟初期（9月30日）根际土壤细菌数量也显著正相关（$r=0.34$），表明果粒膨大初期—着色成熟初期土壤细菌对同时段或随后时段葡萄果实蔗糖含量有利。但着色成熟初期（9月30日）根际土壤细菌数量与果粒膨大初期（7月4日）果实蔗糖含量极显著负相关（$r=-0.46$）。

由表 4.65 可知，果粒膨大中期（8 月 1 日）葡萄果实总糖含量与膨大初期（7 月 8 日）根际土壤细菌数量显著正相关（$r=0.41$），着色成熟中期（10 月 22 日）果实总糖含量与同期（10 月 20 日）根际土壤细菌数量也极显著正相关（$r=0.48$），表明果粒膨大初期—着色成熟中期土壤细菌对同时段或随后时段葡萄果实总糖含量有利。另外，果粒膨大中期（7 月 29 日）根际土壤细菌数量与果粒膨大初期（7 月 4 日）果实总糖含量极显著负相关（$r=-0.45$），说明果粒膨大初期总糖含量过高对后期葡萄根际土壤细菌生长有抑制作用。

由表 4.65 可知，果粒膨大中期（8 月 1 日）葡萄果皮花青素含量与膨大初期（7 月 8 日）根际土壤细菌数量极显著正相关（$r=0.43$）。着色成熟期（9 月 1 日至 11 月 30 日）葡萄果实 TSS 含量与之前时段（7 月 29 日）或同时段（9 月 30 日）根际土壤细菌数量显著（$r=-0.35、-0.35、-0.34$）或极显著（$r=-0.50$）负相关，表明果粒膨大中期—着色成熟初期根际土壤细菌对葡萄果实 TSS 含量的积累有不利影响。

表 4.65　　　葡萄根际土壤细菌数量与葡萄果实品质相关分析（2014 年）

果实品质	日期	不同日期土壤细菌数量							
		5 月 3 日	6 月 5 日	6 月 17 日	7 月 8 日	7 月 29 日	9 月 30 日	10 月 20 日	11 月 30 日
蔗糖含量	7 月 4 日	−0.20	−0.01	0.23	−0.05	0.12	−0.46[②]	−0.11	0.01
	8 月 1 日	−0.14	0.19	−0.05	0.44[②]	−0.18	−0.14	0.11	0.26
	8 月 28 日	0.25	0.18	0.15	0.04	0.04	−0.20	0.20	−0.24
	10 月 22 日	−0.02	0.06	−0.22	0.16	−0.09	0.34[①]	0.20	−0.23
	11 月 30 日	0.00	−0.13	−0.14	−0.01	−0.11	0.19	−0.33	0.22
总糖含量	7 月 4 日	0.17	0.19	0.32	−0.16	−0.45[②]	−0.21	−0.26	−0.15
	8 月 1 日	0.09	0.13	0.41[①]	−0.16	0.13	−0.05	0.06	
	8 月 28 日	−0.03	−0.08	−0.02	0.03	0.03	0.02	−0.04	−0.09
	10 月 22 日	−0.07	0.20	0.06	0.17	−0.02	−0.09	0.48[②]	0.03
	11 月 30 日	0.12	0.33	0.32	−0.09	0.00	−0.18	−0.10	−0.09
花青素含量	8 月 1 日	−0.17	0.06	−0.19	0.43[②]	0.02	0.22	0.08	
	9 月 1 日	0.15	−0.09	−0.06	0.01	−0.14	0.03	−0.07	−0.16
	10 月 20 日	0.04	0.12	0.29	−0.05	−0.24	−0.07	−0.05	
	11 月 30 日	0.26	0.13	0.21	−0.10	−0.24	−0.22	−0.01	−0.20
TSS 含量	8 月 1 日	0.07	0.17	0.23	−0.10	−0.30	−0.19	−0.20	
	9 月 1 日	−0.01	0.29	0.11	0.29	−0.35[①]	−0.34[①]	−0.04	−0.07
	10 月 20 日	0.13	0.08	−0.08	−0.50[②]	−0.23	−0.10	−0.14	
	11 月 30 日	0.12	0.00	0.01	−0.18	−0.35[①]	−0.26	−0.28	−0.05

①　达到显著相关水平（$P<0.05$）。

②　达到显著相关水平（$P<0.01$）。

2. 土壤真菌数量与果实品质相关分析

表 4.66 统计出了与土壤真菌数量有显著相关关系的果实品质指标，无显著相关关

系的品质指标（果实果糖含量、葡萄糖含量、果皮花青素含量、果皮厚度）未统计。从表 4.66 可以看出，果粒膨大初期（7 月 4 日）葡萄果实蔗糖含量与萌芽期（5 月 3 日）、开花期（6 月 17 日）、着色成熟初期（9 月 30 日）根际土壤真菌数量显著负相关（$r=$ -0.34、-0.41、-0.39）。而果粒膨大中期（8 月 1 日）果实蔗糖含量与膨大初期（7 月 8 日）根际土壤真菌数量极显著正相关（$r=0.59$）；同时，着色成熟中期（10 月 22 日）果实蔗糖含量也与开花期（6 月 17 日）根际土壤真菌数量极显著正相关（$r=$ 0.47）；着色成熟末期（11 月 30 日）果实蔗糖含量与着色成熟初期（9 月 30 日）葡萄根际土壤真菌数量显著正相关（$r=0.37$）。说明果粒膨大中期—着色成熟末期蔗糖含量与根际土壤真菌数量具有相互促进作用。

表 4.66　　　　葡萄根际土壤真菌数量与葡萄果实品质相关分析（2014 年）

果实品质	日期	不同日期土壤真菌数量							
		5 月 3 日	6 月 5 日	6 月 17 日	7 月 8 日	7 月 29 日	9 月 30 日	10 月 20 日	11 月 30 日
蔗糖含量	7 月 4 日	-0.34[1]	-0.06	-0.41[1]	-0.14	0.21	-0.39[1]	0.27	0.33
	8 月 1 日	0.11	-0.02	-0.15	0.59[2]	0.14	-0.12	-0.28	0.25
	8 月 28 日	0.01	0.14	0.03	0.06	0.16	-0.14	0.09	-0.09
	10 月 22 日	0.06	0.28	0.47[2]	-0.07	-0.08	0.19	-0.23	-0.24
	11 月 30 日	0.15	0.16	0.11	0.12	0.12	0.37[1]	0.22	0.12
总糖含量	7 月 4 日	-0.15	-0.36[1]	-0.36[1]	-0.07	0.06	-0.09	0.21	-0.11
	8 月 1 日	0.03	-0.10	-0.24	0.35[1]	0.09	0.18	-0.10	-0.06
	8 月 28 日	-0.27	0.04	-0.30	-0.12	0.25	0.08	0.38[1]	-0.08
	10 月 22 日	-0.19	-0.21	0.07	-0.15	0.00	0.08	0.00	-0.13
	11 月 30 日	0.18	0.05	-0.05	0.26	0.16	-0.32	-0.32	0.19
TSS 含量	8 月 1 日	-0.14	-0.03	-0.38[1]	-0.10	0.05	-0.22	0.17	0.21
	9 月 1 日	-0.11	-0.11	-0.11	0.27	0.10	-0.34[1]	-0.01	0.22
	10 月 20 日	-0.26	-0.11	-0.06	-0.02	0.00	-0.10	-0.23	0.05
	11 月 30 日	-0.23	0.07	-0.11	0.12	0.05	-0.25	-0.12	0.09
单粒重		-0.13	-0.02	-0.01	-0.30	0.01	0.13	-0.16	-0.44[2]
可滴定酸含量		-0.11	-0.06	0.00	-0.03	0.16	0.07	0.40[1]	-0.11

① 达到显著相关水平（$P<0.05$）。

② 达到极显著相关水平（$P<0.01$）。

由表 4.66 可知，果粒膨大初期（7 月 4 日）葡萄果实总糖含量与新梢生长期（6 月 5 日）、开花期（6 月 17 日）根际土壤真菌数量显著负相关（$r=-0.36$、-0.36）。果粒膨大中期（8 月 1 日）果实总糖含量与膨大初期（7 月 8 日）根际土壤真菌数量显著正相关（$r=0.35$）；着色成熟中期（10 月 20 日）土壤真菌数量也与着色成熟初期（8 月 28 日）果实总糖含量显著正相关（$r=0.38$）。综上分析，新梢生长期—开花期根际土壤真菌对膨大初期果实糖分积累不利，而果粒膨大初期—着色成熟初期土壤真菌对后期果实总糖积累有利。

由表 4.66 可知,果粒膨大中期(8 月 1 日)果实 TSS 含量与开花期(6 月 17 日)根际土壤真菌数量显著负相关($r=-0.38$);着色成熟初期(9 月 1 日)葡萄果实 TSS 含量也与 9 月 30 日根际土壤真菌数量显著负相关($r=-0.34$)。葡萄成熟末期单粒重与同期(11 月 30 日)根际土壤真菌数量极显著负相关($r=-0.44$);葡萄果实可滴定酸含量与着色成熟中期(10 月 20 日)根际土壤真菌数量显著正相关($r=0.40$)。

3. 土壤放线菌数量与果实品质相关分析

表 4.67 统计出了与土壤放线菌数量有显著相关关系的果实品质指标,无显著相关关系的品质指标(果实蔗糖数量、葡萄糖数量、可滴定酸数量)未统计。从表 4.67 可以看出,果粒膨大初期(7 月 4 日)葡萄果实果糖含量与萌芽期(5 月 3 日)及同时段(7 月 8 日)根际土壤放线菌数量显著正相关($r=0.35$、0.35);但葡萄着色成熟末期(11 月 30 日)果实果糖含量与着色成熟初期(9 月 30 日)根际土壤放线菌数量极显著负相关($r=-0.49$),说明萌芽期—果粒膨大初期根际土壤放线菌有利于葡萄果实中果糖的积累,但着色成熟初期放线菌对果糖积累有不利影响。

表 4.67　葡萄根际土壤放线菌数量与葡萄果实品质相关分析(2014 年)

果实品质	日期	不同日期土壤放线菌数量							
		5 月 3 日	6 月 5 日	6 月 17 日	7 月 8 日	7 月 29 日	9 月 30 日	10 月 20 日	11 月 30 日
果糖含量	7 月 4 日	0.35①	0.11	0.20	0.35①	0.20	−0.11	0.05	−0.13
	8 月 1 日	−0.19	0.14	−0.10	−0.29	−0.12	0.16	0.09	−0.04
	8 月 28 日	0.03	0.10	0.02	0.25	0.09	0.08	0.01	0.21
	10 月 22 日	0.24	−0.04	0.10	−0.13	−0.11	0.14	−0.17	0.03
	11 月 30 日	−0.13	−0.32	0.05	0.18	0.29	−0.49②	0.11	−0.30
总糖含量	7 月 4 日	−0.07	0.03	−0.09	0.17	0.06	−0.01	−0.21	−0.12
	8 月 1 日	−0.17	0.01	0.01	−0.04	−0.12	−0.11	0.09	−0.08
	8 月 28 日	0.01	−0.01	−0.17	0.35①	−0.23	−0.17	−0.18	−0.11
	10 月 22 日	0.55②	−0.32	0.14	−0.03	−0.28	0.05	−0.15	−0.01
	11 月 30 日	−0.21	0.06	0.05	−0.11	0.08	0.06	−0.07	−0.22
花青素含量	8 月 1 日	0.22	0.08	−0.31	−0.10	−0.40①	−0.05	−0.06	0.07
	9 月 1 日	−0.22	−0.02	−0.22	−0.12	0.11	−0.26	0.27	0.06
	10 月 20 日	−0.17	−0.13	0.21	0.05	−0.08	−0.25	−0.31	−0.02
	11 月 30 日	−0.16	−0.29	−0.22	−0.16	−0.34①	−0.04	−0.27	−0.14
TSS 含量	8 月 1 日	−0.04	−0.13	−0.34①	−0.01	0.01	−0.02	0.03	−0.26
	9 月 1 日	−0.08	−0.14	−0.13	−0.25	0.09	0.07	−0.14	0.06
	10 月 20 日	−0.09	0.04	0.02	0.10	0.12	0.33①	0.20	0.15
	11 月 30 日	−0.25	−0.09	−0.03	0.23	0.16	−0.13	0.09	−0.17
单粒重		−0.27	0.07	0.16	0.38①	0.16	−0.13	0.02	−0.09
果皮厚度		−0.23	0.09	−0.21	0.04	0.14	0.33①	0.03	0.11

① 达到显著相关水平($P<0.05$)。

② 达到极显著相关水平($P<0.01$)。

从表 4.67 可知，部分时段果实总糖含量与土壤放线菌数量存在显著或极显著正相关关系。如着色成熟初期（9 月 30 日）果实总糖含量与果粒膨大初期（7 月 8 日）根际土壤放线菌数量显著正相关（$r=0.35$）；着色成熟中期（10 月 22 日）果实总糖含量也与萌芽期（5 月 3 日）根际土壤放线菌数量极显著正相关（$r=0.55$）。

葡萄果皮花青素含量与根际土壤放线菌数量存在显著负相关关系。果粒膨大中期（8 月 1 日）葡萄果皮花青素含量与同时段（7 月 29 日）土壤放线菌数量显著负相关（$r=-0.34$）；着色成熟末期（11 月 30 日）葡萄果皮花青素含量也与果粒膨大中期（7 月 29 日）土壤放线菌数量显著负相关（$r=-0.34$），说明果粒膨大中期根际土壤放线菌对后期后期葡萄着色不利。

从表 4.67 可知，葡萄成熟末期单粒重与果粒膨大初期（7 月 8 日）根际土壤放线菌数量显著正相关（$r=0.38$）。成熟末期果皮厚度也与着色成熟初期（9 月 30 日）根际土壤放线菌数量显著正相关（$r=0.33$）。

4. 土壤酶活性与果实品质相关分析

（1）土壤蔗糖合成酶活性与果实品质相关分析。表 4.68 统计出了与土壤酶活性有显著相关关系的果实品质指标，无显著相关关系的品质指标（果实果糖含量、葡萄糖含量、可滴定酸含量）未统计。从表 4.68 可以看出，葡萄果实中蔗糖含量与土壤蔗糖合成酶活性之间关系很复杂，不同时段相关关系差别很大。如着色成熟初期（9 月 30 日）根际土壤蔗糖合成酶活性与果粒膨大初期（7 月 4 日）葡萄果实蔗糖含量显著正相关（$r=0.40$）；但着色成熟末期（11 月 30 日）根际土壤蔗糖合成酶活性与着色成熟中期（10 月 22 日）葡萄果实蔗糖含量显著负相关（$r=-0.37$）。另一方面，着色成熟中期（10 月 22 日）葡萄果实蔗糖含量与新梢生长期（6 月 5 日）根际土壤蔗糖合成酶活性显著正相关（$r=0.39$），但与膨大初期（7 月 8 日）、着色成熟初期（9 月 30 日）根际土壤蔗糖合成酶活性却显著负相关（$r=-0.38$、-0.39）。

从表 4.68 可以看出，着色成熟中期（10 月 20 日）葡萄果皮花青素含量与果实膨大初期（7 月 8 日）土壤蔗糖合成酶活性显著正相关（$r=0.35$）。着色成熟末期（11 月 30 日）根际土壤蔗糖合成酶活性也与着色成熟中期（10 月 20 日）葡萄果实 TSS 含量极显著正相关（$r=0.49$）。成熟末期果实可滴定酸含量与同期根际土壤蔗糖合成酶活性显著负相关（$r=-0.36$）。

（2）土壤脲酶活性与果实品质相关分析。从表 4.68 可以看出，葡萄果实中蔗糖含量与土壤脲酶活性不存在显著相关关系。果实膨大中期（8 月 1 日）、着色成熟初期（8 月 28 日）葡萄果实总糖含量与膨大初期（7 月 8 日）根际土壤脲酶活性均显著正相关（$r=0.40$、0.34）；着色成熟末期（11 月 30 日）葡萄果实总糖含量与萌芽期（5 月 3 日）根际土壤脲酶活性显著正相关（$r=0.42$），说明土壤脲酶活性对提高果实总糖有利。

从表 4.68 可以看出，着色成熟初期（9 月 30 日）根际土壤脲酶活性与着色成熟初期（9 月 1 日）葡萄果皮花青素显著负相关（$r=-0.36$）。果实 TSS 含量和可滴定酸含量与土壤脲酶活性不存在显著相关关系。而葡萄果皮厚度与新梢生长期（6 月 5 日）根际土壤脲酶活性显著正相关（$r=0.40$）。

表 4.68　葡萄根际土壤酶活性与葡萄果实品质相关分析（2014 年）

果实品质	日期	不同日期土壤蔗糖合成酶活性					不同日期土壤脲酶活性				
		5月3日	6月5日	7月8日	9月30日	11月30日	5月3日	6月5日	7月8日	9月30日	11月30日
蔗糖含量	7月4日	0.16	−0.22	0.32	0.40①	0.20	−0.31	−0.06	0.01	0.12	0.29
	8月1日	−0.28	0.22	0.02	−0.11	0.13	0.05	−0.03	0.24	−0.14	−0.07
	8月28日	−0.05	0.15	−0.03	0.06	−0.19	0.13	−0.03	−0.03	0.05	0.09
	10月22日	−0.01	0.39①	−0.38①	−0.39①	−0.37①	0.14	0.29	0.10	−0.10	−0.10
	11月30日	−0.03	−0.27	−0.26	−0.22	−0.20	0.04	−0.16	−0.16	−0.12	−0.09
总糖含量	7月4日	0.09	−0.05	0.25	−0.01	0.17	−0.18	0.12	0.27	−0.09	−0.07
	8月1日	−0.26	−0.25	−0.32	−0.23	−0.02	0.09	−0.01	0.40①	−0.15	−0.16
	8月28日	0.01	−0.13	−0.15	−0.06	−0.13	−0.09	−0.02	0.34①	−0.11	−0.19
	10月22日	0.04	0.25	0.06	−0.09	−0.33	0.00	0.19	0.16	0.04	−0.04
	11月30日	0.04	0.03	0.00	0.01	0.13	0.42①	−0.04	−0.13	0.22	0.12
花青素含量	8月1日	−0.13	0.01	0.07	0.16	0.06	−0.03	−0.14	0.33	−0.03	−0.14
	9月1日	−0.19	−0.25	0.07	−0.05	0.06	−0.09	0.14	0.18	−0.36①	0.18
	10月20日	−0.06	−0.06	0.35①	0.01	−0.07	−0.30	−0.16	0.02	−0.15	−0.12
	11月30日	0.30	−0.26	0.15	0.02	−0.17	−0.04	−0.02	0.01	0.14	0.17
TSS含量	8月1日	−0.04	−0.03	0.06	−0.23	0.00	−0.05	−0.05	0.00	−0.18	−0.04
	9月1日	0.02	0.11	−0.14	−0.10	0.20	0.05	0.27	0.29	0.11	0.21
	10月20日	0.23	−0.06	−0.17	0.00	0.49②	−0.08	0.32	0.27	0.10	0.26
	11月30日	0.01	−0.06	0.05	−0.17	0.27	0.01	0.03	−0.01	−0.07	0.07
果皮厚度		−0.03	−0.19	−0.29	−0.25	0.09	−0.11	0.40①	0.08	0.21	0.07
可滴定酸含量		−0.04	−0.02	−0.13	0.05	−0.36①	−0.04	0.05	0.06	0.06	−0.04

① 达到显著相关水平（$P<0.05$）。
② 达到极显著相关水平（$P<0.01$）。

4.9.7　0～25cm 土壤积温与葡萄果实品质等指标相关分析（2014 年）

1. 土壤积温与土壤含水率、耗水强度及产量等相关分析

从表 4.69 可以看出，果粒膨大中后期—着色成熟期（7 月 15 日至 10 月 24 日）土壤含水率对葡萄土壤积温的影响较为明显，表现为土壤含水率越低，土壤积温越高的负相关关系。如葡萄果粒膨大期土壤积温与果实膨大中期（7 月 15 日、7 月 26 日）土壤含水率极显著和显著负相关（$r=-0.53$、-0.42），与果粒膨大末期（8 月 27 日）土壤含水率显著负相关（$r=-0.39$）。着色成熟期土壤积温与果粒膨大中期（7 月 26 日）

和果粒膨大末期（8月27日）土壤含水率显著和极显著负相关（$r=-0.35$、-0.44），与着色成熟中期（10月24日）土壤含水率显著负相关（$r=-0.37$）。另外，新梢生长末期—果粒膨大开始时段（6月7—18日）土壤含水率与积温呈一定的正相关关系，表明该阶段较高的土壤含水率对维持土壤积温有一定积极作用。

果粒膨大中期（7月26日）—着色成熟期（10月24日）土壤含水率与新梢生长期、开花期土壤积温显著或极显著负相关，这可能是新梢生长期和开花期水分胁迫处理在胁迫期土壤积温较低（该阶段积温与含水率存在一定正相关关系），而在果粒膨大期—着色成熟期后充分供水后土壤含水率升高所引起，与土壤含水率对积温的影响规律无关。

同时，新梢生长期—果粒膨大期土壤积温与葡萄产量存在正相关关系，但未达到显著水平；新梢生长期—着色成熟期土壤积温与水分生产效率也存在一定正相关关系，表明上述阶段土壤积温对提高产量和水分生产效率有一定的积极作用。

2. 土壤积温与果粒膨大速率相关分析

从表4.70可以看出，葡萄果粒横径膨大速率基本都与前期土壤积温呈正相关关系。其中果粒膨大中期（7月21日至8月2日）果粒横径膨大速率与果粒膨大期土壤积温显著正相关（$r=0.36$）；果粒膨大后期（8月2—8日）膨大速率与新梢生长期、开花期和果粒膨大期土壤积温显著或极显著正相关（$r=0.38$、0.42、0.45）；而8月8—14日（果粒膨大后期）膨大速率也与新梢生长期、开花期和果粒膨大期土壤积温显著或极显著正相关（$r=0.39$、0.42、0.46），说明新梢生长期—果粒膨大期土壤积温对提高果粒横径生长非常有利。

从表4.71可以看出，葡萄果粒纵径膨大速率基本也都与前期土壤积温呈正相关关系。其中葡萄果粒膨大后期（8月2—8日）果粒纵径膨大速率与新梢生长期、开花期和果粒膨大期土壤积温极显著正相关（$r=0.44$、0.45、0.45）；而果粒膨大后期（8月8—14日）膨大速率也与新梢生长期、开花期和果粒膨大期土壤积温极显著正相关（$r=0.44$、0.45、0.45），说明新梢生长期—果粒膨大期土壤积温也对果粒纵径生长非常有利。

3. 土壤积温与葡萄生理生化指标相关分析

表4.72统计出了与土壤积温有显著相关关系的葡萄生理生化指标，无显著相关关系的指标（叶片丙二醛含量、SOD活性、POD活性、脯氨酸含量等）未统计。从表4.72可以看出，葡萄叶片中叶绿素含量与土壤积温基本都呈正相关关系。如葡萄果粒膨大初期（7月7日）叶片叶绿素含量与新梢生长期土壤积温显著正相关（$r=0.39$）；果粒膨大中期（7月24日、7月28日）叶绿素含量也分别与新梢生长期和开花期积温显著正相关（$r=0.36$、0.33）；同时，果粒膨大后期（8月7日）叶绿素含量与新梢生长期和开花期土壤积温也极显著和显著正相关（$r=0.48$、0.33），说明新梢生长期—开花期土壤积温对果粒膨大期葡萄叶片叶绿素含量有显著的提高作用。

表 4.69　0~25cm 土壤积温与土壤含水率及耗水强度相关分析（2014 年）

项目	各生育期	生育期土壤含水率													产量	水分生产效率
		5月3日	5月17日	5月30日	6月7日	6月18日	7月15日	7月26日	8月15日	8月27日	9月18日	10月5日	10月12日	10月24日		
土壤积温	萌芽期	−0.09	−0.08	−0.06	0.01	0.12	−0.22	−0.19	0.04	−0.15	−0.29	−0.30	−0.32	−0.31	−0.06	−0.03
	新梢生长期	−0.31	−0.28	−0.16	0.04	0.08	−0.23	−0.36①	−0.27	−0.28	−0.43②	−0.12	−0.43②	−0.46②	0.24	0.20
	开花期	−0.22	−0.24	−0.06	0.15	−0.03	−0.38①	−0.33①	0.02	−0.23	−0.30	−0.01	−0.31	−0.52②	0.11	0.03
	果粒膨大期	−0.25	−0.22	−0.15	0.13	0.02	−0.53②	−0.42②	−0.06	−0.39①	−0.46②	−0.09	−0.40①	−0.55②	0.07	0.06
	着色成熟期	−0.18	−0.23	−0.13	0.02	0.10	−0.19	−0.35①	0.06	−0.44②	−0.17	0.09	−0.09	−0.37①	−0.05	0.19

① 达到显著相关水平（$P<0.05$）。
② 达到极显著相关水平（$P<0.01$）。

表 4.70　0~25cm 土壤积温与果粒横径膨大速率的相关分析（2014 年）

项目	各生育期	不同日期横径膨大速率							
		6月22—26日	6月26—30日	6月30日至7月5日	7月5—14日	7月14—21日	7月21日至8月2日	8月2—8日	8月8—14日
土壤积温	萌芽期	0.07	0.09	0.19	0.18	−0.04	−0.28	0.14	0.15
	新梢生长期	0.19	0.15	−0.14	−0.25	−0.32	0.29	0.38①	0.39①
	开花期	0.14	0.15	−0.01	0.05	−0.09	0.24	0.42①	0.42①
	果粒膨大期	0.06	0.07	0.03	0.00	−0.17	0.36①	0.45②	0.46②
	着色成熟期	0.11	0.09	0.26	−0.04	0.05	0.04	0.08	0.09

① 达到显著相关水平（$P<0.05$）。
② 达到极显著相关水平（$P<0.01$）。

表 4.71　　　　0～25cm 土壤积温与葡萄纵径膨大速率的相关分析 (2014 年)

项目	各生育期	不同日期纵径膨大速率							
		6 月 22 —26 日	6 月 26 —30 日	6 月 30 日 至 7 月 5 日	7 月 5 —14 日	7 月 14 —21 日	7 月 21 日 至 8 月 2 日	8 月 2 —8 日	8 月 8 —14 日
土壤积温	萌芽期	0.19	0.25	0.21	0.07	−0.06	−0.05	0.04	0.04
	新梢生长期	0.11	0.16	−0.27	−0.27	−0.14	0.23	0.44①	0.44①
	开花期	0.06	0.07	−0.11	0.09	0.02	0.00	0.45①	0.45①
	果粒膨大期	0.00	0.03	−0.14	0.05	−0.01	0.13	0.45①	0.45①
	着色成熟期	0.11	0.11	0.14	0.16	0.03	−0.08	0.15	0.14

① 达到极显著相关水平 ($P < 0.01$)。

从表 4.72 可以看出，葡萄叶片氮含量与土壤积温基本都呈正相关关系。如葡萄果粒膨大初期 (7 月 7 日) 叶片氮含量分别与新梢生长期和果粒膨大期土壤积温极显著 ($r = 0.44$) 和显著正相关 ($r = 0.33$)；果粒膨大中期 (7 月 24 日、7 月 28 日) 叶片氮含量也分别与新梢生长期和开花期积温显著正相关 ($r = 0.35$、0.35)；同时，果粒膨大后期 (8 月 7 日) 叶片氮含量与新梢生长期积温也达到极显著正相关水平 ($r = 0.43$)，说明新梢生长期—开花期土壤积温对果粒膨大期葡萄叶片氮含量也有明显的提高作用。

表 4.72　　　0～25cm 土壤积温与叶片叶绿素含量、叶片氮含量相关分析 (2014 年)

项目	各生育期	不同日期葡萄叶片叶绿素					不同日期葡萄叶片氮含量				
		6 月 22 日	7 月 7 日	7 月 24 日	7 月 28 日	8 月 7 日	6 月 22 日	7 月 7 日	7 月 24 日	7 月 28 日	8 月 7 日
土壤积温	萌芽期	0.03	0.13	0.05	0.12	0.10	0.05	0.12	0.09	0.16	0.08
	新梢生长期	0.13	0.39①	0.36①	0.26	0.48②	0.16	0.44①	0.35①	0.29	0.43②
	开花期	−0.15	0.24	0.22	0.33①	0.33①	−0.13	0.27	0.17	0.35①	0.30
	果粒膨大期	−0.10	0.30	0.26	0.24	0.32	−0.05	0.33①	0.18	0.30	0.27
	着色成熟期	0.09	−0.16	0.05	−0.20	0.05	0.12	−0.22	−0.01	−0.23	0.07

① 达到显著相关水平 ($P < 0.05$)。

② 达到极显著相关水平 ($P < 0.01$)。

4. 土壤积温与土壤微生物量相关分析

表 4.73 统计出了与土壤积温有显著相关关系的土壤微生物指标，无显著相关关系的土壤真菌未统计。从表 4.73 可以看出，果粒膨大期根际土壤细菌数量与开花期和果粒膨大期土壤积温显著负相关 ($r = −0.41$、$−0.36$)，表明在本试验范围内，葡萄开花期—果粒膨大期较高的土壤积温反而对果粒膨大期土壤细菌生长不利。

表 4.73　　　　0～25cm 土壤积温与根际土微生物量相关分析 (2014 年)

项目	各生育期	土壤细菌数量					土壤放线菌数量				
		萌芽期	新梢 生长期	开花期	果粒 膨大期	着色 成熟期	萌芽期	新梢 生长期	开花期	果粒 膨大期	着色 成熟期
土壤积温	萌芽期	0.10	0.25	0.12	−0.26	−0.04	0.09	−0.17	−0.08	−0.18	−0.17
	新梢生长期	0.08	0.07	0.04	−0.29	0.16	0.13	−0.15	0.11	0.03	−0.13
	开花期	0.23	0.09	0.15	−0.41①	−0.15	−0.01	−0.21	0.17	0.21	−0.18

续表

项目	各生育期	土壤细菌数量					土壤放线菌数量				
		萌芽期	新梢生长期	开花期	果粒膨大期	着色成熟期	萌芽期	新梢生长期	开花期	果粒膨大期	着色成熟期
土壤积温	果粒膨大期	0.32	0.08	0.08	−0.36①	−0.10	0.10	−0.25	0.21	0.17	−0.12
	着色成熟期	0.26	0.05	0.06	0.13	−0.08	0.32	−0.32	0.19	0.21	−0.37①

① 达到显著相关水平（$P<0.05$）。
② 达到极显著相关水平（$P<0.01$）。

着色成熟期根际土壤放线菌数量与同期土壤积温也显著负相关（$r=-0.37$），说明在葡萄着色成熟期较高的土壤积温也对土壤放线菌生长不利。

5. 土壤积温与土壤酶活性相关分析

从表 4.74 可以看出，部分时段葡萄根际土壤蔗糖合成酶活性、土壤脲酶活性与土壤积温之间存在显著正相关关系。如萌芽期（5 月 3 日）根际土壤蔗糖合成酶活性与同期土壤积温显著正相关（$r=0.37$），说明萌芽期土壤积温对土壤蔗糖合成酶活性有促进作用。另外，着色成熟初期（9 月 30 日）根际土壤脲酶活性与萌芽期和果粒膨大期土壤积温极显著（$r=0.52$）和显著正相关（$r=0.36$），表明萌芽期和果粒膨大期较高的土壤积温对葡萄着色成熟期土壤脲酶活性有利。

表 4.74　　　　0~25cm 土壤积温与根际土壤酶活性相关分析（2014 年）

项目	各生育期	不同日期土壤蔗糖合成酶活性					不同日期土壤脲酶活性				
		5 月 3 日	6 月 5 日	7 月 8 日	9 月 30 日	11 月 30 日	5 月 3 日	6 月 5 日	7 月 8 日	9 月 30 日	11 月 30 日
土壤积温	萌芽期	0.37①	0.04	0.16	−0.02	−0.28	0.20	0.20	−0.14	0.52②	0.30
	新梢生长期	0.18	0.11	−0.02	−0.15	0.12	0.04	0.09	0.02	0.32	−0.05
	开花期	0.23	0.06	−0.04	−0.19	0.18	0.14	0.23	−0.01	0.32	0.00
	果粒膨大期	0.32	0.10	−0.04	−0.16	0.17	0.09	0.28	0.07	0.36①	−0.01
	着色成熟期	0.23	0.13	0.07	0.13	−0.27	0.00	0.02	0.28	−0.04	−0.22

① 达到显著相关水平（$P<0.05$）。
② 达到极显著相关水平（$P<0.01$）。

6. 土壤积温与果实品质相关分析

表 4.75 和表 4.76 统计出了与土壤积温有显著相关关系的果实品质指标，无显著相关关系的品质指标（果实可滴定酸含量、蔗糖含量、葡萄糖含量、单粒重、果实硬度、果皮厚度）未统计。从表 4.75 可以看出，葡萄着色成熟末期（11 月 30 日）TSS 含量与开花期土壤积温极显著正相关（$r=0.49$）。另外，着色成熟初期（9 月 1 日）葡萄果皮花青素含量与新梢生长期土壤积温显著负相关（$r=-0.34$）。

表 4.75　　　　0~25cm 土壤积温与果实品质的相关分析（2014 年）

项目	各生育期	不同日期果实 TSS 含量				不同日期果皮花青素含量			
		8 月 1 日	9 月 1 日	10 月 20 日	11 月 30 日	8 月 1 日	9 月 1 日	10 月 20 日	11 月 30 日
土壤积温	萌芽期	0.05	0.05	−0.15	0.14	−0.12	−0.09	−0.07	0.29
	新梢生长期	0.24	0.02	0.01	0.17	−0.15	−0.34①	−0.19	−0.06

项目	各生育期	不同日期果实 TSS 含量				不同日期果皮花青素含量			
		8月1日	9月1日	10月20日	11月30日	8月1日	9月1日	10月20日	11月30日
土壤积温	开花期	0.31	0.23	0.15	0.49②	−0.26	−0.23	−0.14	0.09
	果粒膨大期	0.24	0.20	0.18	0.30	−0.22	−0.28	−0.05	0.06
	着色成熟期	−0.12	−0.10	−0.21	−0.02	0.18	−0.24	0.08	0.09

① 达到显著相关水平（$P<0.05$）。

② 达到极显著相关水平（$P<0.01$）。

从表 4.76 可以看出，葡萄果实中糖分含量与土壤积温大都呈正相关关系。其中，果粒膨大初期（7 月 4 日）果实中果糖含量与开花期、果粒膨大期土壤积温极显著正相关（$r=0.38$、0.38）。另外，果粒膨大初期（7 月 4 日）果实中总糖含量也与开花期、果粒膨大期土壤积温极显著正相关（$r=0.42$、0.40）；着色成熟初期（8 月 28 日）和着色成熟中期（10 月 22 日）总糖含量均也与着色成熟期积温显著正相关（$r=0.33$、0.35），表明开花期、果粒膨大期、着色成熟期土壤积温对葡萄果实糖分积累非常有利。

表 4.76　　　　　0~25cm 土壤积温与果实糖分含量相关分析（2014 年）

项目	各生育期	不同日期葡萄果实果糖					不同日期葡萄果实总糖				
		7月4日	8月1日	8月28日	10月22日	11月30日	7月4日	8月1日	8月28日	10月22日	11月30日
土壤积温	萌芽期	0.04	−0.08	−0.01	0.24	0.11	0.15	−0.27	−0.12	0.00	0.32
	新梢生长期	0.26	0.20	0.06	−0.13	−0.12	0.26	−0.06	0.09	0.08	0.10
	开花期	0.38①	0.27	0.16	0.08	0.12	0.42①	0.08	0.16	0.07	0.39①
	果粒膨大期	0.38①	0.15	0.17	0.07	−0.01	0.40①	0.04	0.10	0.12	0.14
	着色成熟期	0.32	−0.11	0.04	−0.04	−0.04	0.14	0.09	0.33①	0.35①	−0.17

① 达到显著相关水平（$P<0.05$）。

4.10 结 论

（1）设施延后栽培葡萄果粒横径和纵径生长都存在两个高低峰期，其高峰依次出现在膨大期第 12~19d 和第 50~55d，低峰依次出现在膨大期第 33d 左右和果粒膨大末期。开花期中度水分胁迫复水后对果粒早期膨大速率产生补偿增长效应，对提高葡萄果粒粒径有利。

（2）水分胁迫对葡萄叶绿素含量和叶片氮含量的影响与生育期、胁迫程度及胁迫持续时间有关，新梢生长期轻度胁迫显著降低叶片叶绿素含量和叶片氮含量，而果粒膨大中期短时间的中度水分胁迫对提高叶片叶绿素含量有利，其余生育期胁迫对其影响不显著。

（3）果粒膨大期施加中度水分胁迫显著降低叶片 SOD、POD 等保护酶活性，抑制葡萄活性氧清除系统；同时显著降低叶片脯氨酸含量，使叶片丙二醛（MDA）过量积累，引起葡萄渗透调节能力下降，叶片膜脂过氧化程度加重。

（4）果粒膨大期土壤水分过低或过高都显著降低叶片 ABA 含量，开花期、果粒膨大期中度胁迫对叶片 ABA 含量有明显的复水补偿作用。各生育期中度水分胁迫均显著抑制果实蔗糖合成酶（SS）活性，但新梢生长期、果粒膨大期轻度水分胁迫对提高果实 SS 活性有利。

（5）设施延后栽培葡萄日耗水强度随生育期进程表现为"中间高、两头低"的规律。日平均耗水强度、耗水量、耗水模系数在萌芽期均较小，新梢生长期、开花期葡萄植株生长速度加快、叶面积指数增大、日耗水强度逐步增大，果粒膨大期是葡萄植株生长和果实生长最旺盛的时期，三项指标分别高达 3.14 mm/d、220.55mm 和 45.84%，说明该阶段为设施延后栽培葡萄需水临界期；进入着色成熟期植株的生理活动逐渐趋于缓慢。

（6）果粒膨大期和着色成熟期施加中度水分胁迫显著降低葡萄产量，而萌芽期适度水分胁迫对提高葡萄产量和水分生产效率有利。萌芽期中度水分胁迫、新梢生长期轻度和中度胁迫都能促进果粒膨大期果实中酸向糖的提前转化；果粒膨大期土壤含水率过高对果实 TSS 和糖分积累不利，推迟葡萄着色成熟；着色成熟期轻度胁迫有利于果实花青素和 TSS 的积累，并提高 VC 含量。

（7）轻度或中度水分胁迫均能在一定程度提高葡萄浅层（5～25cm）土壤积温，在新梢生长期—果粒膨大期水分胁迫增温效果尤为明显。开花期和果粒膨大期水分胁迫不仅能提高本生育阶段土壤积温，而且也提高随后生育期土壤积温。

（8）轻度水分胁迫条件下葡萄新梢生长期、开花期、着色成熟后期根际土壤细菌群落数有所增加，但果粒膨大期较长时间的胁迫对细菌生长不利。中度水分胁迫胁迫条件下葡萄萌芽期—开花期、着色成熟期根际土壤真菌生长被抑制，轻度水分胁迫条件下葡萄在着色成熟期土壤真菌群落数出现了增加。开花期、着色成熟期施加轻度水分胁迫有利于放线菌生长，而中度水分胁迫则对其产生抑制作用；果粒膨大期长时间的轻度和中度水分胁迫也对放线菌生长极为不利。

（9）水分胁迫对葡萄根际土壤微生物量碳有显著影响，其中萌芽期中度水分胁迫显著提高土壤微生物量碳；水分胁迫对微生物氮的影响不显著。水分胁迫对根际土壤蔗糖合成酶的影响较为复杂，与胁迫时期密切相关。在萌芽期、新梢生长期施加轻度水分胁迫显著降低蔗糖合成酶活性，而着色成熟初期中度水分胁迫能提高蔗糖合成酶活性，其余生育期胁迫对其无显著影响。轻度水分胁迫（新梢生长期）有利于提高土壤脲酶活性，而中度水分胁迫条件下（新梢生长期—果粒膨大期）显著抑制脲酶活性，且这种抑制作用具有明显的滞后性。

（10）从葡萄品质对水分调控响应规律综合分析，得出在葡萄新梢生长期—果粒膨大初期充分供水，能降低叶片丙二醛含量，提高葡萄叶片叶绿素含量和叶片氮含量，加快果粒膨大速度，提高葡萄产量和水分生产效率。同时，新梢生长期—果粒膨大初期充分供水，有利于提高后期叶片 SOD 活性，促进果实 TSS、总糖及花青素等品质的积累。因此，适度水分调控（新梢生长期、开花期、果粒膨大期充分供水）能减轻或避免叶片膜脂过氧化，提高叶片叶绿素含量、叶片氮含量及 SOD 活性，能有效促进葡萄产量和果实品质的积累。

（11）通过水、土、植物各层指标相关分析，得出合理的水分调控（萌芽期中度胁迫，果粒膨大期充分供水）能维持和提高葡萄土壤积温，促进土壤细菌、放线菌的生长，提高土壤脲酶活性及叶片叶绿素含量和叶片氮含量，显著提升葡萄果实中果糖含量、总糖含量和 TSS 含量，形成"以水调温、以温控菌（酶）、以菌（酶）增养、以养提质"的葡萄品质与土壤环境良性有效的控水调质机制。

（12）从优质、高产、改善土壤微生物环境及提高水分生产效率综合分析，设施延后栽培葡萄在萌芽、新梢生长、开花、果粒膨大、着色成熟各生育期最优土壤含水率下限控制标准依次为 $55\%\theta_f$、$75\%\theta_f$、$75\%\theta_f$、$75\%\theta_f$、$65\%\theta_f$。

参考文献

［1］ 邹琦. 植物生理学实验指导［M］. 北京：中国农业出版社，2000.

［2］ 高俊凤. 植物生理学实验指导［M］. 北京：高等教育出版社，2006.

［3］ 赵世杰，史国安. 植物生理学实验指导［M］. 北京：中国农业科学技术出版社，2002.

［4］ 逯平杰，代容春，叶冰莹，等. 高效液相色谱法测定甘蔗节间果糖——葡萄糖和蔗糖的含量［J］. 食品科学，2011，32（2）：198-200.

［5］ 朱云娜，王中华，张治平，等. 金雀异黄素和环鸟苷酸调控离体葡萄果实花青苷积累［J］. 园艺学报，2010，37（4）：517-524.

［6］ 孙建设，马宝，章文才. 富士苹果果皮色泽形成的需光特性研究［J］. 园艺学报，2000，27（3）：213-215.

［7］ 漆良华，张旭东，周金星，等. 湘西北小流域不同植被恢复区土壤微生物数量、微生物量碳氮及其分形特征［J］. 林业科学，2009，45（8）：14-20.

［8］ 中国科学院南京土壤研究所微生物室. 土壤微生物研究法［M］. 北京：科学出版社，1985.

［9］ Vance E D, Brookes P C, Jenkinson D S. An extraction method for measuring soil microbial biomass C［J］. Soil Biol Biochem，1987，19：703-707.

［10］ Brookes PC, Landman A, Pruden G, et al. Chloroform Fumigation and the Release of Soil Nitrogen: a Rapid Direct Extraction Method to Measure Microbial Biomass Nitrogen in Soil［J］. Soil Biol Biochem，1985，17：121-143.

［11］ 王启明，徐心诚，马原松，等. 干旱胁迫下大豆开花期的生理生化变化与抗旱性的关系［J］. 干旱地区农业研究，2005，23（4）：98-10.

［12］ 胡婵娟，刘国华，吴雅琼. 土壤微生物生物量及多样性测定方法评述［J］. 生态环境学报 2011，20（6-7）：1161-1167.

［13］ 赵先丽，程海涛，吕国红，等. 土壤微生物量研究进展［J］. 气象与环境学报，2006，22（4）：68-72.

［14］ Sparling G P. Ratio of Microbial Biomass Carbon to Soil Organic Carbon as a Sensitive Indicator of Change in Soil Organic Matter［J］. Australia Journal of Soil Research，1992，30：195-207.

［15］ 黄英，安进强，张芮，等. 水肥调控对设施延后栽培葡萄产量和品质的影响［J］. 干旱地区农业研究，2015，2：191-195，202.

［16］ 巨智强，成自勇，王栋，等. 水分胁迫对红地球葡萄生理生长的影响［J］. 甘肃农业科技，2015，2：42-45.

［17］ 张有富，张爱萍，李刚，等. 不同微肥处理对设施'红地球'葡萄光合特性的影响［J］. 经济林研究，2015，1：107-110.

［18］ 张芮，成自勇，王旺田，等. 不同生育期水分胁迫对延后栽培葡萄产量与品质的影响［J］. 农业工程学报，2014，30（24）：105-113.

［19］ 孔维萍，成自勇，张芮，等. 保护性耕作在黄土高原的应用和发展［J］. 干旱区研究，2015，2：240-250.

［20］ 张芮，成自勇，王旺田，等. 水分胁迫对延后栽培葡萄果实生长的影响［J］. 华南农业大学学报，2015，36（6）：47-54.

第5章 水肥耦合调控对葡萄生产指标的影响

5.1 试验地概况及试验设计

5.1.1 试验地概况

试验于 2013 年 5—12 月在甘肃省张掖市灌溉试验中心进行。试验中心位于张掖市西北方向，地理坐标为东经 101°24′，北纬 37°58′，海拔 1482.7m，地下水丰富，作为该试验主要灌溉水源。葡萄生育期降雨量为 105.8mm，蒸发量为 1048.1mm，蒸发量为降雨量的 9.9 倍，属典型的大陆性干旱气候。试验温室内土壤为中壤土，田间持水率 22.8%，pH 值为 7.8，土壤体积质量为 1.47g/cm³，0～20cm 有机质含量为 1.365%，碱解氮为 61.8mg/kg，速效磷为 13.4mg/kg，速效钾为 190.4mg/kg。曾被省政府批为省级农业高科技示范园区。

5.1.2 供试作物

本试验以树龄 3 年的红地球葡萄作为供试作物，以滴灌方式进行灌溉。试验小区位于日光温室内，面积 84m×8m，低温季节加盖棉帘保温，高温季节揭帘通风换气，栽培葡萄共 42 行，每行 6 株，前 3 行和后 3 行作为保护行，其余每一行作为一个小区，小区面积 6m×2m，每个处理 3 个重复。

5.1.3 试验设计

依据《灌溉试验规范》(SL 13—2004) 将红地球葡萄的生育期划分为 5 个阶段，即萌芽期 (5 月 3—19 日)、新梢生长期 (5 月 19 日至 6 月 7 日)、开花期 (6 月 7—23 日)、果粒膨大期 (6 月 23 日至 8 月 29 日)、着色成熟期 (8 月 29 日至 12 月 1 日)。

葡萄株距为 1m，行距为 2m，每行铺设 1 条毛管滴灌带，滴头间距为 0.3m，滴头额定流量为 3.0L/h，供水工作压力为 0.1MPa。本试验对 4 个生育期进行水肥调控，共 12 个处理，每个处理 3 个重复，共 36 个小区，每个小区面积 6m×2m，试验田用井水灌溉，水量采用水表计量，灌水定额为 270m³/hm²，整个生育期内灌水定额不同，灌水时间根据土壤含水量调控，灌水次数不限。试验所用氮、磷、钾肥分别为尿素、磷酸二铵、硫酸钾镁。

试验共设 4 个水平的灌水下限：正常灌水量 W_1（田间持水量的 75%～80%）；轻度胁迫 W_2（田间持水量的 65%～70%）；中度胁迫 W_3（田间持水量的 55%～60%）；

重度胁迫 W_4（田间持水量的 45%～50%），3 个施肥水平，固定氮：磷：钾＝3.6：1.2：1，肥料施入量不同：高肥水平 F_1（氮、磷、钾施入量分别为 226.8kg/hm²、75.6kg/hm² 和 63.0kg/hm²）；中肥水平 F_2（氮、磷、钾施入量分别为 162.0kg/hm²、54.0kg/hm² 和 45.0kg/hm²）；低肥水平 F_3（氮、磷、钾施入量分别为 97.2kg/hm²、32.4kg/hm² 和 27.0kg/hm²），试验总体设计见表 5.1，分期施肥方案见表 5.2。

表 5.1　　　　　　　　　　　　　试 验 总 体 设 计

处　理	土壤含水率下限（占田间持水量的百分数）/%	施氮量 /(kg/hm²)	施磷量 /(kg/hm²)	施钾量 /(kg/hm²)
W_1F_1	75～80	97.15	32.38	26.99
W_2F_1	65～70	97.15	32.38	26.99
W_3F_1	55～60	97.15	32.38	26.99
W_4F_1	45～50	97.15	32.38	26.99
W_1F_2	75～80	161.92	53.97	44.98
W_2F_2	65～70	161.92	53.97	44.98
W_3F_2	55～60	161.92	53.97	44.98
W_4F_2	45～50	161.92	53.97	44.98
W_1F_3	75～80	226.69	75.56	62.97
W_2F_3	65～70	226.69	75.56	62.97
W_3F_3	55～60	226.69	75.56	62.97
W_4F_3	45～50	226.69	75.56	62.97

表 5.2　　　　　　　　　　　　　分 期 施 肥 方 案　　　　　　　　　　　　　　　%

肥　料	新梢生长期	开花期	果粒膨大期	着色成熟期
氮	25	25	30	20
磷	25	25	30	20
钾	20	25	20	35

5.1.4　主要测定指标与测定方法

1. 土壤温度

田间气象站位于试验地西北侧，降雨量、蒸发量和日照时数每天 20:00 观测一次；作物冠层温度、湿度每天 8:00、14:00 和 20:00 分别观测一次；每个处理随机选取一个小区安置一套金属曲管温度计，分别观测各小区垂直深度为 5cm、10cm、15cm、20cm、25cm 处的地温，每天 8:00、14:00 和 20:00 分别观测一次，灌水前后和特殊天气加测，从 8:00—20:00 每 2h 观测一次。

2. 作物生理指标

（1）蔓粗。每个小区随机选取 3 枝长势均匀的新蔓标记，自葡萄新梢生长期开始，每 10d 用游标卡尺测定一次主蔓粗度（离基部 2cm）。

（2）果粒纵横径。自盛花后 15d，每个小区随机选取 3 穗葡萄标记，自果粒膨大期开始，每隔 7d 用游标卡尺测定一次每穗上、中、下 3 粒葡萄的纵径和横径。

3. 抗逆性指标

在果粒膨大期和着色期，取同一植株外围中部（固定节位）的新鲜葡萄和功能叶片，置于液氮罐中冷冻待测，每个处理 3 次重复，测定抗逆性指标。

酶液提取方法：称取葡萄叶片和果肉各 0.25g，分别加 2mL 的 50mmol/L 磷酸缓冲液（内含 1% 聚乙烯吡咯烷酮 PVP）于预冷的研钵中，研磨均匀，转移至 10mL 离心管中，用提取介质冲洗研钵 2～3 次，每次 1～2mL，合并冲洗液于离心管中，在 4℃ 下 10000r/min 离心 15min，取上清液为待测液。

（1）SOD 活性。采用氮蓝四唑（NBT）光还原法测定。取透明度好的指形管 4 支，测定管 2 支，光下对照 1 支，黑暗对照（调零）1 支，按要求加入显色试剂，温度控制在 25～35℃，置于 4000lx 的荧光灯下显色反应 15～20min，然后用黑布遮蔽试管终止反应，在 560nm 的波长下测定反应液的吸光度。

$$\text{SOD 活性}[\text{u}/(\text{gFW} \cdot \text{h})] = \frac{(A_0 - A_s)V_t \times 60}{A_0 \times 0.5 \times FWV_s t} \tag{5.1}$$

式中：A_0 为光下对照管的吸光度；A_s 为测定样品管的吸光度；FW 为样品鲜重，g；V_t 为样品提取酶液总体积，mL；V_s 为测定时所取酶液体积，mL；t 为光照时间，min。

（2）POD 活性。采用愈创木酚法测定。测定四邻甲氧基苯酚标准系列溶液在 470nm 波长下的吸光度，绘制标准曲线。取 5 支 20mL 的具塞试管，测定管 3 支，空白对照 2 支。分别按量加入 0.1% 的愈创木酚、蒸馏水、0.18% 的 H_2O_2（空白对照管不加，加等量蒸馏水）、酶液，在 25℃ 条件下反应 10min 后加 5% 的偏磷酸终止。用蒸馏水调零，在 470nm 波长下于可见分光光度计测定吸光度。

$$\text{POD 活性}[\mu\text{g}/(\text{gFW} \cdot \text{min})] = \frac{(X - X_0)V_t}{FWV_s t} \tag{5.2}$$

式中：X 为测定管中四邻甲氧基苯酚含量，mg；X_0 为对照管中四邻甲氧基苯酚含量，μg；V_t 为酶液总体积，mL；FW 为样品鲜重，g；V_s 为测定时所取酶液体积，mL；t 为反应时间，min。

（3）植物体内游离 Pro 含量。采用磺基水杨酸法测定。绘制标准曲线，称取新鲜样品 0.5g 放入具塞试管中，加入 5mL 3% 的磺基水杨酸溶液，加塞在沸水浴中提取 15min，过滤。分别按量加入水、冰乙酸、茚三酮、酶液，摇匀沸水浴 30min，冷却后加入甲苯萃取（黑暗中静置 2～3h）。

$$\text{Pro 含量（质量分数）} = \frac{CV_t}{WV_s \times 10^6} \times 100\% \tag{5.3}$$

式中：C 为根据标准曲线推算的 Pro 含量，μg；V_t 为提取液总体积，mL；W 为样品重，g；V_s 为测定时所取酶液体积，mL。

4. 土壤水分

土壤水分采用称重法测定。自葡萄萌芽期开始，每 10d 用土钻取一次土，每小区取一个点，测定深度为 80cm，即 0～20cm、20～40cm、40～60cm、60～80cm，将土样置于烘箱中烘至恒重。

$$\theta_s = \frac{M - M_s}{M_s} \times 100\% \tag{5.4}$$

式中：θ_s 为土壤含水率，%；M 为土样湿重，g；M_s 为土样干重，g。

5. 产量

葡萄产量采用干质量法测定。采摘期，各小区葡萄单独采收，用精度为 0.01kg 的电子秤测定各小区所有葡萄的产量，并换算为标准产量 kg/hm²。

6. 品质

膨大期和采摘期，每处理随机从具有代表性的 10 个果穗上取 20 粒葡萄，用冰盒带回实验室，置于冰箱内保鲜。

(1) 单粒重。用精度为 0.01kg 的电子秤测定每个处理所摘取的 20 粒葡萄。

(2) TSS 含量。采用手持测糖仪法测定。将所取葡萄样品放入研钵捣汁，所捣汁液滴入手持便携式测糖仪，所读数值即为 TSS 含量。

(3) 可滴定酸含量。采用 NaOH 滴定法（GB 12293—90 法）测定。

(4) 维生素 C 含量。采用钼蓝法测定。在 50mL 的容量瓶中加入一定量的试液和标准溶液、草酸 EDTA 溶液，使总体积达到 10.0mL，再分别加入一定量的偏磷酸醋酸溶液和 5% 的硫酸溶液，摇匀，加入 4.00mL 钼酸铵，以空白试剂作为对照，在 705nm 波长下测定吸光度。

$$还原型维生素 C 含量(\text{mg/g}) = \frac{C_x V_1}{W V_2} \tag{5.5}$$

式中：C_x 为测定液中维生素 C 含量的含量，mg/50mL；V_1 为样液定容总体积，mL；W 为样品质量，g；V_2 为测定样液总体积，mL。

(5) 花色苷含量。采用分光光度法测定。取葡萄皮提取待测液，以 0.1mol/L 的盐酸乙醇溶液做参比液，用分光光度计在 530nm、620nm、650nm 波长下测定提取液的光密度值，并用 Greey 公式准确计算出花青素的光密度值 OD_λ，进一步求出花色苷含量（nmol/g）。

$$OD_\lambda = (OD_{530} - OD_{620}) - 0.1(OD_{650} - OD_{620}) \tag{5.6}$$

$$花色苷含量(\text{nmol/g}) = \frac{OD_\lambda}{\varepsilon} \times \frac{V}{m} \times 10^6 \tag{5.7}$$

式中：OD_λ 为花青素在 530nm 波长下的光密度；ε 为花青素摩尔消光系数，$\varepsilon = 4.62 \times 10^6$；$V$ 为提取液总体积，mL；m 为取样质量，g。

5.2　水肥调控对设施延后栽培葡萄耗水特性的影响

土壤水分是除去水培植物外的其他植物吸收水分的主要来源,是植物赖以生存的主要条件。土壤水分不仅供作物生长需要,还影响养分的溶解和移动、土壤的氧化还原电位、有机质的分解与积累和土壤热量状况等,反映了植物需水和供水状况,土壤含水率是衡量作物蒸发蒸腾变化的指标之一。土壤中的水、肥、气、热等环境条件对作物的生长发育起着决定性作用,这 4 个因素相互影响、相互制约。土壤水肥是较易受人们控制的一个因素,通过调节土壤含水率可以使肥、气、热朝着有利于植物生长发育的方向发展,以达到高产稳产。土壤中的有机养分必须通过土壤微生物的转化作用,变为养料溶解于土壤水中,方可被植物吸收利用。土壤微生物与水、气、热紧密相关,土壤中水分含量较少时,会影响养分溶解造成作物生长受抑制;土壤水分含量过多时,会抑制分解的有机物养料的微生物活动,导致有机物养料的释放和植物的吸收利用受到限制。故而,土壤含水量的多少及其分布对植物的生长有着非常重要的作用。

5.2.1　不同灌水处理对设施栽培葡萄各生育期土壤含水率影响

滴灌条件下的葡萄根系主要集中在 $0\sim40\text{cm}$,$80\sim100\text{cm}$ 范围内的根系已经较少。本试验主要研究了 $0\sim80\text{cm}$ 范围内的土壤水分变化情况。因设施延后栽培葡萄的越冬水灌入量较多,萌芽期各处理含水量均较高,未达到试验设计的灌水下限要求,故而从新梢生长期开始进行水肥调控。

图 5.1 所示为水肥调控对新梢生长期各处理的土壤含水率变化图。总体来看,F_2 条件下的土壤含水率变化幅度最大,80cm 处各处理土壤含水率无明显差异,$40\sim60\text{cm}$ 处土壤含水率变化最活跃。W_1 处理和 W_2 处理受近期灌水的影响,W_1 处理呈增—减

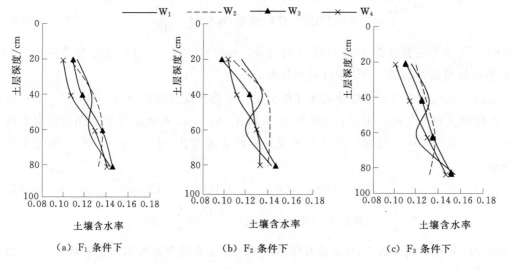

图 5.1　水肥调控对新梢生长期各处理的土壤含水率的影响

一增的趋势，呈 S 曲线，且 80cm 处土壤含水率最大；W_2 处理呈先增后减的趋势，60cm 处土壤含水率最大，且大于其他处理。是因为 W_1 处理 60cm 处水分缓慢向 80cm 处入渗，同时又通过毛管作用传导水分到土面供蒸发，且 40～60cm 处葡萄根系较发达，植株自身耗水也较快。W_3 处理和 W_4 处理都呈递增趋势，80cm 处含水率最大，且 W_3 处理大于 W_4 处理，因萌芽期到新梢生长期植株叶面积较小，植株蒸腾耗水较少，但 W_3 处理的植株长势较 W_4 处理的旺盛，蒸腾量相对较多。

从图 5.2 可以看出，开花期土壤含水率与新梢生长期整体变化规律一致，F_2 条件下的土壤含水率变化幅度最大，80cm 处各处理土壤含水率无明显差异，且与新梢生长期同层含水率相差不大。20cm 处 W_1 处理和 W_2 处理含水率无明显差异，较 W_3 处理和 W_4 处理稍大；40cm 处 F_2 条件下 W_3 处理和 W_4 处理较其他施肥水平土壤含水率最小，W_1 处理和 W_2 处理最大；60cm 处 W_4F_2 处理和 W_4F_3 处理水平下的土壤含水率均较其他处理高，W_3 处理水平的土壤含水率较其他处理低；各处理中 80cm 处 W_1 处理水平含水率最大，W_2 处理最小，但无明显差异。重度胁迫 40cm 处土壤含水率最低，但对 60cm 处土壤含水率影响并不大，处于较高水平，40～60cm 含水率增幅最大。说明重度胁迫对 40～60cm 处土壤含水率影响最大，水分胁迫对 80cm 深度处土壤含水率无明显影响。

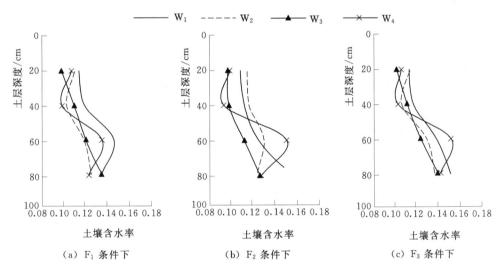

（a）F_1 条件下　　　　　（b）F_2 条件下　　　　　（c）F_3 条件下

图 5.2　水肥调控对开花期土壤含水率的影响

果粒膨大期葡萄需水量最大，W_1 处理和 W_2 处理水平含水率变化趋势的不同是由灌水时间不同造成的。W_1 处理灌水较早，葡萄生殖生长和营养生长已消耗掉大量水分，80cm 处土壤含水率随施肥量的增加逐渐变小，且较其他土层深度处于较低水平，植株通过根系把深层的水分输送到植物体内，还有一部分水通过毛管作用被提到上层供棵间蒸发，故 20cm 处含水率较高，W_1F_2 处理 20cm 处的含水率较 W_1F_1 处理和 W_1F_3 处理分别高出 6.83%、4.58%，40cm 处的含水率较 W_1F_1 处理和 W_1F_3 处理分别低 4.95%、5.29%。W_2 处理灌水水平在 3 种施肥条件下呈现同样的变化规律，且无明显差异，如图 5.3 所示。

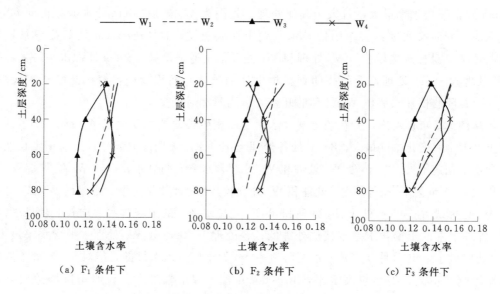

（a）F₁ 条件下　　　　　（b）F₂ 条件下　　　　　（c）F₃ 条件下

图 5.3　水肥调控对浆果膨大期各处理的土壤含水率的影响

W_3 处理灌水水平，施肥量对 $60 \sim 80cm$ 土壤含水率无明显影响，$40 \sim 60cm$ 处 F_2 条件下土壤含水率增幅最大，W_1 处理土壤含水率增幅最小，$20cm$ 处 F_2 条件对应的含水率最小，F_1 条件最大。W_4 处理灌水水平，F_1 条件下 $60cm$ 处土壤含水率最大，$20 \sim 60cm$ 土壤含水率增加速度最快，$60 \sim 80cm$ 土壤含水率减小速度也较快；F_2 条件下 $60cm$ 处土壤含水率最大，但 $40 \sim 60cm$、$60 \sim 80cm$ 变化幅度最小，$20cm$ 处土壤含水率也最小；F_3 条件下 $40cm$ 处土壤含水率最大，$40 \sim 80cm$ 处土壤含水率减小速度最快，$20cm$ 处土壤含水率最大。因 W_3 处理长时间未灌水各层土壤含水率均为最小，W_1 处理于 7 月 7 日灌水 $2.92m^3$，W_2 处理和 W_4 处理于 7 月 8 日各灌水 $2.92m^3$，在 3 种施肥水平下，W_1 处理和 W_2 处理在 $20 \sim 40cm$ 处土壤含水率无明显差异，但远远大于 W_4 处理对应位置的含水率，且 F_2 条件下的差距最大；$40 \sim 60cm$ 处 W_4 处理土壤含水率与 W_1 处理相当，甚至在某一深度时含水率超过了 W_1 处理，W_2 处理最小；$60 \sim 80cm$ 处，W_4 处理在 F_1 条件下和 F_3 条件下与 F_1 条件下的差距逐渐拉大，F_2 条件下，W_4 处理土壤含水率逐渐大于 W_1 处理。说明长期重度胁迫（W_4 处理）减少了表层土壤含水率，但增强了 $40 \sim 60cm$ 处的保水能力，F_2 条件下 $40 \sim 60cm$ 处的平均土壤含水率最高。

着色期成熟期土壤含水率对葡萄品质的影响很大，水分过多会造成坏果、烂果等现象，水分过少会降低光合作用，叶片萎蔫，葡萄难以成熟。图 5.4 所示为水肥调控对着色成熟期各处理的土壤含水率，W_1 处理灌水水平下，除 $20cm$ 外，其他土层土壤含水率均随施肥量的增加逐渐减小；W_2 处理灌水水平下，除 $20cm$ 外，各层土壤含水率均随施肥量的增加逐渐增加；W_3 处理和 W_4 处理是近期灌水，表层土壤含水率均较高，W_3 处理灌水水平下，F_1 条件下 $40cm$ 处土壤含水率最小，但与 $60 \sim 80cm$ 处土壤含水率无明显差异，部分水分已经入渗到 $40cm$ 以下；F_2 条件下 $60cm$ 处土壤含水率最低，

并远小于 F_1 条件下，80cm 处略高于 60cm 处，是因为水分尚未入渗至 60cm 处，土壤含水率仍处于较低水平；F_3 条件下 60cm 处含水率最低，20～40cm 之间土壤含水率降低速度较慢，40～60cm 之间土壤含水率降低速度较快；W_4 处理灌水水平下，F_1 条件下 40cm 处土壤含水率最低，是因为水分在 20～40cm 之间入渗较快，40cm 以下入渗较慢，F_2 条件下 60cm 处土壤含水率最低，且远低于其他两个施肥水平，水分已经入渗至 40cm 以下，但未入渗到 60cm，F_3 条件下与 F_2 条件下规律一致，但 F_3 条件下 20～40cm 处土壤含水率均小于 F_2 条件下，60～80cm 处土壤含水率均大于 F_2 条件下。说明施肥量的多少会影响土壤水分入渗速度，丰水（W_1 处理）条件下，施肥越多水分入渗越慢；轻度胁迫（W_2 处理）条件下，与 W_1 处理相反，施肥量越多水分入渗反而越快；中度胁迫（W_3 处理）条件下 F_3 施肥水平、重度胁迫（W_4 处理）F_2 条件下施肥水平的水分入渗速度较快，20～60cm 处土壤平均含水率较高。

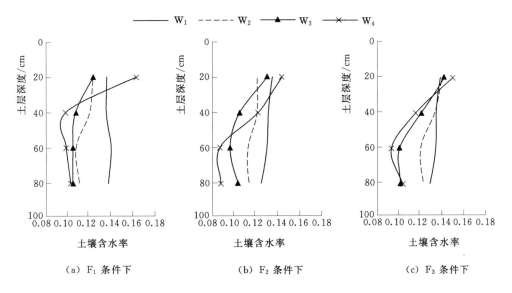

图 5.4　水肥调控对着色成熟期各处理的土壤含水率的影响

5.2.2　耗水量的计算

耗水量是指设施延后栽培葡萄从萌芽期到采摘期间，因蒸腾和蒸发损耗掉的水分，也称设施延后栽培葡萄的实际腾发量或者蒸散量。本试验采用水量平衡法估算设施延后栽培葡萄的耗水量。用土壤含水率估算作物蒸腾蒸发量时，依据 SL 13—2004 规定，其计算公式为

$$ET_{1\text{-}2} = 10\sum_{i=1}^{n}\gamma_i H_i(\theta_{i1}-\theta_{i2})+M+P+K+C \qquad (5.8)$$

式中：$ET_{1\text{-}2}$ 为阶段需水量，mm；γ_i 为第 i 层的土壤干容重，g/cm^3；H_i 为第 i 层的土壤厚度，cm；θ_{i1}、θ_{i2} 分别为第 i 层土壤计算时段始末的含水率（干土重的百分比）；M、

P、K、C 分别为时段内灌水量、降雨量、地下水补给量和排水量，mm。

本试验区因覆盖措施，降雨量可忽略不计，认为 $M=K=C=0$。

耗水强度是指单位面积的植株群体在单位时间内的耗水量，与生育阶段内的气象、灌水量等因素有关，反映了对作物生长发育的影响，由各生育阶段设施葡萄的耗水量与生育期天数相比而来，单位为 mm/d。

耗水模数是作物各生育阶段所消耗水量占总消耗水量的权重程度，一般用 K_i 表示，$K_i=ET_{di}/ET_c\times100\%$，与各生育期长短和自然气候条件有关，反映了作物各生育阶段的需水特性和对水分的敏感程度。

5.2.3　水肥调控对设施延后栽培葡萄各生育期耗水特性的影响

由图 5.5 可知，各处理的耗水量从新梢生长期到开花坐果期均呈下降趋势，新梢生长期植株生长加快，叶面积迅速增长，植株营养生长较旺盛，蒸腾蒸发量均较大；开花坐果期，植株营养生长速度减慢，且此生育期时长较短，生育期耗水量较少；浆果膨大期，营养生长和生殖生长共同发育，到浆果膨大后期生殖生长达到巅峰，植株需水量大幅提高，耗水急剧加强；着色成熟期，植株的生理活动开始减慢，耗水量逐渐减小。

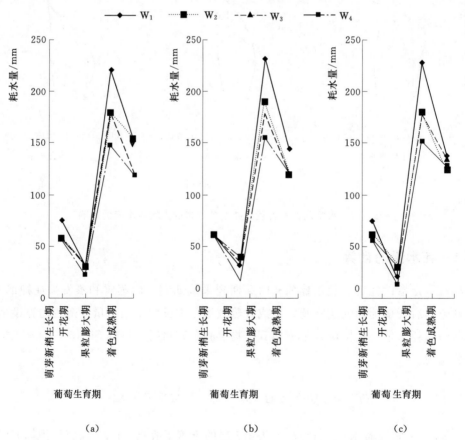

图 5.5　水肥调控对设施延后栽培葡萄各生育期耗水量的影响

　　在同一施肥水平下，新梢生长期植株耗水量均随水分亏缺程度的加剧而减少，因为灌水下限越高，灌水频率越高，土壤含水率总是保持在较高的水平，供植株充分吸收利用，造成植株枝叶徒长，叶面积较多，光合作用较强，植株蒸腾量大幅提高，耗水量随之增加。随灌水下限的降低，在一段时间内土壤含水率保持在较低的水平，抑制植株的营养生长，葡萄枝叶生长缓慢，蒸腾蒸发量降低，从而使植株耗水量逐渐减小；开花坐果期，植株耗水量均随水分亏缺程度的加剧呈先增大后减小的趋势，在轻度胁迫（W_2处理）或中度胁迫（W_3处理）时达到最大值，重度胁迫（W_4处理）时达最小值，这是由于过高的土壤含水率会抑制葡萄的开花坐果，易造成落花，降低葡萄坐果率，从而降低了植株耗水量，过度的水分胁迫使植株生长发育受阻，耗水量较低；浆果膨大期，植株耗水量随水分亏缺程度的增加逐渐减小，且轻度胁迫（W_2处理）和中度胁迫（W_3处理）之间的差距较小，是因为适度水分胁迫提高了葡萄坐果率，平衡植株营养生长和生殖生长；着色成熟期，植株耗水随水分的亏缺并无明显规律。

　　同一灌水下限条件下，除丰水水平（W_1处理）外，新梢生长期、开花坐果期、浆果膨大期的耗水量均随施肥量的增加呈先增大后减小的趋势，适量的施肥可以促进作物营养生长和生殖生长的协调，增大耗水量，过量施肥不能被植株有效利用，会造成肥料浪费；着色成熟期丰水（W_1处理）和轻度胁迫（W_2处理）的耗水量随施肥量的增加而减小，中度胁迫（W_3处理）和重度胁迫（W_4处理）的耗水量随施肥量的增加而增大，是因为灌水下限长期较高时，土壤温度较低，根系活力下降，而增加施肥量，土壤中水解肥料所需的水随之增加，但植株吸收水分和养分的能力下降，导致耗水量减少，适度亏水使土壤温度处于相对较高状态，利于水解有机物，并且适度的水分亏缺可以增强植株的抗衰老能力，延缓植株衰老时间，使葡萄叶片在着色成熟期依然有较强的功能，从而增加了水分消耗量。

　　图 5.6 所示为水肥调控对设施延后栽培葡萄各生育期耗水强度的影响。就全生育期来看，除 W_2F_2 处理和 W_3F_2 处理外，耗水强度整体表现为萌芽新梢生长期＞果粒膨大期＞着色成熟期＞开花坐果期，虽然果粒膨大期耗水量远大于新梢生长期，但是萌芽新梢生长期生育时间占生个生育期的比例较果粒膨大期短，其耗水强度较果粒膨大期略大。同一施肥水平下，各生育期的植株日耗水强度随水分亏缺程度的加重而减小，说明水分亏缺对设施延后栽培葡萄耗水强度有明显的抑制作用。在中肥水平下，轻度胁迫（W_2处理）和中度胁迫（W_3处理）在开花坐果期的耗水强度较大，这可能是水肥耦合效应在其中发挥到了相应的作用，适度的水分亏缺和肥料增施，增加了葡萄的坐果率，丰水和重度胁迫均不利于葡萄开花坐果。W_1F_1 处理新梢生长期耗水强度最大，达 3.98mm/d，W_4F_3 处理开花坐果期耗水强度最小，为 0.83mm/d。

　　由图 5.7 可知，耗水模数均表现为果粒膨大期＞着色成熟期＞萌芽新梢生长期＞开花坐果期，设施延后栽培葡萄生育期中果粒膨大期历时最长，且需要大量水分和养分供于生殖生长，耗水模数为最大，着色成熟期次之，开花坐果期历时最短，耗水模数最小。开花坐果期的耗水模数呈丰水（W_1处理）略大于重度胁迫（W_4处理），均小于轻

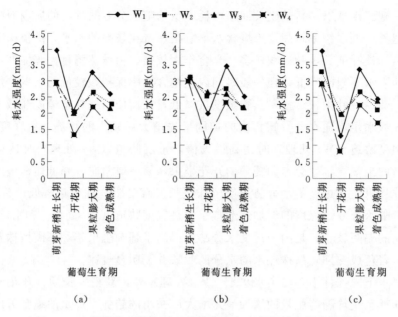

图 5.6 水肥调控对设施延后栽培葡萄各生育期耗水强度的影响

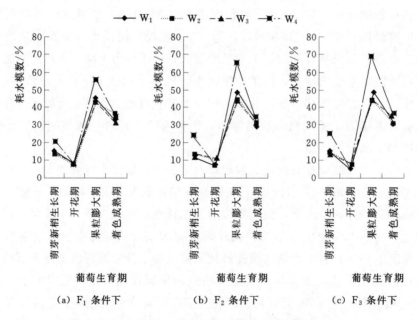

图 5.7 水肥调控对设施延后栽培葡萄耗水模数的影响

度胁迫（W_2 处理）和中度胁迫（W_3 处理），这是因为开花坐果期土壤含水率过高，土壤空隙中水分较多，气和热相应减少，根部呼吸和吸收受阻，重度胁迫使植株体内代谢受抑制，影响养分吸收利用，有机质转移分配，都易造成落花落果，影响葡萄的坐果率，适度亏水有助于开花坐果。萌芽新梢生长期和果粒膨大期，设施延后栽培葡萄的耗水模数明显大于其他水分处理，且随着施肥量的增加，差异愈加明显，说明在干旱生存环境下，葡萄具有良好的水肥自我调节能力，为葡萄生长发育关键期（萌芽新梢生长期和果粒膨大期）提供相对优越的条件。

5.2.4　水肥调控对设施延后栽培葡萄全生育期耗水量的影响

由表5.3可以看出，设施延后栽培葡萄的全生育期耗水量随灌水定额的减小逐渐减小，随氮、磷、钾肥施入量的增加逐渐减小。灌溉定额对耗水量有显著影响，氮、磷、钾肥的施入量和水肥互作效应对其影响不显著，轻度胁迫（W_2 处理）和中度胁迫（W_3 处理）之间无显著性差异，说明适度的水分胁迫可以调节葡萄营养生长和生殖生长均衡发展，适当减少耗水量，灌溉定额较高时葡萄蒸腾量增加，灌溉定额较少时，棵间蒸发量增加，均不利于葡萄生长发育。

表 5.3　　　　　　　　　水肥调控对设施延后栽培葡萄全生育期耗水量的影响

处　理	灌溉定额 /(m^3/hm^2)	耗水量 /(m^3/hm^2)	氮肥施入量 /(kg/hm^2)	磷肥施入量 /(kg/hm^2)	钾肥施入量 /(kg/hm^2)
W_1F_1	3259	4738.79a	97.15	32.38	26.99
W_1F_2	3259	4688.09a	161.92	53.97	44.98
W_1F_3	3259	4606.69a	226.69	75.56	62.97
W_2F_1	2989	4185.91b	97.15	32.38	26.99
W_2F_2	2989	4116.60b	161.92	53.97	44.98
W_2F_3	2989	3998.06b	226.69	75.56	62.97
W_3F_1	2362	4012.25b	97.15	32.38	26.99
W_3F_2	2362	3984.05b	161.92	53.97	44.98
W_3F_3	2362	3977.56b	226.69	75.56	62.97
W_4F_1	1622	2606.60c	97.15	32.38	26.99
W_4F_2	1622	2351.45c	161.92	53.97	44.98
W_4F_3	1622	2194.14c	226.69	75.56	62.97

注　相同小写字母表示处理间不存在显著差异，不同小字母表示存在显著差异（$P<0.05$）。

5.3　水肥调控对设施延后栽培葡萄土壤温度的影响

土壤温度既可以直接影响植物对水分和肥料的吸收利用，又可通过影响农田小气候影响叶片的光合作用、蒸腾作用及植物的生长，是衡量土壤水热状况的尺度，对提高土壤肥力和农产品产量具有重要意义。对土壤热量状况的调节可通过了解土壤温度的变化过程实现，而设置风障、灌溉排水、耕作施肥等诸多因素均可调节土壤温度。适宜的土壤温度和水分是植物生长良好的先决条件。

5.3.1　全生育期温室内气温和湿度变化

温度对植物的生长发育及各项生理活动影响很大，是植物进行新陈代谢的保障。每种植物都有适宜自己发育的温度，超出温度范围均对其生长发育有影响。设施大棚属于半密封环境，塑料薄膜不透气且保湿能力强，土壤蒸发和叶面蒸腾均会较大程度的影响室内湿度。

　　由图 5.8 全生育期温室大棚内气温日变化规律可以看出，温度呈先上升后下降的趋势，到 14：00 时温度达最高水平。5 月葡萄开始萌芽，室内气温在 13.5～22.4℃之间，利于葡萄发芽、抽蔓。6 月中旬葡萄开花坐果期结束后立刻进入果粒膨大期，7 月和 8 月葡萄进入生长旺盛阶段，7 月室内温度最高，6 月次之，8 月和 9 月室内温度相差不大，利于葡萄生长和各项生理活动的进行。但 9 月 8：00 和 20：00 的温度较 8 月低，说明 9 月夜间温度逐渐降低，昼夜温差逐渐变大，利于糖分的累积，葡萄品质的提高。10 月葡萄进入着色成熟期，室内气温在 10～17.8℃之间，为整个生育期最低温度低，但既能够满足葡萄不受冻害，又能使其新陈代谢速度减慢，达到延迟葡萄成熟的目的。

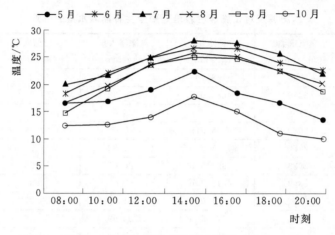

图 5.8　全生育期温室大棚内气温日变化

　　由图 5.9 可以看出，温室内湿度变化趋势与图 5.8 所示温度变化趋势恰好相反，全生育期均表现出先降低后增加的趋势，5 月、6 月和 10 月设施内湿度均在 14：00 最低，7 月、8 月和 9 月均在 16：00 降至最低。因为设施温室大棚是个相对密闭的环境，夜间温度较低且不透气，湿度上升，白天受太阳辐射影响，光照时间的逐渐增加，室内温度

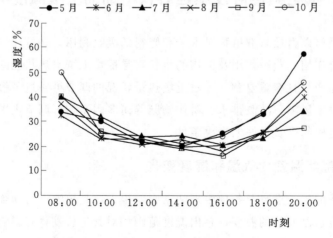

图 5.9　全生育期温室大棚内湿度日变化

上升，湿度下降，并且为了保持室内通风良好和光照，5 月和 10 月于 12：00 左右揭开通风口通风，6—9 月于 10：00 左右揭开通风口并打开 1/3 塑料薄膜通风。从整体来看，5 月和 10 月全天候平均湿度处于较高水平，并且湿度变化幅度也较大，这正好与温度变化相反，可能是因为室内温度大于室外温度，设施内水蒸气含量较高，空气中的湿度较大。说明设施温室内温度与湿度成反比。

5.3.2 水肥调控对土壤温度的影响

1. 水肥调控对设施延后栽培葡萄各层土壤温度日变化的影响

土壤和大气间存在着热量交换，而这热量主要来源于太阳辐射，同时，土壤含水率的变化也会影响土壤内部的热量分布，从而对土壤温度造成影响。为了更好地了解土壤温度的时空变化特征，下面对时间和土层深度方向对土壤温度的影响做以分析，且因为对葡萄而言，浆果膨大期历时最长，故着重对浆果膨大期各层土壤温度时空变化特征加以探讨。

图 5.10 所示为低肥水平下（F_1 条件下）各灌水下限对设施延后栽培葡萄各层土壤

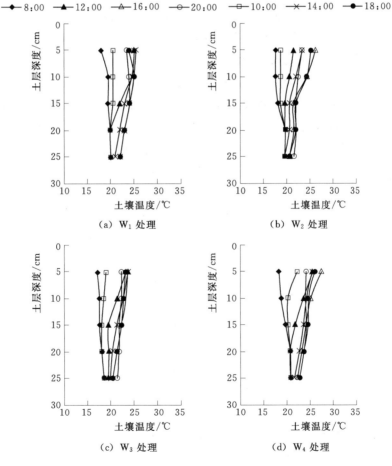

图 5.10 低肥水平下（F_1 条件下）各处理下限对设施栽培葡萄各层土壤温度的影响

温度的影响。不难发现，各灌水下限条件下，5cm 处不同时间段的土壤温度变化最为活跃，均在 16：00 达最大值，8：00 最低，25cm 处各处理土壤温度变化幅度最小。按时间段土壤温度变化大致可分为 3 部分：8：00 的土壤温度随土层深度的增加逐渐增加；10：00 W$_1$ 处理随土层深度的加深而减小，W$_2$ 处理与之相反，W$_3$ 处理和 W$_4$ 处理呈先减小后增大的趋势；12：00—20：00 的土壤温度随土层深度的增加而减小。8：00—12：00 之间表层 5cm 处土壤温度上升最快，之后缓慢上升至 16：00 之后又开始缓慢下降，其中最大值为 W$_4$ 处理灌水水平 16：00 对应的土壤温度，为 28℃，较 8：00 时刻上升 9℃。10cm 处土壤温度在 10：00—12：00 之间上升最快，W$_1$ 处理和 W$_2$ 处理上升至 18：00 开始下降，W$_3$ 处理和 W$_4$ 处理上升至 16：00 开始下降，最大值出现在 16：00 时的 W$_4$ 处理灌水水平，为 25.5℃，较 8：00 上升 6.5℃。15cm 处 W$_1$ 处理和 W$_2$ 处理的土壤温度从 8：00 持续上升至 18：00，后保持恒温至 20：00 其中 10：00—12：00 时间段内上升速度相对较快，W$_3$ 处理和 W$_4$ 处理的土壤温度上升至 18：00 便开始下降，且温度上升速度最快阶段为 12：00—14：00，W$_1$、W$_2$、W$_3$、W$_4$ 上升幅度分别为 4.5℃、4.5℃、5℃、5℃。20cm 和 25cm 处土壤温度均从 8：00—20：00 呈现持续上升趋势，且上升幅度均为 2℃。说明表层 5cm 处土壤温度变化幅度最大，重度胁迫 W$_4$ 处理各层土壤温度均较其他处理高，20cm 和 25cm 处土壤温度增幅与其他处理无差异。

从图 5.11 可以看出，中肥水平下（F$_2$ 条件下），W$_1$ 处理除去 12：00 外（因为 12：00 太阳辐射最强，对地表温度影响最大），其他时刻的土壤温度均在 10cm 处达到最大值，这是受测取地温前一天灌水的影响，且与低肥水平下（F$_1$ 条件下）相比，F$_2$ 对其影响更明显。5cm 深度土壤温度 W$_1$ 处理较其他处理均低，但各处理土壤温度均从 8：00 开始增加，上升至 16：00 达到最大值后开始下降，W$_4$ 处理最高温度达 35℃，上升幅度达 17℃，这可能既受水肥调控对植物叶片浓密程度的影响，又受地温计布设位置的影响。10cm 处，8：00—12：00 时间段内 W$_1$ 处理土壤温度较其他处理大很多。W$_1$～W$_3$ 处理均在 10：00—12：00 时间段内温度上升速度最快，W$_4$ 处理在 12：00—14：00 时间段内上升速度最快，W$_1$ 处理上升至 16：00 开始下降，其他处理均上升至 18：00 开始下降，且 W$_4$ 处理受表层温度较高的影响，热量向下传送，致使 10cm 处土壤温度也较其他处理高。W$_1$～W$_3$ 处理 15cm 处土壤温度均随时间的增加呈上升趋势，到 18：00 达最大值，并一直持续到 20：00，W$_4$ 处理到 16：00 达最大值，随后开始下降。F$_2$ 水平下 20cm 和 25cm 处各土壤温度变化与 F$_1$ 水平下变化规律一致。说明较低的土壤含水率有助于土壤温度的升高，并且能提前各层土壤温度升高至最高点的时间。

高肥水平下（F$_3$ 条件下）各处理下限对设施栽培葡萄各层土壤温度的影响如图 5.12 所示，W$_1$F$_3$ 处理的土壤温度变化趋势与 W$_1$F$_2$ 处理一致，均为 10cm 处土壤温度最高，其他处理各时刻各土层的温度变化规律与 F$_1$ 水平下和 F$_2$ 水平下一致，但随水分的变化的规律更明显，基本表现为 W$_4$ 处理＞W$_3$ 处理＞W$_2$ 处理＞W$_1$ 处理。各处理

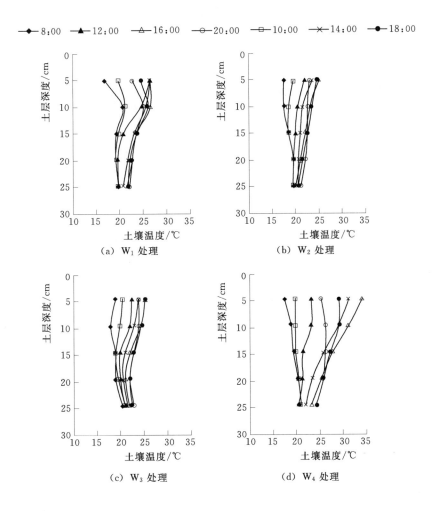

●—8:00　▲—12:00　△—16:00　○—20:00　□—10:00　×—14:00　●—18:00

(a) W₁ 处理

(b) W₂ 处理

(c) W₃ 处理

(d) W₄ 处理

图 5.11　中肥水平下（F₂ 条件下）各处理下限对设施
栽培葡萄各层土壤温度的影响

5cm 深度处土壤温度最大值出现在 16：00；10cm 深度处土壤温度最大值，W₁ 处理和 W₂ 处理出现在 18：00，W₃ 处理和 W₄ 处理出现在 16：00；15cm 时 W₁ 处理最大值出现在 18：00，W₂ 处理出现在 20：00，W₃ 处理和 W₄ 处理均在 16：00，且一直持续到 20：00 也未下降，20cm 处均在 20：00 达最大值，25cm 处均在 18：00 处达最大值，并且在 20：00 仍未下降。从图 5.10～图 5.12 可知，水分对土壤温度的影响较明显，施肥量只对个别水分条件下的土壤温度影响较明显。

2. 水肥调控对葡萄全生育期表层土壤温度日变化的影响

通过对各层土壤温度的分析情况来看，各处理间 5cm 深度的土壤温度变化最大，并且从灌水水平对各层土壤温度的影响可以看出水分对其影响较明显，下面就不同施肥水平对设施延后栽培葡萄 5cm 处的土壤温度加以分析。

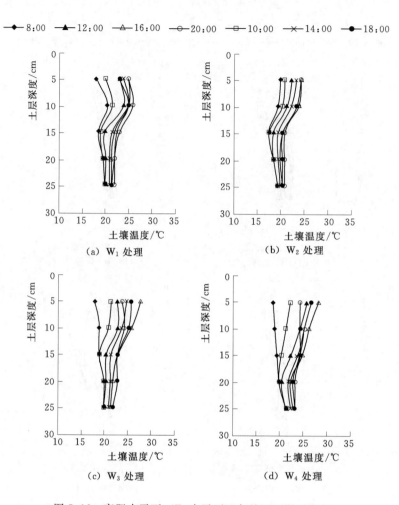

图 5.12　高肥水平下（F₃ 水平下）各处理下限对设施
栽培葡萄各层土壤温度的影响

图 5.13 所示为丰水水平下（W₁ 处理）设施栽培葡萄 5cm 处土壤温度的变化。不难看出，着色期土壤温度最低，新梢生长期次之，果粒膨大期和开花期较高，这主要受大气温度影响。由图 5.10 可知，10 月温室内气温最低，此阶段葡萄正好处于着色成熟期，致使此生育阶段土壤温度也最低，5 月温室内气温较 10 月稍高，而新梢生长期为 5 月 19 日至 6 月 7 日，故新梢生长期土壤温度也较着色期稍高，开花期和果粒膨大期温室内气温高土壤温度也较高。新梢生长期土壤温度变化趋势呈 M 形，并且三种施肥水平均在 12：00 达到最高温度，平均值为 18℃，F₃ 水平下 14：00—16：00 的增幅最小。开花期土壤温度呈先上升后下降的趋势，在 12：00 3 种施肥水平下的温度均达到最大值，但 F₂ 水平下的温度上升速度最快。果粒膨大期与开花期土壤温度变化趋势一致，但各处理最高温度均低于开花期，F₁ 水平下和 F₂ 水平下均在 12：00 上升为最大值，均为 27℃，但后者上升速度较快，F₃ 水平下缓慢上升，至 18：00 达最大值。着色期土壤温度趋势线较其他生育期平缓，F₃ 水平下变幅最小，同一时间的土壤温度呈 F₃ 条件

下＞F_1 条件下＞F_2 条件下。

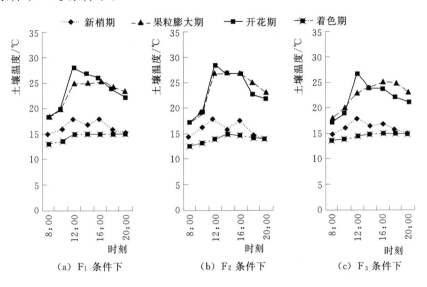

图 5.13 丰水水平下（W_1 处理）设施栽培葡萄 5cm 处土壤温度的变化

从图 5.14 可以看出，轻度胁迫下（W_2 处理）各生育期的土壤温度总体变化规律与丰水（W_1 处理）灌水水平一致。与 W_1 处理不同的是，开花期土壤温度均在 16：00 上升为最大值，但依然是 F_2 条件下上升速度最快。膨大期 F_1 条件下和 F_2 条件下土壤温度上升至 16：00 最大，但前者较大，为 27℃，F_3 条件下在 18：00 最大。同时发现，虽然开花期和果粒膨大期土壤温度基本同时到达最高值，但果粒膨大期温度降低速度较缓慢。着色期 F_1 条件下和 F_2 条件下土壤温度无明显差异，但 F_3 条件下上升速度较快，上升幅度较大，并且此处理新梢生长期也表现出同样的趋势，这可能既与水肥调控有

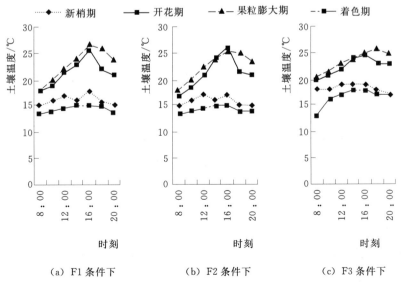

图 5.14 轻度胁迫下（W_2 处理）设施栽培葡萄 5cm 处土壤温度的变化

关，又与温度计布设点有关。

由图 5.15 可以看出，中度胁迫下（W₃ 处理）各施肥量对 5cm 处土壤温度影响较明显，新梢生长期 F₂ 条件下平均土壤温度较其他水平下施肥水平高，为 16℃。开花期温度变幅较大，F₁ 条件下在 12：00 达最大值，F₂ 条件下和 F₃ 条件下在 16：00 达最大值，前者增长幅度最小，为 6℃，后者最大，为 10.5℃。果粒膨大期变化规律和增幅规律与开花期相同，此生育期最高土壤温度为 28℃。着色期土壤温度变化趋势依旧很平缓，平均温度为 F₂ 条件下＞F₃ 条件下＞F₁ 条件下，增幅为 F₂ 条件下＞F₃ 条件下＝F₁ 条件下。

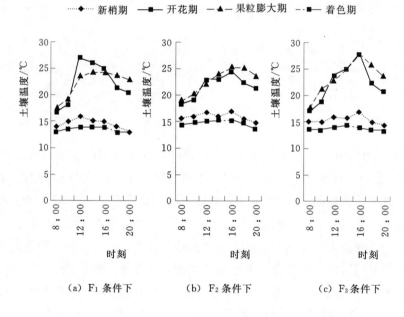

图 5.15　中度胁迫下（W₃ 处理）设施栽培
葡萄 5cm 处土壤温度的变化

从图 5.16 可以发现，新梢生长期 3 种施肥水平对 5cm 处土壤温度影响不明显，F₂ 条件下增幅最大，但平均土壤温度最小，但与其他施肥水平相差甚小。开花期 3 种施肥水平下的土壤温度均在 16：00 达最大值，但其值差异很明显，F₂ 条件下增幅最大，16：00 对应的土壤温度为 38℃，F₁ 条件下次之，为 33.5℃，F₃ 条件下最低，为 32℃，同时 F₂ 条件下土壤温度下降速率也为最快。果粒膨大期与依然与开花期变化规律一致，F₂ 条件下 16：00 温度最高。着色期 3 种施肥水平土壤温度增幅一致，均为 1℃。

通过对各处理 5cm 处土壤温度的分析可以看出，水分和施肥量均对其有影响。新梢生长期和着色期受水分和肥料影响较小，但开花期和果粒膨大期受其影响较大。新梢生长期，所有处理土壤温度均在 12：00 达最大值。开花期和膨大期，除 W₁F₃ 处理果粒膨大期土壤最高温度出现在 18：00，丰水（W₁ 处理）灌水水平下各处理各生育期土

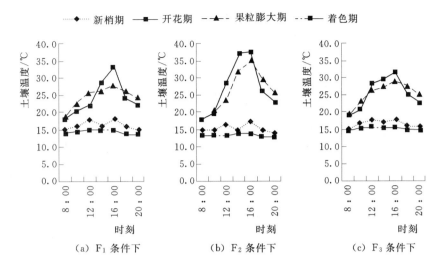

图 5.16　重度胁迫下（W₄ 处理）设施栽培葡萄 5cm 处土壤温度的变化

壤温度最高值出现在 12：00，轻度胁迫（W_2 处理）、中度胁迫（W_3 处理）和重度胁迫（W_4 处理）条件下，除去 W_3F_1 处理外，其他各处理土壤温度最大值出现较晚，均出现在 16：00。着色期均在 14：00 达最大值。说明不同灌水下限下施肥量对 5cm 处土壤温度均有影响，但无明显规律。土壤温度随灌水下限的降低逐渐升高，并且丰水灌水水平能提前温度上升为最大值的时间。

5.4　水肥调控对设施延后栽培葡萄生理特性的影响

5.4.1　水肥调控对设施延后栽培葡萄蔓粗的影响

由图 5.17 可知，随葡萄植株的生长发育，各处理葡萄蔓粗都逐渐增加，从 6 月 1 日至 7 月 12 日，葡萄蔓粗生长速率逐渐减缓，平均值从 0.108mm/d 变为 0.0399mm/d，植株营养生长逐渐变缓，水肥主要供于葡萄生殖生长。在同一灌水下限条件下，中肥（F_2 条件下）各处理的葡萄茎粗生长速度最快，W_2 处理产生最大值 0.241mm/d，W_3 处理次之，为 0.236mm/d，二者之间无明显差异。在同一施肥水平下，6 月 1—30 日，葡萄蔓粗生长量呈 W_4 处理＞W_1 处理＞W_3 处理＞W_2 处理，6 月 30 日至 7 月 12 日，蔓粗生长量呈 W_2 处理＞W_1 处理＞W_3 处理＞W_4 处理，葡萄蔓粗总生长量则呈 W_1 处理最大，W_3 处理最小，这可能是因为葡萄冬水灌入量过多，W_4 处理在新梢生长期依旧还有较高的土壤含水率，从而影响了重度胁迫对植株蔓粗影响的可靠性。

通过方差分析得出，施肥水平和施肥水平×灌水下限互作效应对植株茎粗影响不显著，灌水下限对 6 月 1—10 日的植株茎粗呈极显著水平（$P < 0.01$），对 6 月 30 日和 7 月 12 日的植株茎粗呈显著水平（$P < 0.05$）。

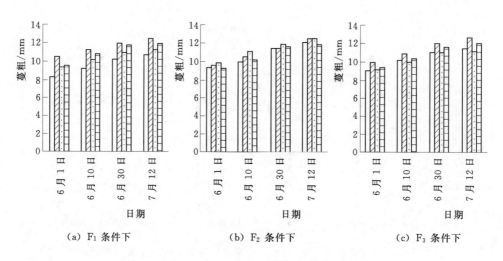

图 5.17　水肥调控对设施延后栽培葡萄蔓粗的影响

5.4.2　水肥调控对设施延后栽培葡萄粒径的影响

1. 水肥调控对设施延后栽培葡萄横径和纵径的影响

葡萄粒径大小也是葡萄表观商品品质的一个重要组成部分。由图 5.18 和图 5.19 可知，设施延后栽培葡萄的横径和纵径均随葡萄的生长发育逐渐变大，整体趋势呈双 S 曲线，但生长速率不尽相同。7 月 5—26 日为浆果第一次果粒膨大期，各处理横径和纵径

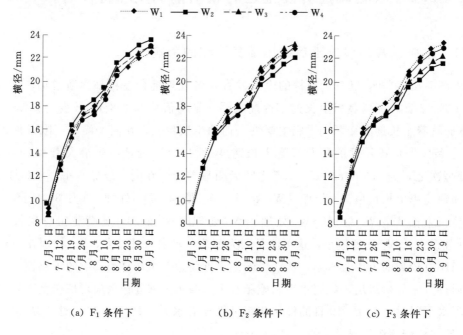

图 5.18　设施延后栽培葡萄横径生长曲线

长势都较均匀，无明显差异，但到 8 月 4 日（果粒第二次膨大期）差异逐渐明显，且葡萄果粒横径随施肥量的增加差异逐渐变大。

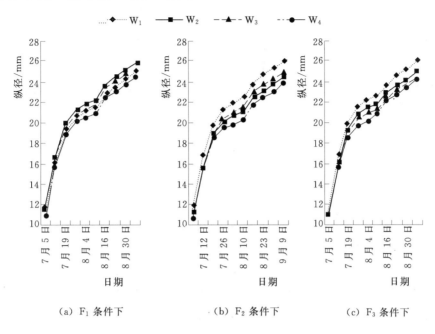

图 5.19　设施延后栽培葡萄纵径生长曲线

施肥水平对葡萄横径影响不显著，灌水下限和水肥互作效应对其影响呈显著水平（$P<0.05$）。低肥水平下（F_1 条件下），W_1 处理葡萄果粒横径在果粒第一次膨大期较大，但到果粒第二次膨大期，粒径膨大速率逐渐减慢，其粒径小于其他处理，W_2 处理粒径一直处于较高水平，W_3 处理横径一直处于中等水平，W_4 处理葡萄果粒横径在果粒第一次膨大期较小，在果粒第二次膨大期开始变大，这可能是因为果粒第二次膨大期间重度胁迫（W_4 处理）达到灌水下限，及时灌水导致横径增长速度急速上升。中肥（F_2 条件下）水平下，W_1 处理、W_4 处理果粒第二次膨大期横径处于中等水平，W_2 处理最小，W_3 处理最大。高肥（F_3 条件下）水平下，W_1 处理果粒第二次膨大期的横径最大，W_4 处理次之，W_2 处理最小。在果粒第二次膨大末期 W_1F_3 处理横径最大，为23.43mm。分别于 8 月 11 日、12 日、14 日、15 日对 W_3 处理、W_4 处理、W_2 处理、W_1 处理灌水 270m³/hm²，说明果粒第一次膨大期适度亏水后于果粒第二次膨大期复水后，其横径增长较丰水快；丰水高肥处理（W_1F_3 处理）葡萄果粒横径最大，水分和养分既能满足营养生长又能满足生殖生长，中度胁迫与中肥组合（W_3F_2 处理）处理能平衡处理能平衡营养生长和生殖生长，有助于葡萄果粒横径增长。

水分对葡萄果粒纵径的影响从不显著逐渐变为极显著（$P<0.01$），水肥耦合效应对其影响呈显著水平（$P<0.05$），低肥水平下（F_1 条件下），葡萄果粒纵径随水分亏缺程度的加强呈先增加后减小的趋势；中肥水平下（F_2 条件下），W_1 处理横径最大，W_3 处理次之；高肥水平下（F_3 条件下），随水分亏缺程度的加强而减小。果粒第二次膨大

末期 W_1F_3 处理纵径最大，为 25.99mm。说明丰水高肥（W_1F_3 处理）利于葡萄果粒纵径的生长，中度胁迫与中肥组合（W_3F_2 处理）也有助于葡萄纵径增长。

2. 水肥调控对设施延后栽培葡萄膨大速率的影响

设施延后栽培葡萄果粒膨大期历时较长，将其分为果粒膨大前期（果粒第一次膨大期）、中期（种子开始发育期）、后期（果粒第二次膨大期）三个时期。由表 5.4 可以看出，前期灌水下限对葡萄果粒纵径膨大速率影响极显著，各处理葡萄果粒横径和纵径膨大速率均最大，且纵径膨大速率大于横径膨大速率，丰水水平（W_1 处理）的横纵径膨大速率均随施肥量的增加而增加，中度胁迫（W_3 处理）和重度胁迫（W_4 处理）的横纵径均随施肥量的增加而减小，W_1F_3 处理横纵径膨大速率均最大，W_4F_2 处理最小。中期灌水下限对横纵径膨大速率影响均呈极显著水平，各处理葡萄横径和纵径膨大速率急剧减慢，是因为葡萄开始发育种子，粒径发育减缓，中度胁迫（W_3 处理）和重度胁迫（W_4 处理）的横径膨大速率大于纵径膨大速率，W_3F_2 处理横径膨大速率最大，W_2F_3 处理纵径膨大速率最大，W_4F_2 处理横纵径膨大速率均最小。后期灌水下限对横径膨大速率呈显著相关，施肥水平对纵径膨大速率呈显著相关，各处理的横径膨大速率均大于纵径膨大速率，W_3F_2 处理横径膨大速率最大，W_3F_1 处理纵径膨大速率最大，W_2F_3 处理横纵径膨大速率最小。说明适当的水分胁迫和适量的肥料增施能提高浆果膨大速率。

表 5.4　　　　　　　　　　　设施延后栽培葡萄横纵径膨大速率

处 理	横径膨大速率/(mm/d)			纵径膨大速率/(mm/d)		
	前期	中期	后期	前期	中期	后期
W_1F_1	0.3801ab	0.0715ab	0.1263b	0.4450abc	0.0591abcd	0.1057bc
W_1F_2	0.3917ab	0.0585abc	0.1308ab	0.4584abc	0.0600abcd	0.1126abc
W_1F_3	0.4134a	0.0560abc	0.1403ab	0.4880a	0.0579bcd	0.1093abc
W_2F_1	0.3888ab	0.0760a	0.1408ab	0.4516abc	0.0651abc	0.1115abc
W_2F_2	0.3679b	0.0708ab	0.1322ab	0.4332bc	0.0750ab	0.1064bc
W_2F_3	0.3744b	0.0707ab	0.1235ab	0.4540abc	0.0772a	0.0976c
W_3F_1	0.3943ab	0.0716ab	0.1472a	0.4704ab	0.0554cde	0.1239a
W_3F_2	0.3910ab	0.0762a	0.1499a	0.4503abc	0.0454def	0.1180ab
W_3F_3	0.3762b	0.0665ab	0.1333ab	0.4480abc	0.0498cdef	0.0992c
W_4F_1	0.3813ab	0.0542bc	0.1384ab	0.4425abc	0.0378ef	0.1104abc
W_4F_2	0.3770b	0.0402c	0.1435ab	0.4174c	0.0321f	0.1032bc
W_4F_3	0.3634b	0.0614ab	0.1399ab	0.4163c	0.0415def	0.1080abc

果粒膨大期，丰水高肥既能满足设施延后栽培葡萄营养生长，又能满足生殖生长，故而葡萄粒径生长速率最快，纵径、横径最大；少水多肥时，土壤中的肥料浓度过高，使水的渗透压力变大，从而影响葡萄吸收养分；中水中肥时，果粒膨大前期营养生长受

到影响，蔓条长势一般，果粒膨大后期营养生长基本结束，大部分养分供于生殖生长，粒径大小呈中等水平。

3. 水肥调控对设施延后栽培葡萄果型指数的影响

果型指数是指果粒纵径与横径之比。单因素肥料对其影响不显著，但水肥互作效应对其影响从不显著逐渐变为显著，灌水下限对影响从不显著变为极显著。从图 5.20 可以看出，果型指数变化呈 S 形曲线，随果实的生长发育呈先增加后减小的趋势，W_1 处理和 W_2 处理的果型指数到 7 月 12 日达最高水平，W_3 处理和 W_4 处理在 7 月 5 日达最高水平，之后开始缓慢下降，于 8 月 4 日果型指数开始急速下降，在 8 月 30 日达到最低水平之后又开始上升。果型指数随着施肥量的增加各处理间的差异也逐渐拉大。在低肥和高肥水平下，果型指数随水分亏缺程度的加强先增加后减小，分别至 W_3 处理和 W_2 处理时达到最大值，中肥水平下，果型指数随水分亏缺程度的加强而减小。说明葡萄果实在果粒膨大期由椭球状逐渐转变为近似球状，且水分胁迫越严重，其形状越近似球状。

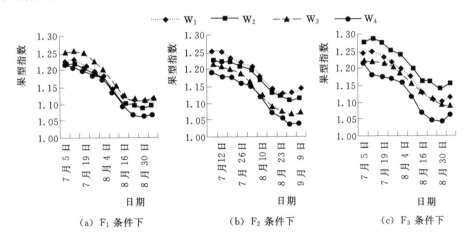

图 5.20 不同处理设施延后栽培葡萄果型指数变化

5.4.3 水肥调控对设施延后栽培葡萄抗逆性的影响

逆境下植物会产生更多的自由基，加剧了膜脂过氧化，从而导致膜系统受损，最终组织被破坏。能清除活性氧自由基的保护酶，如 SOD、过氧化氢酶（CAT）、POD 等，均普遍存在于植物细胞中，是重要的保护酶。SOD 是参与氧代谢的一种含金属酶，对研究植物衰老具有重要意义，CAT 和 POD 可以清除代谢中产生的 H_2O_2，避免 H_2O_2 的积累对细胞的氧化破坏作用，可以反映某一时期植物体内的代谢和抗逆性的变化。

因为试验处理较多，工作量较大，只对丰水（W_1 处理）和重度胁迫（W_4 处理）的抗逆性指标加以研究。

由表 5.5 可知，设施延后栽培葡萄在水分亏缺条件下植株叶片和果实内 POD、SOD 活性都会升高，但果实内 SOD 活性较叶片内 SOD 活性低很多；施肥水平对叶片内 SOD 活性达到显著水平，高肥与低肥处理间达到极显著水平，除 W_1F_1 处理与 W_4F_3

处理果实 POD 活性差异显著外，其他处理 POD 活性差异均不显著，但变化规律与王启明等的研究结果一致。同一灌水水平下，叶片和果实体内 SOD 活性、叶片内的 POD 活性随施肥量的增加而增大，呈 F_3 条件下＞F_2 条件下＞F_1 条件下的趋势，但果实内的 POD 活性随施肥量的增加而减小。脯氨酸质量分数在缺水条件下同样会升高，果实内的 Pro 质量分数高于叶片内的 Pro 质量分数，且果实内的 Pro 质量分数随施肥量的增加而减小，W_1F_1 处理与 W_1F_3 处理间存在显著差异，在丰水（W_1 处理）和重度胁迫（W_4 处理）两种灌水水平下，中肥（F_2 条件下）水平对应的叶片 Pro 质量分数均较高肥（F_3 条件下）和低肥（F_1）水平下的 Pro 质量分数高，W_4F_2 处理与 W_4F_3 处理叶片 Pro 质量分数存在显著差异。说明适当的水分亏缺和肥料增施可以提高叶片保护酶 POD、SOD 活性，脯氨酸质量分数，利于延缓植物衰老，增强植株抗旱抗寒能力。

表 5.5　　　　　　　　　　　　水肥处理对抗逆性指标的影响

处理	POD 活性/[μg/(gFW·min)]		SOD 活性/[u/(gFW·h)]		Pro/(μg/g)	
	叶片	果实	叶片	果实	叶片	果实
W_1F_1	6.12a	2.71a	705.72c，C	25.97a	2.69b	6.05ab
W_1F_2	6.84a	1.52ab	717.67b，BC	35.04a	2.91ab	5.14bc
W_1F_3	7.06a	1.42b	728.50a，AB	46.67a	2.39b	4.10c
W_4F_1	7.25a	1.86ab	708.22bc，C	37.30a	2.91ab	7.07a
W_4F_2	7.94a	1.39b	729.57a，AB	50.55a	3.54a	6.16ab
W_4F_3	8.27a	1.01b	733.39a，A	54.90a	2.52b	5.24abc

注　相同小写字母表示处理间不存在显著差异，不同小字母表示存在显著差异（$P<0.05$）；相同大写字母表示处理间不存在极显著差异，不同大写字母表示存在极显著差异（$P<0.01$）。

5.5　水肥调控对设施延后栽培葡萄品质、产量及水肥利用效率的影响

葡萄的品质主要包括外观品质和营养品质，既要能满足人们所需要的外观性状，又要能满足人们的口感风味需求。含糖量、糖酸比、维生素 C、花色苷、芳香类物质和酚类物质的含量都是影响葡萄品质的主要因子。糖分是葡萄果实中除去水分之外含量最高的物质，它是果实成熟的标志，也决定了鲜食葡萄的风味。水分供应和施肥水平对葡萄产量和品质有着很大的影响。

5.5.1　水肥调控对设施延后栽培葡萄品质的影响

1. 水肥调控对设施延后栽培葡萄单粒重的影响

葡萄单粒重即是产量的主要构成要素，又是外观品质的主要指标。灌水量和磷肥、氮肥、钾肥用量均对葡萄单粒重有影响，其关系为开口向下的二次曲线，且曲线在一定范围内都有最大值。氮肥施用量对葡萄单粒重的贡献率最大，灌水量次之，钾肥对其影响最小。

从表5.6可以看出，灌水下限对葡萄果粒膨大期和着色成熟期单粒重的影响均呈极显著水平，施肥水平对两个生育期单粒重影响均不显著，水肥互作效应对着色成熟期葡萄单粒重的影响呈显著水平。果粒膨大期葡萄单粒重比着色成熟期小很多，在同一施肥水平下，随灌水下限的增加呈先增加后减小，丰水水平下（W_1处理）单粒重比其他灌水下限处理较大。在同一灌水下限条件下，随施肥量的增加呈先增加后减小的趋势。水肥调控对着色成熟期葡萄单粒重的变化规律与果粒膨大期一致。W_1F_1处理两个生育期单粒重均最大，分别为7.08g和13.13g，这可能是因为丰水处理葡萄坐果率较低，但粒径较大，导致单粒重也较大。除W_1处理外，W_3处理的单粒重比其他灌水水平处理大，F_2条件下较其他施肥水平的单粒重大，说明适度水分亏缺和肥料增施可以增加葡萄单粒重。

表5.6　　　　　　　　　　水肥调控对设施延后栽培葡萄单粒重的影响

处理条件	不同处理果粒膨大期单粒重/g				不同处理着色成熟期单粒重/g			
	W_1	W_2	W_3	W_4	W_1	W_2	W_3	W_4
F_1	5.57bc	5.20bc	6.35ab	4.78c	8.42cd	7.61d	10.11bc	9.95bcd
F_2	7.08a	5.41bc	6.57ab	5.54bc	13.13a	7.91cd	10.16bc	10.07bc
F_3	6.48ab	5.42bc	5.56bc	5.24bc	11.25ab	7.71cd	10.10bc	10.01bc

2. 水肥调控对设施延后栽培葡萄TSS含量的影响

TSS主要由有机酸和可溶性糖等组成，其含量是衡量葡萄品质的一个重要指标。水分亏缺可以提高果实中蔗糖合成酶等的活性，促使更多的蔗糖转化为葡萄糖和果糖，从而使TSS含量增加。还有学者表明，一般植物在亏水时，会发生渗透调节，使植物库源器官间的蔗糖浓度梯度增大，库压增加，促使植物库器官中积累较多的光合产物，使果实中TSS含量增加。

灌水下限和施肥水平单因素及其水肥互作效应对果粒膨大期和着色成熟期葡萄的TSS含量影响均不显著。从图5.21可以看出，果粒膨大期果实未发育成熟，TSS含量较低，W_2F_3处理TSS含量最高，为11.43%，W_3F_2处理次之，为10.87%，且二者差异不显著。着色成熟期TSS含量较果粒膨大期大幅提升，且在同一灌水下限条件下随施肥量的增加呈先增加后减小的趋势，W_1F_2处理TSS含量最高，为18.73%，W_3F_2处理次之，为18.68%，W_4F_1处理最低，为15.47%，与W_1F_2处理和W_3F_2处理存在显著差异。可能是因为丰水水平下，植株生长旺盛，适当增加施肥量利于葡萄植株对矿质元素的吸收，提高了对营养元素的吸收和转换功能，促使TSS含量增加，但如若施肥量过多，会造成植株对肥料的吸收利用效率降低，不利于改善果实品质，导致TSS含量降低。适当的水分亏缺，可以使光合作用的产物更多地分配给果实，利于TSS含量的累积。TSS是光合作用的产物在果实中的一类转化物，果粒膨大期是果实产量和品质发育的关键阶段。说明重度胁迫（W_4处理）影响植株营养生长，光合作用能力减弱，从而影响TSS的累积，适当的水分亏缺和肥料增施利于TSS的形成和累积。

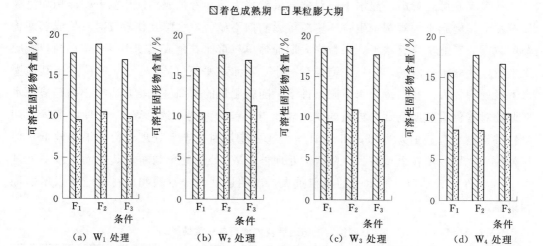

图 5.21　水肥调控对设施延后栽培葡萄 TSS 含量的影响

3. 水肥调控对设施延后栽培葡萄可滴定酸含量的影响

可滴定酸是影响果实风味品质的重要因素，对于鲜食葡萄，风味品质要求高糖中酸，可滴定酸含量对葡萄品质的研究具有重要意义。从图 5.22 可知，灌水下限对浆果膨大期的可滴定酸含量的影响呈显著水平，对着色成熟期的可滴定酸含量的影响呈极显著水平。果粒膨大期，葡萄果实可滴定酸含量较高，同一施肥水平下，一致呈现出随水分亏缺程度的加重逐渐减小，同一灌水下限水平下，可滴定酸含量随施肥量的增加而减小，W_1F_1 处理可滴定酸含量最高，达 3.55％，W_4F_3 处理最低，为 2.08％。着色成熟期葡萄可滴定酸含量较果粒膨大期大大减小，W_1F_1 处理降低 2.98％，W_4F_3 处理降低1.65％，丰水水平（W_1 处理）可滴定酸含量降低幅度最大，轻度胁迫（W_2 处理）和中度胁迫（W_3 处理）降低幅度较慢。着色成熟期，同一灌水下限水平下，葡萄可滴定

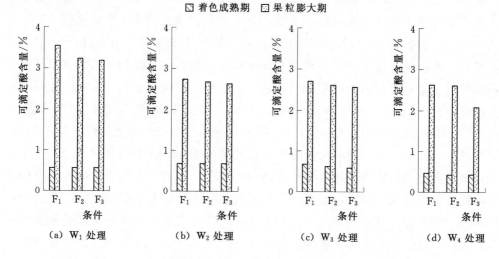

图 5.22　水肥调控对设施延后栽培葡萄可滴定酸含量的影响

酸含量仍随施肥量的增施逐渐下降，同一施肥水平下，随水分亏缺程度的加重呈先增加后减小的趋势，达到轻度胁迫（W_2 处理）时值最大。说明水分过多或过少都不利于葡萄可滴定酸的累积。

4. 水肥调控对设施延后栽培葡萄花色苷含量的影响

花色苷又称花青素，是一种水溶性色素，能够随细胞液的酸碱而改变，对超氧化物歧化酶等有促进作用，其含量是葡萄重要的表观品质之一。葡萄果皮颜色受遗传因素的影响，也受水肥供应的影响。葡萄皮的颜色越深，则黄酮类物质含量越高。温度、氮肥和光照均可影响果皮的颜色，水分亏缺时果实释放的乙烯量会增加，促使果实早熟。

从图 5.23 可以看出，灌水下限和施肥水平单因素对果粒膨大期葡萄花色苷含量无显著影响，但对着色成熟期花色苷的影响均达极显著水平，水肥互作效应对两个生育期的花色苷含量影响都不显著。果粒膨大期葡萄花色苷含量较低，且无显著差异。着色成熟期葡萄花色苷含量大幅提高，且中度胁迫（W_3 处理）水平提升最快，平均花色苷含量最高，W_3F_3 处理最大，为 15.03nmol/g，与其他灌水水平处理存在显著差异。在同一灌水下限水平下，花色苷含量随施肥量的增加而增加。葡萄着色成熟期果实中的花色苷含量呈线性增长，但果实在过熟的情况下花色苷含量会下降。重度胁迫（W_4 处理）水平下花色苷含量较低，这可能是因为葡萄过熟的原因。说明高水平的灌水下限不利于葡萄着色，适度的水分亏缺和肥料增施可提高花色苷含量，促使果实早熟，这与 Daugaard（1999）的研究结果一致。

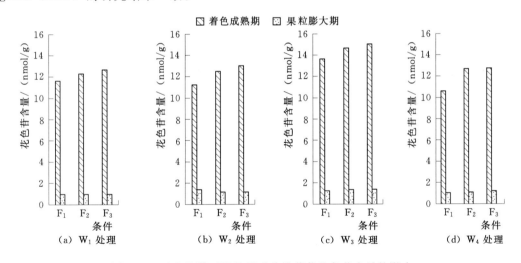

图 5.23　水肥调控对设施延后栽培葡萄花色苷含量的影响

5. 水肥调控对设施延后栽培葡萄维生素 C 含量的影响

维生素 C 广泛存在于新鲜水果及蔬菜等中，参与许多新陈代谢过程，是一种抗氧化剂，能够保护植物体内自由基免被伤害，植物免受光合作用中害副作用的侵害，以及抵抗紫外线、干旱等。维生素 C 是人体所需营养中最重要的维生素之一，但是人体并不能自身合成，只能通过食物从中摄取。

　　从图 5.24 可以看出，灌水下限对葡萄维生素 C 含量的影响呈极显著水平。由图 5.24 可知，同一施肥水平下，维生素 C 含量随水分亏缺程度的加强先增加后减小，同一灌水下限条件下，维生素 C 含量随施肥量的增加先增加后减小。W_3F_2 处理维生素 C 含量最高，为 14.34mg/100g，W_1F_3 处理最低，为 9.70mg/100g，二者之间存在显著差异。维生素 C 受光照和温度影响较大，土壤含水率长期保持较高，同时施入较多肥料，植株营养生长旺盛，枝条叶片过多，透光性差，作物冠层温度相对较低，影响维生素 C 的合成，植物长期干旱缺水施肥较少，会阻碍植株生长发育，造成维生素 C 含量下降，适度的水分亏缺和肥料增施可以平衡葡萄营养生长和生殖生长，果实所受光照强度和光照时间有所提高，促进了维生素 C 的合成。

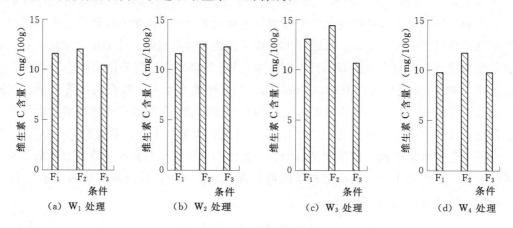

图 5.24　水肥调控对设施延后栽培葡萄维生素 C 含量的影响

5.5.2　水肥调控对设施延后栽培葡萄产量的影响

　　土壤水分状况和施肥情况直接影响着作物的生长发育和产量。有研究表明，水分胁迫并不总是导致减产，适时的水分胁迫对某些作物具有增产效果。但也有学者指出，适度的水分亏缺不影响作物产量，轻度水分亏缺对某些作物也可能造成大幅减产。施肥可以增加株高和叶面积等，并随施肥量的增加产量也得到提高。水肥单因素对作物产量有着显著影响，水分和肥料双因素对其也有着很明显的影响。

　　由表 5.7 知，相同水分条件下，葡萄产量随施肥量的增加而增加，且 W_3 处理的施肥量对葡萄产量的影响最大，F_1 条件下、F_2 条件下的葡萄产量分别比 F_3 条件下高 41.21%、13.56%。相同施肥水平下，葡萄产量随水分亏缺程度的加强呈先增大后减小的趋势，到 W_3 水平时达最大。在 $F_1 \sim F_3$ 条件下，W_3 处理对应的产量分别比 W_1 处理产量高出 59.71%、47.54%、65.02%。W_3F_1 处理的葡萄产量最高，为 38937.68kg/hm^2，W_1F_1 处理产量最低，为 16709.03kg/hm^2。说明丰水和低肥组合处理不仅不利于作物增产，反而会引起减产，适当的水分胁迫和肥料增施利于作物增产，且中度胁迫和高肥组合处理对作物的增产效果最明显。

表 5.7   水肥对葡萄产量与水肥利用率的影响

处理	灌溉定额 /(m³/hm²)	灌溉水利用效率 /(kg/m³)	水分利用效率 /(kg/m³)	氮肥偏生产力 /(kg/kg)	磷肥偏生产力 /(kg/kg)	钾肥偏生产力 /(kg/kg)	产量 /(kg/hm²)
W_1F_1	3259	5.13	3.53	171.99	516.03	619.08	16709.03b
W_1F_2	3259	6.51	4.53	131.07	393.24	471.83	21223.06ab
W_1F_3	3259	7.48	5.29	107.55	322.67	387.18	24381.00ab
W_2F_1	2989	8.92	6.37	274.50	823.58	988.05	26667.48ab
W_2F_2	2989	9.26	6.73	171.00	513.04	615.58	27688.75ab
W_2F_3	2989	10.00	7.47	131.79	395.38	474.43	29874.67ab
W_3F_1	2362	11.67	6.87	283.83	851.56	1021.62	27573.62ab
W_3F_2	2362	13.26	7.86	193.38	580.17	696.12	31311.57ab
W_3F_3	2362	16.48	9.79	171.77	515.32	618.35	38937.68a
W_4F_1	1622	16.51	10.27	275.61	826.93	992.06	26775.83ab
W_4F_2	1622	17.06	11.77	170.91	512.77	615.25	27674.00ab
W_4F_3	1622	17.11	12.65	122.42	367.28	440.71	27751.81ab

5.5.3 水肥调控对设施延后栽培葡萄水分利用率和肥料偏生产力的影响

水分利用效率（WUE）是指植物消耗单位水量生产出的生物量，是作物生长过程中利用水分的经济程度，高的水分利用效率利于作物在水分逆境下保持一定的产量，对于农作物生产具有重要的意义，是评价农业灌溉用水管理和节水效果的重要指标之一。肥料偏生产力是指使用某一特定肥料下的作物产量与施肥量的比值，是肥料利用率的重要指标。其计算公式分别为

$$水分利用效率 = \frac{Y}{ET}$$

$$灌溉水利用效率 = \frac{Y}{I}$$

$$肥料偏生产力 = \frac{Y}{F}$$

式中：Y 为作物产量，kg/hm²；ET 为作物在生育期内耗水量，各生育阶段耗水量总和，m³/hm²；I 为灌溉定额，m³/hm²；F 为特定肥料纯养分的投入量，kg/hm²。

从图 5.22 可知，水分利用效率和灌溉水利用率变化规律一致，同一灌水定额条件下，均随施肥量的增加而增加，同一施肥水平下，均随水分亏缺程度的增加而增加，W_1F_1 处理水分利用效率和灌溉水利用率均最小，分别为 3.53kg/m³ 和 5.13kg/m³，W_4F_3 处理最大，分别为 12.65kg/m³ 和 17.11kg/m³，比 W_1F_1 处理分别高出 2.58 倍、2.34 倍。氮、磷、钾肥偏生产力表现出一致规律，在同一水分条件下，随施肥量的增加逐渐增加，但增加幅度逐渐减缓，在相同施肥水平下，随水分亏缺程度的加强呈先增大后减小的趋势，同时，各处理均表现出钾肥偏生产力＞磷肥偏生产力＞氮肥偏生产

力。W_3F_1 处理氮、磷、钾肥偏生产力最大，分别为 283.83kg/kg、851.56kg/kg、1021.62kg/kg，W_1F_3 处理氮、磷、钾肥偏生产力最小，分别为 107.55kg/kg、322.67kg/kg、387.18kg/kg。以上说明水分亏缺和肥料增施均可提高作物水分利用效率和灌水利用率，但是，过度的肥料增施和水分亏缺不利于提高作物的肥料偏生产力，结合水分利用效率和肥料偏生产力综合考虑，中度胁迫和中肥组合处理既可以适当提高作物水分利用效率，又可以提高作物肥料偏生产力。

5.6　结　　论

张掖市灌溉试验中心温室大棚内气温在 7 月达最高，全生育期温室温度先上升后下降，湿度恰好反之，温度和湿度在 5 月、6 月、10 月的 14：00 同时达最大值。不同灌水下限和施肥水平对葡萄各项指标的研究表明：

（1）40～60cm 处土壤含水率变化最活跃，20～40cm 处的土壤含水率次之，60～80cm 处的土壤含水率受水肥调控影响不明显，基本保持稳定。5cm 处土壤温度变化最为活跃，25cm 处变幅最小，且各层土壤温度日变化规律不同。

（2）从葡萄新梢生长期至蔓粗生长停止，W_1F_2 处理的茎粗生长最快。葡萄膨大期，施肥水平对葡萄横径增幅无明显影响，灌水下限对其呈 W_3 处理＞W_4 处理＞W_2 处理＞W_1 处理的规律；灌水下限对葡萄横纵径生长的影响呈极显著水平，中度胁迫（W_3 处理）最利于葡萄粒径增长发育；水肥互作效应对葡萄果型指数呈显著水平，果型指数随水分的亏缺逐渐变小，果型逐渐变圆。葡萄叶片和果实内的 POD、SOD、Pro 质量分数都会随水分的亏缺而升高。适度干旱和适量施肥均可增加葡萄的抗旱抗衰老能力。

（3）灌水下限对葡萄单粒重呈极显著水平，着色成熟期 W_1F_2 处理单粒重最大，W_1F_3 处理、W_3F_2 处理次之。从膨大期到采摘期，可滴定酸含量显著降低，葡萄 TSS 含量急剧增大，花色苷含量也明显升高。同一灌水下限条件下，TSS 含量随施肥量的增加呈先增加后减小，可滴定酸含量随施肥量的增加而增大；花色苷含量随施肥量的增加先增加后减小。同一施肥水平下，可滴定酸含量呈 W_2 处理＞W_3 处理＞W_1 处理＞W_4 处理，TSS 表现为丰水条件（W_1 处理）最大，中度胁迫（W_3 处理）次之，花色苷含量表现为中度胁迫（W_3 处理）最大。W_3F_2 处理各项品质指标为最优。

（4）葡萄产量随水分的亏缺先增大后减小，中度胁迫（W_3 处理）产量最高，灌水下限一定时，随施肥量的增加而增加，且 W_3F_3 处理产量最高，较 W_1F_1 处理最低产量高出 75.17%。水分利用效率和灌溉水利用率变化规律一致，均随施肥量的增加而增加，均随灌水定额的减小而增加，W_4F_3 处理最大，分别为 12.65kg/m^3 和 17.11kg/m^3，比 W_1F_1 处理最低水分利用效率和灌溉水利用率分别高出 2.58 倍、2.34 倍。氮、磷、钾肥偏生产力随施肥量的增加逐渐增加，但增加幅度逐渐减缓，随水分亏缺程度的加强先增大后减小，且各处理的钾肥偏生产力＞磷肥偏生产力＞氮肥偏生产力。W_3F_1

处理氮、磷、钾肥偏生产力最大，W_3F_2处理既可以适当提高作物水分利用效率，又可以提高作物肥料偏生产力。

（5）综合考虑葡萄的生长指标、表观品质、营养品质、抗逆性，及其产量，灌水下限为田间持水量的55%～60%，施肥水平氮、磷、钾分别为161.92kg/hm²、53.97kg/hm²和44.98kg/hm²（W_3F_2处理）时，产量较高，品质较佳，抗逆性较强，是水肥处理最优组合，可实现节水、适肥、高产、高品质的目的，为水、肥、品质、产量综合灌溉最优决策。

参考文献

［1］ 王忠. 植物生理学［M］. 北京：中国农业出版社，2000.

［2］ 朱云娜，王中华，张治平，等. 金雀异黄素和环鸟苷酸调控离体葡萄果实花青苷积累［J］. 园艺学报，2010，37（4）：517-524.

［3］ 孙德岭，赵前程. 西红柿苗期地温对光合产物积累和分配的影响［J］. 天津农业科学，2000，3（1）：14-17.

［4］ 张明炷，黎庆淮，石秀兰. 土壤学与农作学［M］. 北京：中国水利水电出版社，1994.

［5］ 植芳，李双顺，林桂珠. 水稻叶片的衰老与超氧化物歧化酶活性及脂质过氧化作用的关系［J］. 植物学报，1984，26（6）：605-615.

［6］ 马德华，卢育华，庞金安. 低温对黄瓜幼苗膜脂过氧化的影响［J］. 园艺学报，1998.25（1）：61-64.

［7］ 王启明，郑爱珍，吴诗光. 干旱胁迫对花荚期大豆叶片保护酶活性和膜脂过氧化作用的影响［J］. 安徽农业科学，2006，34（8）：1528-1530.

［8］ 贺普超. 葡萄学［M］. 北京：中国农业出版社，1999，95-97.

［9］ 冯耀祖. 滴灌施肥条件下全球红葡萄水肥耦合效应研究［D］. 北京：中国农业大学食品科学与营养工程学院，2006.

［10］ 刘海涛，齐红岩，刘洋，等. 不同水分亏缺程度对番茄生长发育、产量和果实品质的影响. 沈阳农业大学学报，2006，37（3）：414-418.

［11］ Zegbe J A，Behboudian M H，Clothier B E. Response of Tomato to Partial Rootzone Drying and Deficit Irrigation. Revista Fitotecnia Mexicana，2007，30（2）：125-131.

［12］ 刘玉梅，于贤昌，姜建辉. 不同施氮水平对嫁接和自根黄瓜品质的影响［J］. 植物营养与肥料学报，2006，12（5）：706-710.

［13］ 马福生，康绍忠，王密侠，等. 调亏灌溉对温室梨枣树水分利用效率与枣品质的影响. 农业工程学报，2006，22（1）：37-43.

［14］ Kader A. Effects of Postharvest Handling Procedures on Tomato Quality. Acta Horticulturae，1986，190：209-221.

［15］ Madrid R，Barba E M，Sánchez A，et al. Effects of Organic Fertilisers and Irrigation Level on Physical and Chemical Quality of Industrial Tomato Fruit（cv. Nautilus）. Journal of the Science of Food and Agriculture，2009，89（15）：2608-2615.

［16］ 赵新节. 葡萄果实物质代谢与品质调控［J］. 中外葡萄与葡萄酒，2002，（6）：21-22.

［17］ Daugaard H，Grauslund J. Fruit Colour and Correlations with Orchard Factors and Post-harvest Characteristics in Apple cv. Mutsu. Journal of Horticultural Science & Biotechnology，1999，74（3）：283-287.

［18］ Dumas Y，Dadomo M，Di Lucca G，et al. Effects of Environmental Factors and Agricultural

Techniques on Antioxidant Content of Tomatoes. Journal of the Science of Food and Agriculture，2003，83 (5)：369 - 382.

[19] Rawson H M，Turner N C. Irrigation Timing and Sun Flowers [J]. Irrigation Science，1983，(4)：167 - 175.

[20] Blank man P G，Davies W J. Root to Shoot Communication in Maize Plant of the Effects of Soil Drying [J] . Journal of Experimental Botany，1985，(36)：39 - 43.

[21] 孟兆江，刘安能，庞鸿宾，等. 夏玉米调亏灌溉的生理机制与指标研究 [J]. 农业工程学报，1998，14 (4)：88 - 92.

[22] 邹原东，陈振武，钱朗，等. 施肥对有限型黑豆品种生育及产量的影响 [J]. 杂粮作用，2007，(2)：35 - 37.

[23] 王会肖，刘昌明. 作物水分利用效率内涵及研究进展 [J]. 水科学进展，2000，11 (1)：99 - 104.

[24] 闫娜娜，吴炳方，杜鑫，等. 农田水分生产率估算方法及应用 [J]. 遥感学报，2011，(2)：298 - 312.

[25] 刘润海，范茂攀，汤利，等. 云南省水稻生产中肥料偏生产力分析 [J]. 云南农业大学学报，2012，27 (1)：117 - 122.

第6章　温室葡萄周年管理技术

设施栽培葡萄年生长周期和露地栽培葡萄的截然不同,露地栽培年周期管理基本上和季节交替相吻合,而设施栽培葡萄却是和人为的调节相联系。也正因如此,设施栽培葡萄的管理随地区、栽培品种、栽培目的、设施种类等的差异而有所不同,有时甚至差异很大。但从总体上看,设施栽培葡萄基本上可以分为休眠前期管理、休眠期管理、萌芽期管理、萌芽至开花期管理、果实生长期管理、成熟期管理及采后管理等几个阶段。每个管理阶段中对设施内环境和树体、土壤等的管理都有不同的要求。

6.1　休眠前期管理技术

6.1.1　管理目标

对葡萄来讲,广义的休眠期是指冬芽在叶腋形成后不萌动,直到第二年春季萌芽前这一漫长的阶段;而在设施栽培中,休眠前期主要是指植株当年冬芽形成后到温室盖膜准备人工催芽(萌动)前这一阶段。这一阶段工作的主要目的是要保证植株生长健壮,枝条生长充实、老熟充分,花芽分化良好,为来年生长结果奠定良好的基础。对设施栽培来讲,这一阶段时间在6—11月,其主要管理操作是在温室揭棚或露地状况下进行的,因此除温室土壤、间作物管理和设施的维修外,其管理技术基本和露地相同。

6.1.2　主要管理工作

1. 病虫害防治

防治病虫害、保证叶片生长良好是休眠前期的主要工作。尤其对已经结果的植株,采收后到重新覆膜前往往容易忽视管理,甚至导致病虫害严重发生,造成早期落叶和逼发冬芽。这一阶段重点防治的病害是霜霉病。在霜霉病的防治工作上,要防重于治,注意交叉用药,防止病菌对农药形成抗性。常用药物有200倍等量式波尔多液或500倍科博或800倍甲基托布津,每隔10~15d交替喷施1次。若已有霜霉病发生,则应立即采用300倍乙膦铝或500倍甲霜灵(瑞毒霉)进行防治,对有虫害发生的温室要针对具体虫害进行防治。

2. 早施基肥

温室葡萄要早施基肥，以利根系吸收和恢复树势。温室促早栽培施肥一般应在 8 月下旬至 9 月中旬进行；对结有二茬果的温室在二茬果收获后立即施肥，温室中最晚也必须在 10 月上旬完成施肥工作；设施延后栽培葡萄基肥应在 1—2 月完成。基肥以腐熟的有机肥为主，施肥量为每生产 1kg 果施 5kg 有机肥。同时，每亩加施 50～70kg 过磷酸钙，对土壤缺硼的地区每亩加施 2～2.5kg 的硼砂。施肥方法以沟施为主，在树行一边距树干 25～30cm 处挖深 40cm 的沟，施肥后立即盖土平沟。

3. 整形修剪

温室延迟栽培葡萄整形修剪在翌年 1—2 月进行；促早栽培葡萄在 10 月下旬至 11 月上旬温室覆膜盖棚前进行。若覆膜后再进行，不但修剪不易进行，而且容易划伤棚模。另外，温室葡萄伤流期比露地葡萄要早（1 月下旬至 2 月上旬），因此温室葡萄修剪不能太晚，以免导致伤流过多。温室葡萄修剪值得注意的有两点：①温室葡萄枝条上花芽形成规律与露地不同，因此枝条留枝长度、密度与修剪方法应在观察研究花芽分布规律的基础上合理确定。若简单套用露地修剪方法，常会导致修剪后无花序，这一点必须注意；②温室空间相对较小，葡萄枝条营养生长期长、生长量大，因此留枝密度不能太大，以防枝条过密，叶幕郁闭，影响光合效率。

4. 灌溉

每年修剪完后、扣棚以前要灌 1 次透水，类似于露地的冬灌。灌水后计划湿润层深度（一般应达到 100cm）内土壤含水率应达到田间持水率。灌溉时间的确定以灌后凌晨地面应有轻微结冰为最适灌水时期。这次灌水不仅对维持温室内的低温、促进冬芽正常休眠有良好的作用，而且对温室葡萄花芽分化和促进萌芽后生长开花也有极为重要的作用。"冬灌不冬灌，产量差一半"，充分显示出冬灌的重要性。温室栽培中一般不埋土防寒，而华北、东北地区大棚栽培和华北北部延迟栽培的葡萄则要在 10 月底和 11 月初进行埋土防寒。冬灌之后稍晾几天就要准备盖棚上膜。

6.2　休眠期管理技术

葡萄设施栽培休眠期管理是指扣棚覆膜到萌芽前这一阶段时间内的管理。其主要工作是扣棚覆膜和打破休眠。

1. 扣棚覆膜时间

扣棚覆膜一般是在一个地区下霜前（早霜）7～10d 进行，华北、东北南部地区立冬前后即可开始扣棚覆膜。覆膜不可太晚，以防植株受冻。扣棚覆膜后温室内气温应维持在 7.2℃ 以下，若因阳光照射温度上升，则应加盖草帘遮盖并注意夜间通风，以维持温室内温度在 7.2℃ 以下。在华北北部和东北地区，初冬季节降温较快（初冬夜间温度常低于 −5℃），温室扣膜覆盖时就应加盖草帘。

2. 打破休眠

对于促早栽培葡萄，当前生产中打破葡萄休眠期最有效的方法是采取石灰氮等化学药剂催芽法。通常在沈阳地区的日光温室中，于元旦前后用 15%～20% 浓度的石灰氮溶液对葡萄涂芽，15d 后即能萌发。

（1）配制方法。将石灰氮放置于容器内，按使用浓度 15% 以 1：7 或 20% 以 1：5 加入 50～70℃ 温水，搅拌浸泡 2h，静置冷却后即可使用。

（2）使用方法。取少量石灰氮澄清液于塑料瓶内，用毛刷、毛笔将药液涂抹在枝芽上，除了各级延长枝顶端 1～2 个芽不涂抹（避免影响顶端优势）和留作预备枝上的芽不涂抹外，结果母枝上的冬芽要全部涂抹。

（3）注意事项。

1）石灰氮的化学名称为氰氨基化钙（$CaCN_2$），它的作用是使葡萄休眠芽中的生长抑制物 ABA 提前降解，在一定程度上代替低温的生物学效应，从而促进葡萄萌芽，提高萌芽率。

2）石灰氮溶液的悬浮性状并不很好，使用过程中需要不断搅拌，配制的溶液必须当天用完，否则容易沉淀失效。

3）石灰氮有毒，使用中要防止进入人眼、鼻、口和皮肤被沾染，做好劳动保护工作，一旦沾染，立即清水处理或去医院检查治疗。

3. 病虫害防治

萌芽前这一阶段病虫害防治工作主要是在芽膨大但未萌发时用铲除剂（3 波美度石硫合剂加 0.3% 五氯酚钠）喷涂全株枝芽，将越冬的病虫消灭在萌芽之前。对个别前一年病虫较重的温室，地面也要进行喷药处理。揭帘升温催芽。揭盖革帘和纸被时间为：晴天上午太阳出来 0.5h 后揭帘，下午太阳落山前 1h 进行盖帘，阴雨天和雪天不揭帘。升温催芽不能操之过急，要缓慢升温。

6.3 萌芽期管理技术

萌芽期主要指温室葡萄萌芽前后这一段时间，在温室中一般为 10～15d。这一阶段正是室外气温较低且变化较为剧烈的阶段，因此温室内温度的调控和管理十分重要。这一阶段的主要工作有升温催芽、土壤管理和病虫害防治。

1. 升温催芽

在解除休眠的基础上要逐渐升温催芽。一般日光温室促早栽培在提前解除休眠的情况下，于 12 月底前后开始骤然升高，常使冬芽提前萌发，而地温又一时跟不上来，容易导致地上部与地下部生长不协调，发芽不整齐，花穗发育不良，甚至造成花序脱落；温室延后栽培解除休眠在 4 月底至 5 月初，此时太阳辐射强度大、外界温度较高，而地温较低，也容易造成地上部与地下部生长不协调。因此，揭帘升温的第 1 周，要实行低温管理，白天温度由 10℃逐渐升至 20℃，夜间由 5℃升至 10～15℃，即夜间最低温不能低于 5℃，白天最高温不能超过 20℃；此后逐渐升高温室温度直至芽萌动时为止。催芽升温的第 2 周，白天温度保持在 20～25℃，夜间保持在 15～20℃。第 3 周以后，白天为 25～28℃，夜间为 20℃左右。如果催芽期温度急剧上升，会导致萌芽初期生长不整齐，这一点一定要予以注意。温室中由于靠近前坡面温度较低，因此靠南边一行葡萄一般萌芽较晚，为了使植株间萌芽一致，并防止春寒的影响，在南边一行植株上可顺行扣一小拱棚或张挂二道幕，使葡植株处在塑料小帐幕之内，以促进萌芽一致、整齐和防止冷风、冷气的侵袭。

2. 土壤管理

葡萄在萌芽期间，需水量较大。这一期间若水分供给不足，容易发生萌芽期延长，发芽率下降，或者是发芽不整齐。因此，温室开始升温催芽时（塑料大棚栽培时，则为出土上架后），要充分灌 1 次催芽水，土壤含水率维持在田间持水率的 65％以上，使温室中空气湿度能保持在 80％以上，造成一个良好的温度和湿度环境。结合灌水还可追施 1 次速效肥，使萌芽整齐、苗壮。

3. 病虫害防治

萌芽期间如发芽前未喷石硫合剂，可在芽鳞开裂吐绒至透绿前喷 1 次 1 波美度石硫合剂。注意浓度千万不能太大，一旦绿叶初露就应将石硫合剂药液浓度降为 0.2～0.3 波美度。若往年有金龟子发生时，还要注意喷洒 1 次 800 倍敌百虫液，防治刚开始活动的金龟子，以保护幼芽不受为害。

6.4　萌芽至开花前管理技术

温室葡萄萌芽至开花一般需要 45～55d，这一阶段是温室葡萄迅速生长的阶段，温室内温湿度调控和病虫害防治是这一阶段的重要工作。

1. 温度和水分调节与管理

萌芽后，植株新梢进入迅速生长时期，为了防止新梢徒长，有利于花器分化，要注意实行控温管理，也就是萌芽后的室内温度管理指标要从催芽末期的高水平降下来，白天气温控制在 25～28℃，夜间保持在 15℃左右，地温保持在 15℃左右。由于开花前后也是灰霉病容易发生的时期，所以要严格控制土壤水分和空气湿度，及时通风换气，使空气湿度保持在 60％左右。但是，如果萌芽后发芽势不强（常常是由于土壤深层水分供给不足引起），就要考虑灌 1 次水，以利于花器分化的顺利进行。总体而言，该阶段土壤含水率应维持在田间持水率的 65％～100％。另据试验，花前 10d 追肥，坐果率明显提高，可增加产量 13％～15％，对果实品质也有明显的影响。此期可追施 1～2 次速效性氮肥，并适当施用磷钾肥。一般 1～3 年生的树，每株施 50g 尿素或 70g 复合肥或 2.5～5kg 腐熟的人粪尿。追肥方法采用沟施，并结合施肥进行灌水。

2. 树体管理

(1)抹芽定梢。萌芽后,枝梢生长十分迅速,要及时进行抹芽定梢,防止枝条生长紊乱。抹芽在萌芽后进行,要抹除芽眼中抽生的弱芽、偏芽,每个芽眼只保留1个健壮的幼梢。当新梢能明确分开强弱时(新梢长10cm左右),进行定梢。根据架面留梢密度抹去徒长梢、弱梢以及多余的发育枝、副芽枝和隐芽枝,使留下的新梢生长整齐一致。留梢密度,一般在棚架情况下,1m²架面可保留8~12个新梢;篱架情况下,新梢间距离保持在20cm左右。当新梢长到40cm左右时,结合整理架面,再次抹去个别过强、过密的枝梢,并同日进行引缚,以使整个架面充分通风透气。

(2)扭梢。温室中葡萄发芽往往不太整齐,有的顶部芽萌发长到20cm基部芽才萌发。为使结果枝在开花前生长一致,当先萌动的芽新梢长到20cm左右时,将基部轻轻扭一下,使其缓慢生长,这样使晚萌发的梢经过10~15d生长即可赶上。另外,在开花前对花序上部的新梢进行扭梢,缓和营养生长,可提高坐果率20%左右。但千万要注意扭梢不能太重,以防扭断新梢。

(3)摘心。摘心是于花前将新梢的梢尖剪掉,以缓和新梢与花穗对营养的争夺,使储存养分更多地流入花穗,以保证花序分化、开花和坐果对营养的需要。摘心一般在花前4~7d进行,但对于巨峰等落花较重的品种,以花前2~3d为宜。摘心程度,结果枝在花序以上留5~6片叶进行摘心,并同时去掉花穗以下所有副梢。对一些坐果率高、果穗紧凑的品种,摘心应在开花后进行,同时摘心强度也不能太重。而对于营养枝摘心,一般留8~10片叶,只掐去新梢先端未展叶的梢尖。

(4)疏花序与花序整形。由于设施栽培环境具有比露地高温、多湿、通风不良及光照减弱的特点,所以设施栽培葡萄植株叶片大而且薄、叶色发淡、光合能力相对较差。因此,在这种情况下,负载量稍有超载,便会出现着色不良,延迟成熟期,严重时还能招致树势衰弱,影响下年产量。为保证果品质量,维持树势,应严格控制植株的负载量。一般巨峰系品种的留果量以1500~1700kg/亩为宜,1m²(1亩≈667m²)架面留4~5个果穗即可。而欧亚种品种产量应控制在1250~1500kg/亩。因此,应在花序露出后至开花前1周尽早疏除多余的花序。一般1个结果枝只保留1个果穗,生长势弱的结果枝上不留果穗,花序少的年份,可用强壮枝留两穗果的方法来增加产量。由于葡萄花穗的各部分营养条件不同,一般花穗尖端和副穗营养较差,坐果率低,品质差,成熟较晚,所以结合新梢摘心,可掐去穗尖(掐去花序先端1/5~1/4)和疏除副穗。对于落花落果较重的品种,如巨峰、玫瑰香等,必须疏去花序上的副穗和1/3左右的穗尖,每个果穗只保留15~17个小花穗,使整个果穗更加紧密,具体可参见2.5.2。

3. 病虫害防治

萌芽至开花前植株生长旺盛,组织幼嫩,病虫极易发生,重点防治对象是黑痘病、灰霉病、（巨峰系品种）和金龟子、绿盲椿象、红蜘蛛等。防治病虫要注意交叉用药，同时要注意保护天敌。这一阶段也要注意对温室内作物上病虫害的防治。

6.5 开花期管理技术

开花期是决定当年产量的关键时期，同时这时也是来年花芽的开始分化期，良好的管理不仅对当年产量而且对第二年的产量也有决定性的影响。本期自开花始期至开花终了为止，持续 7～12d，但大多数为 6～10d。当温度达到 25℃ 以上时葡萄开始开花，如果低于 15℃ 则不能正常开花与授粉，受精会受到抑制。在温室中葡萄花蕾多在 8：00—11：00 开放，柱头在花蕾开放后 1～2d 内仍保持受精能力。由于开花期间植株开花和枝、叶的生长等消耗大量营养物质，同时这时冬芽开始分化也需要大量营养供给，所以这一阶段中生殖生长与营养生长养分争夺极为激烈。因此，必须加强花期管理，调节营养生长与生殖生长的关系。此期管理工作是在控制好温室内温湿度环境的基础上，采取保花保果措施，提高坐果率。

1. 温室内温湿度管理与调控

葡萄在开花期间对温湿度要求很严格，多数品种需要在比较高的温度和较强的光照条件下授粉受精过程才能顺利进行。温度过低、湿度过大，花芽不易开裂，授粉不良；温度过高、湿度过小，影响花粉发芽和受精；若温度超过 35℃ 时，则开花受到抑制。实践证明，巨峰系品种在 30℃ 时花粉发芽最好，低于 25℃ 时，往往授粉不良，穗形变散。所以，为了提高花粉发芽率，保证授粉、受精过程顺利进行，此期的温度管理指标要适当高些，白天保持在 28℃ 左右，夜间保持在 16～18℃，并要保证充足和良好的光照。花期如土壤中水分过多，根系呼吸不良，会导致严重落花。因此，进入开花期，要停止灌水，保持土壤含水率在田间持水率的 55%～80% 之间，保持空气湿度在 50%～60%，并注意经常通风换气，以保证此期葡萄开花对温湿度的要求。

2. 花期喷硼

硼对花粉发育和受精有重要的促进作用，葡萄缺硼花粉发育不良，受精能力减退，并引起落花、落果。缺硼时新梢节间短而细、不充实，幼叶畸形，成叶叶脉间发生油浸状半透明斑点，斑点轮廓不明显，严重时形成叶脉间失绿。缺硼症的防治是在温室葡萄初花期和盛花期向花序上各喷 1 次 0.2%～0.3% 的硼砂液或硼酸液。一般硼砂易溶于水，只要将一定量的硼砂粉末放入清水里搅拌均匀即可配成所需浓度的硼砂水溶液，然后直接用喷雾器向花序和叶面上喷布。

3. 病虫害防治

温室葡萄开花期一般不喷药，但在花前和花后一定要注意灰霉病的防治。对巨峰系品种，这一阶段要重视穗轴褐枯病的防治，详见第 3 章。

6.6　浆果生长期管理技术

浆果生长期从落花后幼果开始生长到浆果开始成熟前为止，早熟品种需38～48d，中熟品种需50～65d。从果实发育生理上划分，这一阶段可分为两期，即先期为落花后10d开始的幼果急速生长期，后期为果实增大相对缓慢的硬核期（无核品种硬核期时间很短）。这一阶段果实和枝叶迅速生长，而且根系也在旺盛生长，温室内气温、地温也变化很快，综合管理十分重要。这一阶段主要工作是合理调控温室内的环境，改善通风透光条件，加强树体营养供给，促进幼果健壮生长。

1. 温室内温度、湿度管理

葡萄花期过后，即进入生理落果期，落果期过后幼果进入迅速膨大生长期。为了促进果实生长，白天温度应保持在25～28℃，夜温可保持在18～20℃，但不要超过20℃。注意白天最高气温不能超过30℃，一般白天当温室中气温达27～28℃时，则应及时放风。此间因通风量加大，空气湿度应保持在60%～75%。

2. 温室内土壤水分管理

浆果生长期的前期（即幼果迅速膨大生长期）是果粒生长发育阶段中需水量最大的一个时期，适时灌水，不仅对促进幼果迅速膨大生长和枝叶生长健壮有重要的作用，而且对提高根系的活力、促进吸收、提高肥效，都有显著的作用。此期温室中每周可灌水1次，土壤水分保持在田间持水率的75%～100%。进入硬核期后则要谨慎地少量给水，灌水可结合施肥进行。为保持设施内合适的地温和夜间温度，温室中灌水最好是在上午进行。

3. 施肥

浆果生长期幼果生长迅速，需要大量的营养，要及时追肥，尤其要重视追施磷、钾肥。磷肥在花后和硬核期前分批施入，每次施用量（纯量）约为1.5kg/亩；钾肥可在硬核期前后一次性施入，施用量（纯量）为2.5～3.0kg/亩。施肥方法可用环状或沟状施入法，施后覆土灌水。为了便于植株尽快吸收，此期可用根外追肥的方法，追施磷钾肥，常用的是0.3%磷酸二氢钾液，每隔7～10d喷施1次。根外追肥可以与喷药结合进行。

4. 树体管理

（1）副梢处理。浆果生长期是副梢萌发生长高峰期，要及时进行处理，以防树冠郁闭影响通风透光。对于花前或花期摘心后营养枝发出的副梢，只保留枝条顶端1～2个副梢，每个副梢上留2～4片叶反复摘心，副梢上发出的二次副梢只保留顶端的1个，并留2～3片叶摘心，其余的二次副梢长出后应立即从基部抹去，使营养集中，以加强光合作用。对结果枝发出的副梢，花序下部的抹去，花序上部的留2～3片叶摘心，副梢上发出的二次副梢，只在顶端保留1个副梢，并留1～2片叶反复摘心，其余全部除去。到果实着色时停止对副梢的摘心，这段时期共进行摘心 4～6 次。为了促进葡萄叶片光合效率的提高，此期内可在葡萄架下铺设反光膜，增加叶幕层内的光照强度，同时也可进行二氧化碳气肥的施用。

（2）疏果、激素处理和果穗套袋。当葡萄果粒达黄豆粒大小时即可开始进行疏果。疏果一般是越早越好。对发育不良的僵果、小果、畸形果、病虫果要及时疏除，果粒紧密的果穗也可适当疏除部分果粒。对于巨峰等大粒品种，一般每个果穗只保留 40～45 粒果。一般在每个结果枝上留 1 个果穗，对于小果穗品种，每个结果枝可留 2 个果穗。疏果不仅可使果穗粒大均匀美观，还可减少因果粒互相挤压引起的裂果。对于一些果粒较小（不大于 3g）的品种，可用激素进行处理。处理方法是：在盛花后用 10～25mg/L 的赤霉素溶液或 10～20mg/L 的吡效隆溶液进行浸蘸果穗，促进果粒增大。激素对葡萄果粒增大的效应品种间敏感性差异很大，具体处理浓度应根据品种、参考有关资料并进行试验之后决定。激素处理以后即可进行果穗套袋。套袋可以保护果穗，防止病虫为害及药尘污染，使果穗更加美观。温室葡萄套袋除了采用露地栽培中所用的密封纸袋外，还可采用下端开放的漏斗袋或用纸折的伞袋（图 6.1），这两种更适于在温室棚架栽培中应用。

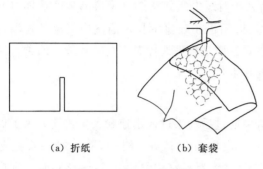

    （a）折纸   （b）套袋

图 6.1   葡萄伞形套袋

5. 病虫害防治

浆果生长期植株生长旺盛，枝叶茂密，温室内温度、湿度较高，防治病虫十分重要。此期容易发生葡萄白腐病及霜霉病等，要注意防治。如有白腐病发生，在发病初期每隔 15d 喷 1 次杀菌药剂，共喷 2～3 次。杀菌药可用 50% 多菌灵可湿性粉剂 700 倍液，或 70% 甲基托布津可湿性粉剂 1000 倍液，或 50% 福美双可湿性粉剂 500～700 倍液。如有霜霉病发生，在发病初期喷布 1～3 次杀菌药，每次间隔 10～15d。杀菌药可用 25% 瑞毒霉可湿性粉剂 800～1000 倍液，或 40% 乙膦铝可湿性粉剂 200～300 倍液，或 60% 杀毒矾可湿性粉剂 600 倍液，几种药可交替使用。如果发生红蜘蛛为害，可喷 2～3 次内吸性杀虫剂。

6.7   成熟期及采后管理技术

成熟期及采摘后期为自浆果开始着色起至完全成熟采收后止。浆果开始着色是葡萄浆果第二个生长高峰时期。此期浆果生长再次加快，果实内开始积累糖分。随着糖分的增加，浆果内含酸量下降，芳香物质形成，果粒表皮开始变软并具有弹性，逐渐呈现出该品种所固有的特征。此期新梢继续加粗生长并开始木质化，腋芽中花芽进一步分化。

这个时期若肥水不足，不但影响当年的产量和品质，还将影响到下一年的产量。若此期高温干燥、昼夜温差大，则对提高果实的含糖量、促进浆果的成熟极为有利。本期管理工作重点是控制好温湿度，增加光照强度，适当追肥，防治病虫害，减少营养消耗，促进浆果着色和成熟。

1. 温室内温度、湿度管理

浆果进入着色期后，温室白天温度应保持在 25～28℃，最高不超过 30℃，若超过 30℃，则对花色素的生成有明显的阻碍作用，造成着色不良。这一阶段夜间保持在 15℃，以增大昼夜温差。此期应注意延长通风时间，随着外界气温增高，夜间可不封闭通风口。葡萄成熟期要控制土壤水分和空气湿度，空气湿度保持在 60%～65%。此期要减少灌水，不旱不灌，土壤含水率控制在田间持水率的 55%～80%，后期为了增加果实中糖的蓄积，促进成熟，一般要停止灌水。此期如果土壤水分过多或者是变化很大，易导致果实品质下降或造成裂果。

2. 根外追肥

成熟前主要根外追施磷肥和钾肥，以促进果实含糖量的提高和枝条正常老熟。这一阶段叶面喷肥主要采用 0.3% 磷酸二氢钾液和 3% 过磷酸钙液，也可喷施 3% 草木灰液（清液）。为了提高温室葡萄的耐贮运性，从采收前 1 个月开始每隔 10d 喷 1 次 1% 的硝酸钙或醋酸钙液，能明显提高葡萄的果肉硬度和耐贮运性。

3. 喷布乙烯利催熟

为了进一步提早温室葡萄的成熟期，可在葡萄进入始熟期后，即有色品种开始上色、无色品种果粒开始变软时在果穗上喷布 1 次 300～500mg/L 的 40% 乙烯利溶液，这样可以促进葡萄早上色、早成熟约 1 周时间，但一些易产生落粒的品种如巨峰、京早晶等要慎用。

4. 树体管理

葡萄成熟期树体管理工作主要有两项：一是要及时摘除 3 个月叶龄以上的老叶以及过密的枝叶，尤其是果穗周围的老叶；二是要疏去架面上抽生的二次、三次副梢，改善架面通风透光状况，增强叶片光合强度。值得强调的是，对一些温室内弱光下不易形成花芽的品种，果实采收后要及时重剪，促发冬芽形成新的结果母枝。促发新生枝条是温室葡萄管理上一件十分重要的工作，必须及时进行。

5. 病虫防治

葡萄果实成熟期主要是防治炭疽病（晚腐病）和食果害虫金龟子。果实套袋能显著减轻这两种病虫害的发生。这一阶段在化学防治上要注意成熟期绝不能使用有毒或残效期长的农药，而且在采收前 30d 开始要杜绝施用任何农药。

6. 及时采收

温室葡萄在达到充分成熟度以后要及时进行采收。采收时要细致小心，轻拿轻放，并进行分级和包装。温室葡萄采收要注意两点：一是要适时采收，不能过早采收以免影响葡萄质量；二是采收后要及时包装销售。由于温室促成栽培主要以早熟品种为主，而早熟品种一般耐贮藏性均较差，因此应随采收及时运销，对一时不能运销的要注意进行低温保鲜短期贮藏。

7. 采后管理

温室葡萄（促早栽培）采后一般已经揭去棚膜，植株处于露天之下，这时枝条继续老熟，花芽进一步分化。由于葡萄植株长期处于温室之中，枝叶相对较为薄嫩，一旦转换为露天生长，植株体内就需要有一个转换适应阶段。另外，这时正值室外 5 月下旬至 6 月上旬，正是露地葡萄病虫害开始发生的时期。因此，促进植株健壮生长、枝条正常老熟和防治病虫就是这一阶段的主要工作。

（1）叶面喷施复合肥。葡萄采收后，叶片还有一个新的光合高峰期，叶面喷施复合肥能增强树体内光合物积累，促进枝条老熟。常用的叶面肥为 0.3% 磷酸二氢钾和 0.5% 尿素混合液，每 7～10d 喷施 1 次，喷 2～3 次即可。叶面喷肥可结合喷药防治病虫害进行。露地葡萄采后应立即施基肥，但温室葡萄施基肥应适当延迟到 8 月下旬以后，不能太早，以免促发大量夏梢。

（2）防治病虫害。温室葡萄采收后 6—8 月间正是露地葡萄生长旺盛、病虫盛发时期，各种病虫都能对已揭棚的温室葡萄形成为害，因此一定要加强病虫防治，尤其是要重点防治霜霉病和白腐病，以免造成叶片早期脱落，甚至逼发冬芽。这在降雨较多的地区是一个突出的问题。

参考文献

［1］ 陈仕艳. 葡萄病虫害发生特点及防治措施分析［J］. 现代园艺，2012（24）：148.

［2］ 崔志梅. 新疆葡萄病虫害防治技术探析［J］. 农业与技术，2014（7）：74.

［3］ 李红阳，陈志谊，周步海，等. 设施葡萄病虫害防治规程［J］. 江苏农业科学，2013（2）：129－130.

［4］ 李宗珍. 无公害葡萄病虫害防治技术研究［J］. 北京农业，2014（12）：137.

［5］ 蒙祥周，黄永林，潘洪涛. 无公害山地生态水晶葡萄病虫害防治技术［J］. 广东科技，2014（10）：170－171.

［6］ 孟巨会. 无公害葡萄生产的病虫害综合防治技术［J］. 中国园艺文摘，2012（10）：164－165.

［7］ 努尔江·努尔海依甫，夏吾开提·买买提. 伊犁州直红地球葡萄病虫害防治的七个关键时期［J］. 新疆林业，2011（5）：38.

［8］ 汤志峰. 福安市避雨栽培葡萄病虫害的发生特点及防治措施［J］. 现代农业科技，2012（16）：142－143.

［9］ 许淑桂. 有机葡萄生产中施肥和病虫害防治研究［J］. 中国农业信息，2012（21）：103.

［10］ 杨宝臣. 红提葡萄日光温室栽培管理与病虫害防治技术［J］. 中国西部科技，2011（13）：50，68.

［11］ 王忠跃，晁无疾. 无公害葡萄生产中的病虫害综合防治技术［J］. 果农之友，2003（11）：43－45.

［12］ 张芮，成自勇，李毅，等. 小管出流亏缺灌溉对设施延后栽培葡萄产量与品质的影响［J］. 农

业工程学报，2012，28（20）：108-113.

[13] 张芮，成自勇，杨阿利，等.小管出流不同亏水时期对延后栽培葡萄耗水及品质的影响［J］.干旱地区农业研究，2013，31（2）：164-168.

[14] 张正红，成自勇，张芮，等.不同生育期水分胁迫对设施延后栽培葡萄光合特性的影响［J］.干旱地区农业研究，2013（5）：227-232.

[15] 张正红，成自勇，张国强，等.调亏灌溉对设施延后栽培葡萄光合速率与蒸腾速率的影响［J］.灌溉排水学报，2014，2：130-133.

[16] 孔维萍，成自勇，张芮，等.延后栽培设施葡萄水生产力及水分生产函数研究［J］.广东农业科学，2014，14：41-46.

[17] 徐斌，张芮，成自勇，等.不同生育期调亏灌溉对设施延后栽培葡萄生长发育及品质的影响［J］.灌溉排水学报，2015，6：86-89.

[18] 郭宝山.巨峰葡萄标准化生产技术要点［J］.河北果树，2012（5）：43-44.

[19] 郭巍，陈世春，胡春霞，等.巨峰葡萄主要病害的种类及防治［J］.中国果菜，2010（9）：24-28.